全国高等职业教育机电类“十二五”规划教材

模拟电子技术

主　编　李红梅　李　雪
副主编　李飞亮　张　芬　刘春霞
　　　　周会强　徐忠根

黄河水利出版社
·郑州·

内 容 提 要

本书共分 8 章，内容包括半导体器件基础、基本放大电路、功率放大电路、多级放大电路、负反馈放大电路、集成运算放大电路的应用、信号产生电路、直流稳压电源等，此外书中还附有实训内容，书末附有附录。

本书可作为高职高专院校电气、电子、通信、自动化、计算机等专业模拟电子技术课程的教材，也可供从事电子技术相关工作的工程技术人员参考。

图书在版编目(CIP)数据

模拟电子技术／李红梅，李雪主编．—郑州：黄河水利出版社，2012.1

全国高等职业教育机电类“十二五”规划教材

ISBN 978-7-5509-0028-8

Ⅰ.①模… Ⅱ.①李… ②李… Ⅲ.①模拟电路-电子技术-高等职业教育-教材 Ⅳ.①TN710

中国版本图书馆 CIP 数据核字(2012)第 002724 号

组稿编辑：王文科　　电话：0371-66028027　　E-mail:wwk5257@163.com

出 版 社：黄河水利出版社

地址：河南省郑州市顺河路黄委会综合楼14层　　邮政编码：450003

发行单位：黄河水利出版社

发行部电话：0371-66026940、66020550、66028024、66022620(传真)

E-mail: hhslcbs@126.com

承印单位：河南地质彩色印刷厂

开本：787 mm×1092 mm　1/16

印张：15

字数：361 千字　　印数：1—4 000

版次：2012 年 1 月第 1 版　　印次：2012 年 1 月第 1 次印刷

定价：31.00 元

前　言

本书是依据教育部最新规定的《高职高专教育模拟电子技术基础教学要求》及在多年的教学实践与改革的基础上，考虑到高职高专培养目标的要求及科学技术的发展需要，兼顾高职高专的教学实际而编写的。

全书由半导体器件基础、基本放大电路、功率放大电路、多级放大电路、负反馈放大电路、集成运算放大电路的应用、信号产生电路、直流稳压电源等八章组成，此外书中还附有实训内容，书末附有附录。

本书可作为高职高专院校电气、电子、通信、自动化、计算机等专业模拟电子技术课程的教材，也可供从事电子技术相关工作的工程技术人员参考。

1. 总体方案

本教材力求体现国家倡导的“以就业为导向，以能力为本位”的精神，结合职业技能鉴定和职业学院双证书的要求，精简整合理论课程，注重实训教学，强化岗前培训，教材内容统筹规划，合理安排知识点、技能点，避免重复。具体在内容取舍上以现代电子技术的基本知识、基本理论为出发点，以应用为最终目的，突出简明性、实用性和可操作性。

2. 具体思路

(1)简明。用有限的篇幅，讲清楚规定的内容。在保证科学的前提下，从工程实际出发，在基础理论方面尽量避免内容偏多、偏深、偏难的倾向，侧重于元件和单元电路的外部特性的介绍。以实践作为主线，通过实践来了解有关元件和电路性能，掌握有关的操作方法，体现从感性到理性的认知规律。

(2)实用。实用性是高职高专教学最应突出的特点之一。在讲解基础理论的同时，紧密联系实际电路，举例力求贴近时代和生活。实训过程中，在培养学生科学思维能力、创新能力的原则下，以培养学生的基本技能为目的，使学生逐步提高获取知识的能力。

(3)重点突出。放大电路是贯穿整个课程的核心，各个放大电路之间紧密相连。将理论知识的讲解、课堂讨论、作业与实训有机结合、融为一体，使能力培养贯穿整个教学过程。每章配有小结、习题，还有实训项目，训练内容丰富、实用。

(4)图文并茂。排版注意图文并茂，形式力求新颖活泼，文字力求通俗易懂，提高学生的阅读兴趣。

本书编写人员及编写分工如下：河南机电高等专科学校李飞亮编写第一章；郑州职业技术学院张芬编写第二章、第六章；郑州职业技术学院刘春霞编写第三章及附录；郑州职业技术学院周会强编写第四章；郑州职业技术学院李红梅编写第五章；河南机电高等专科学校李雪编写第七章；商丘工学院徐忠根编写第八章。本书由李红梅、李雪担任主编，并由李红梅统稿，李飞亮、张芬、刘春霞、周会强、徐忠根担任副主编。

由于编者的水平有限，书中不足之处在所难免，欢迎指正。

编　者

2011 年 9 月

目　录

第一章　半导体器件基础

半导体是导电能力介于导体和绝缘体之间的物质。电子电路中常用的二极管、三极管及场效应管等元器件就是由半导体制成的。

本章首先介绍了半导体的基础知识，然后分析介绍了 PN 结、二极管、三极管及场效应管的相关知识。

通过本章的学习，应掌握二极管、三极管、场效应管等常用半导体器件的结构、特性、工作原理及主要应用电路，为后续课程的开展奠定基础。

第一节　半导体基础知识

一、本征半导体

纯净的具有晶体结构的半导体称为本征半导体。用于制造半导体器件的纯硅和锗都是四价元素，它们的最外层原子轨道上有 4 个电子（称为价电子）。在单晶结构中，由于原子排列的有序性，价电子为相邻的原子所共有，形成图 1-1 所示的共价键结构，图中“+4”代表四价元素原子核和内层电子所具有的净电荷。

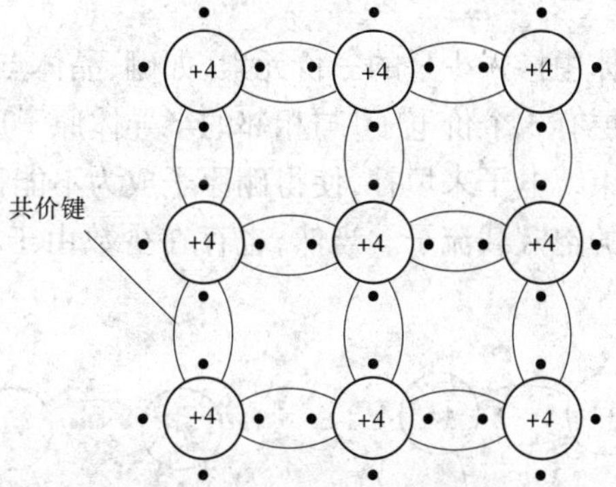

图 1-1　本征半导体的原子结构

本征半导体在热力学温度 $T=0$ K（K 为温度单位，称为开尔文）和没有外界影响的条件下，其价电子全部束缚在共价键中，不存在自由运动的电子。当温度升高或受到光线照射时，少量共价键中的价电子从外界获得足够的能量，从而挣脱共价键的束缚成为自由电子，这种现象称为本征激发。当电子挣脱共价键的束缚成为自由电子后，共价键中就留下空位，这个空位叫做空穴。由于共价键中出现了空穴，相应原子就带有一个电子电荷量的正电，邻近共价键中的价电子受它的作用很容易跳过来填补这个空穴，这样空穴便转移到邻近的共价键中去；而后出现在新的地方的空穴又被其相邻的价电子填补，这种过程持续下去，就相当于空穴在晶格中移动。由于带负电荷的价电子依次填补空穴的作用与带正电荷的粒子作反方向运动的效果相同，因此在分析时，用空穴的运动来代替共价键中价电子的运动就更加方便。在这里可把空穴看成是一个带正电的载流子，它所带的电量与电子相等，符号相反。由此可见，半导体中有自由电子和空穴两种载流子参与导电，分别形成电子电流和空穴电流，这一点与金属导体的导电机制不同。

在本征半导体中，自由电子和空穴总是成对出现的。也就是说，有一个自由电子就必定有一个空穴。因此，在任何时候，本征半导体中的自由电子和空穴数总是相等的。所以，本征半导体呈电中性。实际上，在自由电子－空穴对产生过程中还同时存在着复合过程，这就是自由电子在热骚动过程中与空穴相遇而释放能量，形成自由电子－空穴对消失的过程。

二、杂质半导体

在本征半导体中掺入某些微量的杂质，就会使半导体的导电性能发生显著变化，原因是杂质半导体中某种载流子浓度大大增加。因掺入杂质性质不同，杂质半导体可分为 N 型（电子型）半导体和 P 型（空穴型）半导体。

（一）N 型半导体

在硅（或锗）的晶体内掺入少量五价元素的杂质，如磷、锑或砷等，可使晶体中的自由电子浓度大大增加，故将这种杂质半导体称为 N 型或电子型半导体。因为五价元素的原子有 5 个价电子，当它顶替晶格中的四价硅（或锗）原子时，每个五价元素原子中的 4 个价电子与周围 4 个硅原子以共价键形式相结合，而余下的 1 个价电子就不受共价键束缚，它在室温时所获得的热能就足以使它挣脱原子核的吸引而成为自由电子。这样，在该半导体中就存在大量的自由电子载流子，空穴是少数载流子，这种半导体就是 N 型半导体，如图 1-2 所示。

（二）P 型半导体

在四价的硅或锗的晶体中掺入少量的三价元素，如硼，晶体点阵中的某些半导体原子被杂质取代。硼原子的最外层有 3 个价电子，与相邻的半导体原子形成共价键时，会产生一个空穴。这个空穴可能吸引束缚电子来填补，使得硼原子成为不能移动的带负电的离子，因而在该半导体中就存在大量的空穴载流子。当然，也存在少数由于本征激发而产生的自由电子，如图 1-3 所示。

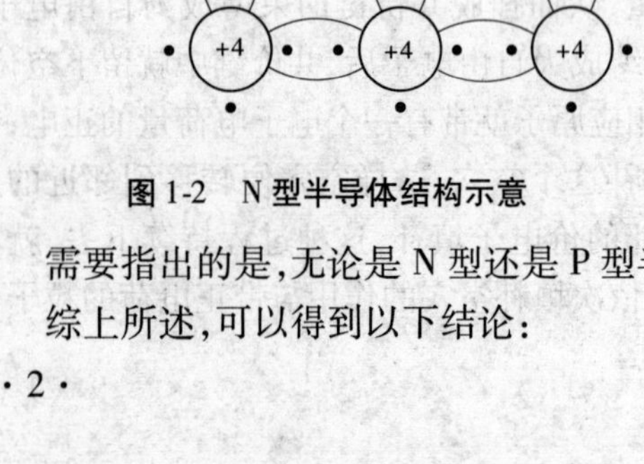

图 1-2　N 型半导体结构示意

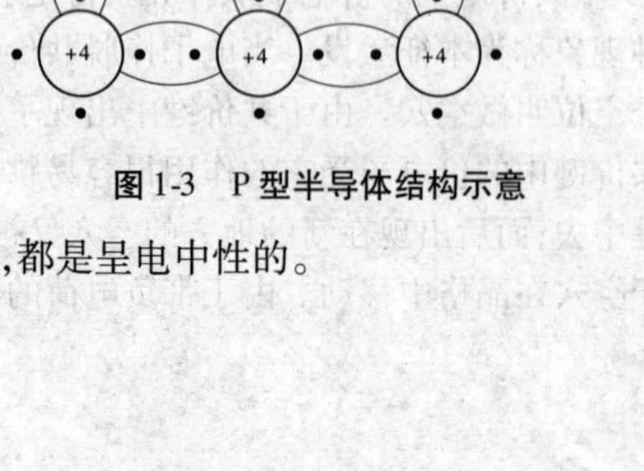

图 1-3　P 型半导体结构示意

需要指出的是，无论是 N 型还是 P 型半导体，都是呈电中性的。

综上所述，可以得到以下结论：

(1)半导体的导电能力介于导体与绝缘体之间。

(2)在一定温度下,本征半导体因本征激发而产生自由电子和空穴对,故其有一定的导电能力。

(3)本征半导体的导电能力主要由温度决定,杂质半导体的导电能力主要由所掺杂质的浓度决定。

(4)N型半导体中自由电子是多数载流子,空穴是少数载流子。P型半导体中空穴是多数载流子,自由电子是少数载流子。

(5)半导体的导电能力与温度、光强、杂质浓度和材料性质有关。

第二节 PN结

一、PN结的形成

采用一定的工艺,在一块单晶体的两边掺入不同的杂质,使单晶体的两边分别形成P型半导体和N型半导体,其结合部构成的空间区域就是PN结。

在这个单晶体中,将P型半导体的一边称为P区,将N型半导体的一边称为N区。P区的空穴浓度高,自由电子浓度低;N区的自由电子浓度高,空穴浓度低。由于单晶体两边的载流子浓度不同,载流子会由浓度高的一边向浓度低的一边扩散,即P区的空穴向N区扩散、N区的自由电子向P区扩散,如图1-4(a)所示。扩散后,单晶体结合部P区一边将留下一些负离子,N区一边将留下一些正离子,它们形成的区域称为空间电荷区,即PN结。PN结中的电场称为内电场,其方向由N区指向P区,如图1-4(b)所示。内电场有两方面作用,一方面对多数载流子(P区的空穴和N区的自由电子)的扩散运动起阻碍作用,即内电场起阻挡作用,因此空间电荷区又称为阻挡层;另一方面推动少数载流子(P区的自由电子和N区的空穴)越过空间电荷区,少数载流子在电场力作用下有规则地越过空间电荷区的运动称为漂移运动。

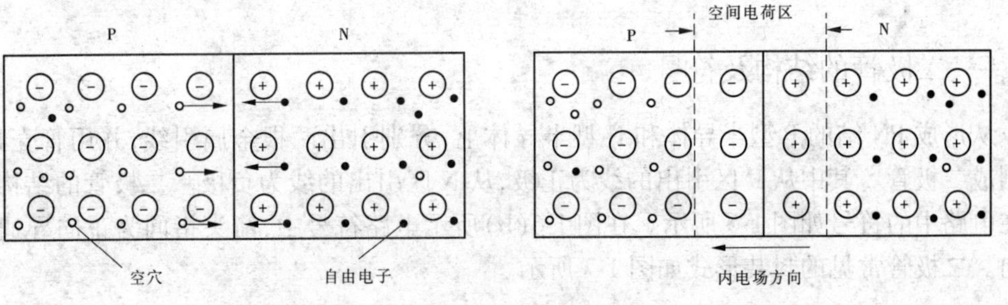

图1-4 PN结的形成

二、PN结的单向导电性

半导体PN结在没有外加电压的情况下,内电场的作用使多数载流子(P区的空穴和N区的自由电子)的扩散和少数载流子(P区的自由电子和N区的空穴)的漂移处于动态平衡状态，空间电荷区即阻挡层维持在一定宽度上。

如果在 PN 结上加上正向电压（也称为正向偏置），即外电源的正极、负极分别与 P 区、N 区连接（如图 1-5（a）所示），那么，内电场被方向相反的外电场削弱，阻挡层变窄，使多数载流子的扩散运动加强，形成较大的扩散电流。扩散电流在外电源不断提供电荷的情况下持续地从 P 区流向 N 区，我们称之为正向电流。此时，PN 结处于正向导通状态。

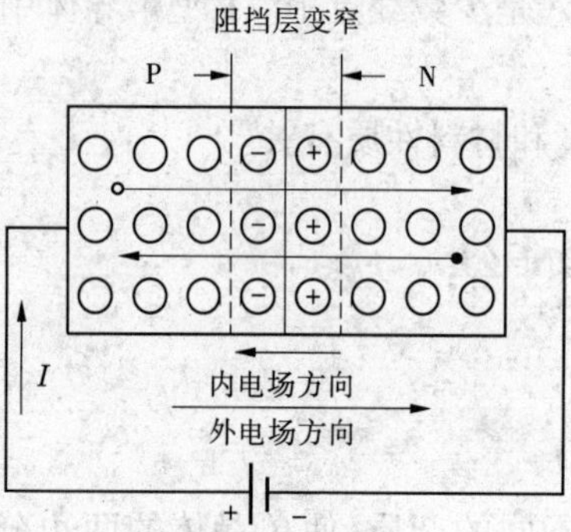

(a)PN结正向偏置

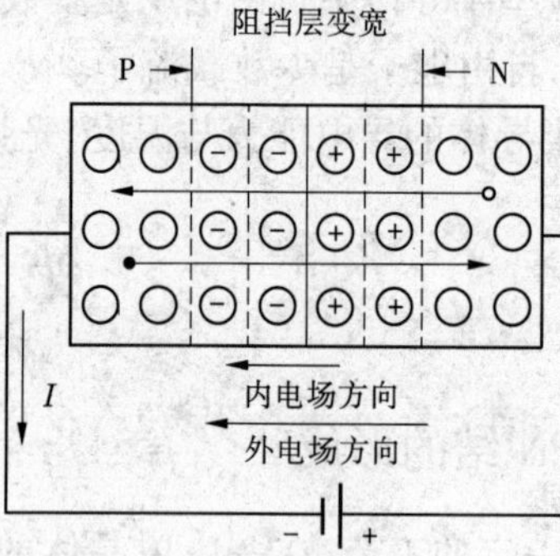

(b)PN结反向偏置

图 1-5　半导体的单向导电性

如果在 PN 结上加上反向电压（也称为反向偏置），即外电源的负极、正极分别与 P 区、N 区连接（如图 1-5（b）所示），那么，内电场被方向相同的外电场加强，阻挡层变宽，使多数载流子的扩散运动受到极大的阻碍，同时使少数载流子的漂移运动得到加强，形成一定的漂移电流。漂移电流持续地从 N 区流向 P 区，我们称之为反向电流。由于反向电流是由少数载流子的漂移运动产生的，其数值不大。此时，PN 结处于反向截止状态。温度越高，载流子的数目越多，反向电流也越大。

可见，PN 结正向偏置时导通，反向偏置时截止，具有单向导电性。

第三节　半导体二极管

一、二极管的结构及符号

从形成 PN 结的 P 型半导体和 N 型半导体上，分别引出两根金属引线，并用管壳封装，就制成二极管。其中从 P 区引出的线为正极，从 N 区引出的线为负极。二极管的结构外形及在电路中的符号如图 1-6 所示。在图 1-6（b）所示电路符号中，箭头指向为正向导通电流方向。二极管常见的封装形式如图 1-7 所示。

二、二极管的伏安特性及主要参数

（一）二极管的伏安特性

半导体二极管的核心是 PN 结，它的特性就是 PN 结的单向导电特性。常用伏安特性曲线来形象地描述二极管的单向导电性。

所谓伏安特性，是指二极管两端电压和流过二极管的电流之间的关系，可用电路图来测量。若以电压为横坐标，电流为纵坐标，用作图法把电压、电流的对应值用平滑曲线连接起

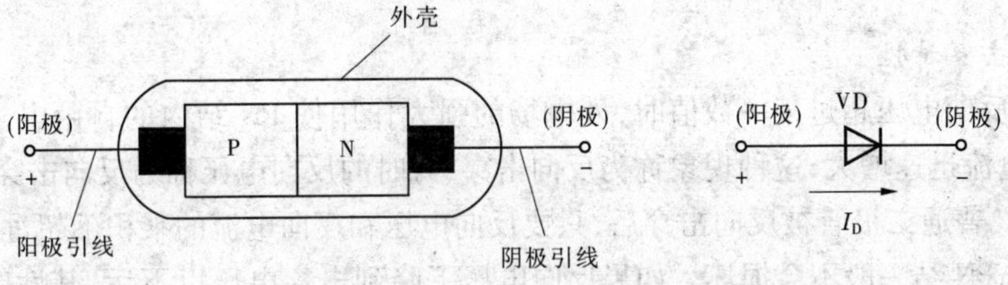

(a)结构　　(b)符号

图 1-6　二极管的结构和符号

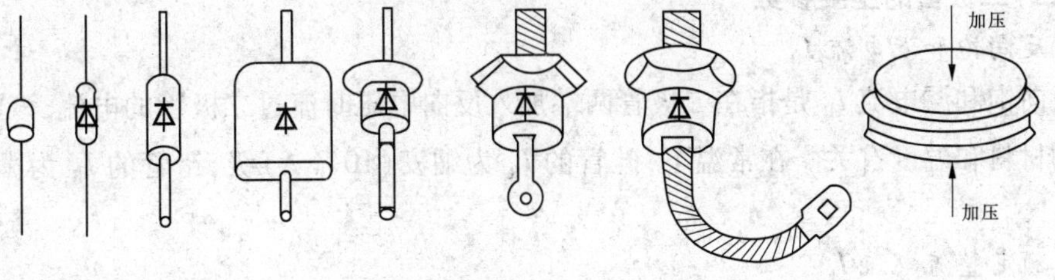

玻璃封装普通小电流二极管　　塑料封装高频硅二极管　　金属封装中功率二极管　　螺栓式大功率二极管　　平板压接大功率二极管

图 1-7　二极管的常见封装形式

来，就构成二极管的伏安特性曲线，如图 1-8 所示。下面以二极管的伏安特性曲线加以说明。

1. 正向特性

对某一给定的二极管加正向电压时，外电场的作用使 PN 结的空间电荷区变窄，阻挡层对多数载流子扩散运动的阻挡作用变弱。但是，当外加正向电压很小时，由于外电场还不足以克服内电场对扩散运动的阻力，故正向电流很小，二极管处于正向截止状态。我们将二极管外加正向电压但二极管处于截止状态的区域称为死区，硅管的死区电压为 0.4 ~ 0.5 V、锗管为 0.1 ~ 0.2 V。当二极管的外加正向电压超过死区电压后，外电场完全克服内电场对扩散运动的阻力，正向电流随着正向电压的增大而快速增大，二极管处于正向导通状态。此时，二极管的电阻很小，其正向电压降也很小，硅管的导通电压降为 0.6 ~ 0.7 V，锗管的导通电压降约为 0.3 V。

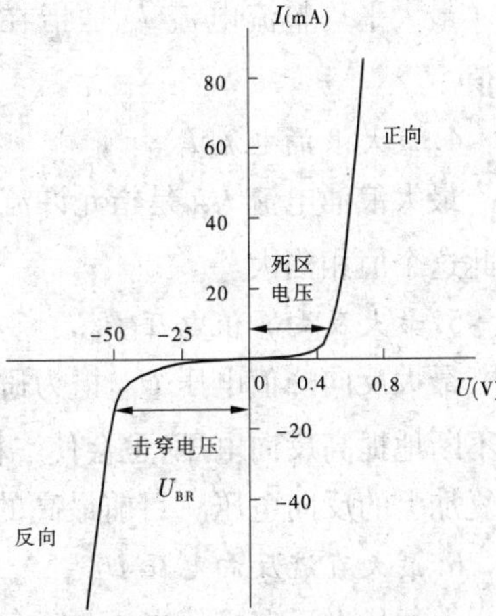

图 1-8　二极管伏安特性曲线

2. 反向特性

对给定的二极管加反向电压时，外电场的作用使 PN 结的空间电荷区变宽，阻挡层对多数载流子扩散运动的阻挡作用变强，少数载流子的漂移运动所形成的反向电流很小，二极管处于反向截止状态。反向电流有两个特点：一是随温度的上升增长很快；二是只要外加反向电压在一定范围内，它的大小基本上不随反向电压的变化而变化，因此反向电流又称为反向饱和电流。由于硅二极管的反向电流远小于锗二极管的反向电流，因此硅二极管的温度稳定性较好。

3. 反向击穿特性

当外加反向电压超过某一数值时,外电场的强大作用使 PN 结内的自由电子数目大量增加,反向电流迅速增大,这种现象称为反向击穿,此时的反向电压称为反向击穿电压,用符号 U_{BR} 表示。普通二极管被反向击穿后,只要反向电压和反向电流的乘积不超过 PN 结容许的耗散功率,PN 结一般不会损坏。如果反向电压下降到击穿电压以下后,其性能可以恢复到原有情况,即这种击穿是可逆的,称为电击穿;如果 PN 结因过大的反向电流而烧坏,那么其原来的性能就再也不能恢复了,将这种情况称为热击穿。

(二)二极管的主要参数

1. 反向饱和漏电流 I_R

反向饱和漏电流 I_R 是指在二极管两端加入反向电压时流过二极管的电流,该电流与半导体的材料和温度有关。在常温下,硅管的 I_R 为纳安(10^{-9} A)级,锗管的 I_R 为微安(10^{-6} A)级。

2. 额定整流电流 I_F

额定整流电流 I_F 指二极管长期运行时,根据允许温升折算出来的平均电流值。目前大功率整流二极管的 I_F 值可达 1 000 A。

3. 最大平均整流电流 I_o

最大平均整流电流 I_o 是指在半波整流电路中,流过负载电阻的平均整流电流的最大值。

4. 最大浪涌电流 I_{FSM}

最大浪涌电流 I_{FSM} 是指允许流过的过量的正向电流。它不是正常电流,而是瞬间电流,因此这个值相当大。

5. 最大反向峰值电压 U_{RM}

最大反向峰值电压 U_{RM} 指为避免击穿所能加的最大反向电压。即使没有反向电流,只要不断地提高反向电压,也会使二极管损坏。这种能加上的反向电压,不是瞬时电压,而是反复加上的反向电压。目前最高的 U_{RM} 值可达几千伏。

6. 最大直流反向电压 U_R

上述最大反向峰值电压是反复加上的交流峰值电压,而 U_R 是连续加直流电压时的值。用于直流电路,最大直流反向电压对确定允许值和上限值是很重要的。

7. 最高工作频率 f_M

由于 PN 结结电容的存在,当工作频率超过某一值时,它的单向导电性将变差。点接触式二极管的 f_M 值较高,在 100 MHz 以上;整流二极管的 f_M 值较低,一般不高于几千赫。

8. 反向恢复时间 T_{rr}

当工作电压从正向电压变成反向电压时,二极管工作的理想情况是电流能瞬时截止。实际上,一般要延迟一点时间。决定电流截止延时的量,就是反向恢复时间。它直接影响二极管的开关速度,但不是值越小越好。大功率开关管工作在高频状态时,此项指标至为重要。

9. 最大功率 P

二极管中有电流流过，就会吸热，而使自身温度升高。最大功率 P 为功率的最大值，等于加在二极管两端的电压乘以流过的电流。这个极限参数对稳压二极管、可变电阻二极管特别重要。

三、二极管应用电路举例

(一) 二极管门电路

由二极管组成的门电路，可实现逻辑运算功能。如图 1-9 所示的电路，只要有一条电路输入为低电平，输出即为低电平；仅当全部输入为高电平时，输出才为高电平。这样可实现数字电路中的逻辑“与”运算。

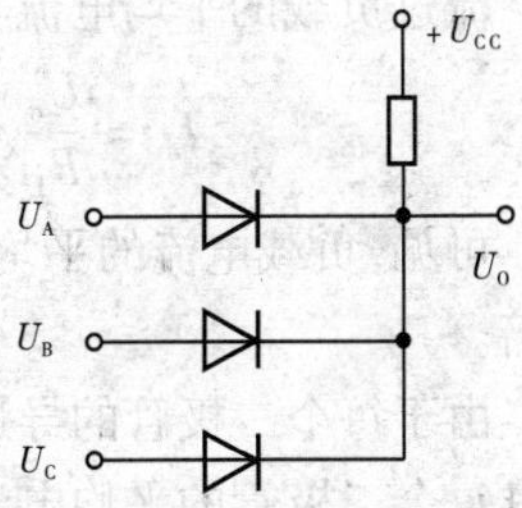

图 1-9　二极管门电路

(二) 整流电路

利用二极管的单向导电性将交流电变为直流电，称为整流。二极管桥式整流电路是最常用的整流电路，如图 1-10 所示，将四个二极管 VD_1、VD_2、VD_3、VD_4 接成电桥的形式。

设整流变压器副边的电压为

$$u_2 = \sqrt{2}U_2\sin\omega t$$

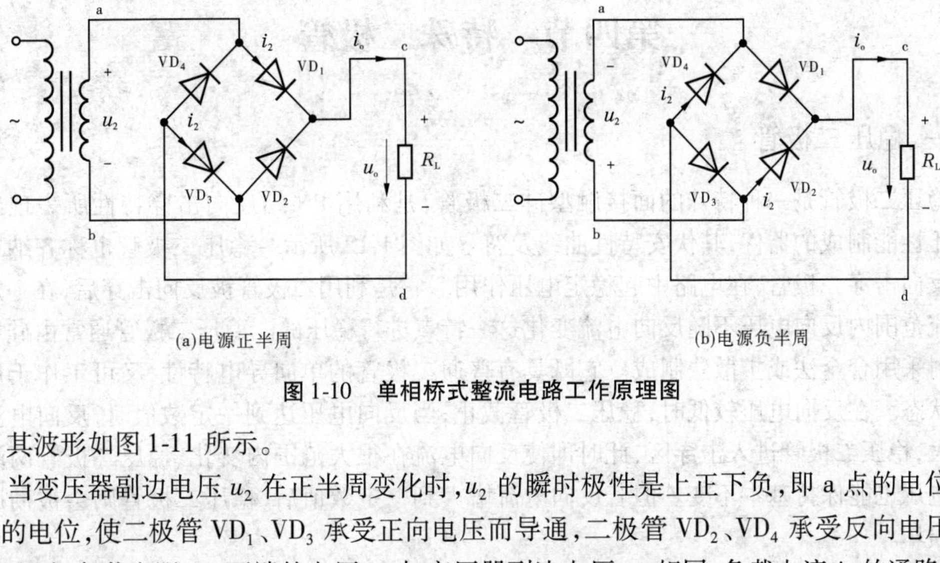

(a)电源正半周　(b)电源负半周

图 1-10　单相桥式整流电路工作原理图

其波形如图 1-11 所示。

当变压器副边电压 u_2 在正半周变化时，u_2 的瞬时极性是上正下负，即 a 点的电位高于 b 点的电位，使二极管 VD_1、VD_3 承受正向电压而导通，二极管 VD_2、VD_4 承受反向电压而截止。这时，负载电阻 R_L 两端的电压 u_o 与变压器副边电压 u_2 相同，负载电流 i_o 的通路为：

$$a \to VD_1 \to c \to R_L \to d \to VD_3 \to b \to a$$

当变压器副边电压 u_2 在负半周变化时，u_2 的瞬时极性是上负下正，即 a 点的电位低于 b 点的电位，使二极管 VD_1、VD_3 承受反向电压而截止，二极管 VD_2、VD_4 承受正向电压而导通。这时，负载电阻 R_L 两端的电压 u_o 与变压器副边电压 u_2 相同，负载电流 i_o 的通路为：

$$b \to VD_2 \to c \to R_L \to d \to VD_4 \to a \to b$$

负载电阻 R_L、二极管两端的电压及电路中的电流波形如图 1-11 所示。从图中可以看出，整流后的负载电压、电流都在一个周期内单向脉动两次，用一个周期的平均值来表示它们

的大小。单相桥式整流电路输出电压的平均值 U_o 为

$$U_o = \frac{1}{2\pi}\int_0^{2\pi}\sqrt{2}U_2\sin\omega t\mathrm{d}(\omega t) = \frac{2\sqrt{2}}{\pi}U_2 = 0.9U_2 \tag{1-1}$$

可见,输出电压的平均值比半波整流时增加了一倍。

流过负载的平均电流 I_o 为

$$I_o = \frac{U_o}{R_L} = 0.9\frac{U_2}{R_L} \tag{1-2}$$

可见,负载电流的平均值也比半波整流时增加了一倍。

由于每个二极管的导通时间均为半个周期,因此流过每个二极管的平均电流 I_D 为

$$I_D = \frac{1}{2}I_o = 0.45\frac{U_2}{R_L} \tag{1-3}$$

从图 1-11 看出,整流二极管截止时实际承受的最高反向电压也为$\sqrt{2}U_2$。

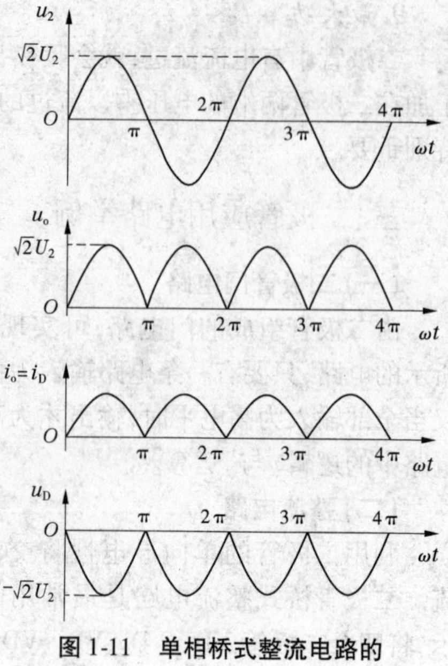

图 1-11　单相桥式整流电路的电压、电流波形图

第四节　特殊二极管

一、稳压二极管

稳压二极管是一种特殊的面接触型硅二极管,是利用 PN 结反向击穿特性所表现出来的稳压性能制成的器件,其伏安特性曲线及符号如图 1-12 所示。稳压二极管也称齐纳二极管或反向击穿二极管,在电路中起稳定电压作用。它是利用二极管被反向击穿后,在一定反向电流范围内反向电压不随反向电流变化这一特点进行稳压的。稳压二极管通常由硅半导体材料采用合金法或扩散法制成。它既具有普通二极管的单向导电特性,又可工作于反向击穿状态。在反向电压较低时,稳压二极管截止;当反向电压达到一定数值时,反向电流突然增大,稳压二极管进入击穿区,此时即使反向电流在很大范围内变化,稳压二极管两端的反向电压也能保持基本不变。但若反向电流增大到一定数值后,稳压二极管则会被彻底击穿而损坏。

稳压二极管根据其封装形式、电流容量、内部结构的不同可以分为多种类型。稳压二极管根据其封装形式可分为金属外壳封装稳压二极管、玻璃封装(简称玻封)稳压二极管和塑料封装(简称塑封)稳压二极管。塑封稳压二极管又分为有引线型和表面封装型两种类型。

稳压管的主要参数有以下几个。

(1)稳压值 U_Z:指当流过稳压管的电流为某一规定值时,得到的稳压管两端的压降。

(2)电压温度系数:电压温度系数在稳压管的稳压值 U_Z 低于 4 V 时为负值;当 U_Z 的值大于 7 V 时,其温度系数为正值;而 U_Z 的值在 6 V 左右时,其温度系数近似为零。目前低温度系数的稳压管是由两只稳压管反向串联而成的,利用两只稳压管处于正反向工作状态时

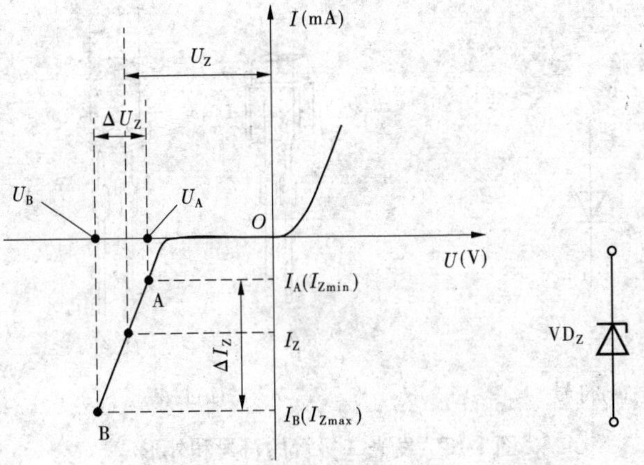

图 1-12　稳压二极管伏安特性曲线及符号

具有正、负不同的温度系数,可得到很好的温度补偿。

(3)动态电阻 r_Z:表示稳压管稳压性能的优劣,一般工作电流越大,r_Z 越小。

(4)允许功耗 P_Z:由稳压管允许达到的温升决定,小功率稳压管的 P_Z 值为 100 ~ 1 000 mW,大功率的可达 50 W。

(5)稳定电流 I_Z:是测试稳压管参数时所加的电流。实际流过稳压管的电流低于 I_Z 时仍能稳压,但 r_Z 较大。

稳压管的最主要的用途是稳定电压。在要求精度不高、电流变化范围不大的情况下,可选与需要的稳压值最为接近的稳压管直接同负载并联。稳压管在稳压、稳流电源系统中一般作基准电源,也可在集成运放中作为直流电平平移。它的缺点是噪声系数较高,稳定性较差。

二、发光二极管和光电二极管

(一)发光二极管

发光二极管是一种把电能变成光能的器件,由磷化镓、砷化镓等半导体材料制成,符号及封装形式如图 1-13 所示,当给发光二极管加上偏压,有一定的电流流过时二极管就会发光,这是由于 PN 结的电子和空穴直接复合放出能量的结果。发光二极管的发光颜色取决于所用的材料,目前有红、蓝、黄、绿等颜色。一般管脚引线较长者为正极,较短者为负极。发光二极管工作时导通电压比普通二极管大,其工作电压随材料不同而不同,一般为 1.7 ~ 2.4 V;普通绿、红、黄发光二极管工作电压约为 2 V;白色发光二极管电压通常高于 2.4 V;蓝色发光二极管工作电压一般高于 3.3 V。发光二极管的工作电流一般为 2 ~ 25 mA。发光二极管广泛应用于各种电子仪器仪表、计算机、电视机的电源指示和信号指示装置中,还可以做成七段译码显示器等。

(二)光电二极管

光电二极管又叫光敏二极管,外形如图 1-14(a)所示。光电二极管也是由一个 PN 结构成的,但是它的 PN 结面积较大,通过管壳上的一个玻璃来接收入射光。它是利用 PN 结在施加反向电压时,在光线照射下反向电阻由大变小的特点来工作的,其工作电路如图 1-14(b)所示。光电二极管可用于光测量、光电控制等方面,如遥控接收器、光纤通信、激光头中都用到光电二极管。

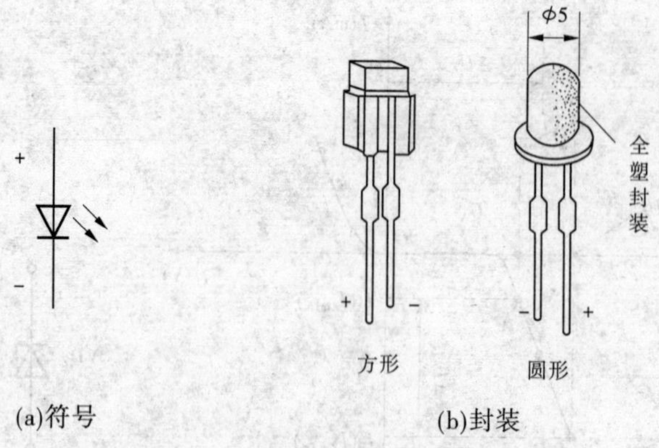

图 1-13　发光二极管的符号和外形

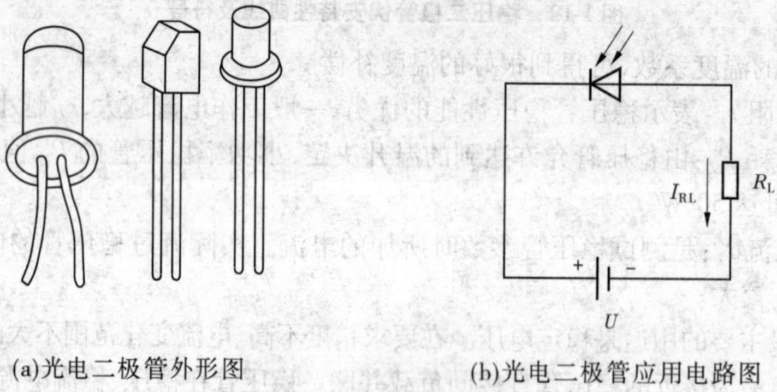

图 1-14　光电二极管

第五节　半导体三极管

一、三极管的结构及符号

半导体三极管(简称三极管或晶体管)是通过一定的工艺,在一整块半导体基片上形成两个 PN 结的器件,其结构及符号如图 1-15 所示。其中,NPN 型三极管以硅单晶体为基片,PNP 型三极管以锗单晶体为基片,这两种类型的三极管的工作原理相同。两种类型的三极管都是三层结构,中间的一层称为基区,外面的两层分别称为发射区和集电区。基区特别薄,所掺入的杂质少,其载流子浓度低;发射区掺入的杂质多,其载流子浓度很高;集电区掺入的杂质较多(比发射区少些,比基区多很多),其载流子浓度较高。基区、发射区、集电区各引出一根引线作为电极,分别称为三极管的基极 B、发射极 E 和集电极 C。基区与发射区之间的 PN 结称为发射结,基区与集电区之间的 PN 结称为集电结。发射结的结面积比集电结的结面积小。

三极管由两个 PN 结构成,这两个 PN 结通过基区互相联系,互相影响,它与两个单独的 PN 结串联完全不同。另外,由于发射区与集电区掺入杂质的数量不同,发射结与集电结的结面积不同,因此使用三极管时应区分集电极和发射极。

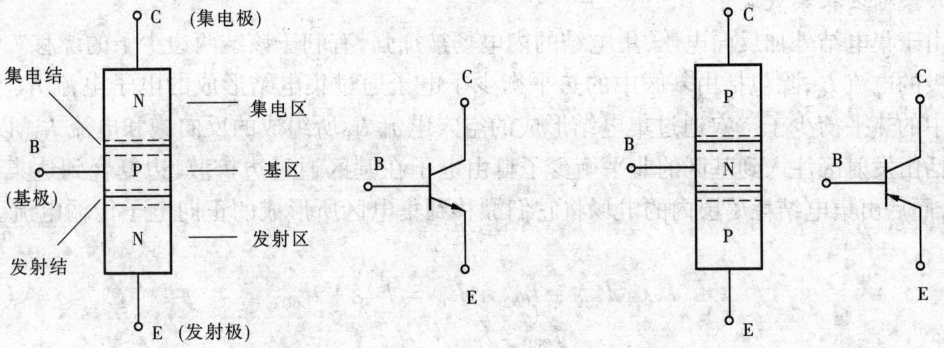

图 1-15　三极管结构示意图及符号

二、三极管的电流分配原则及放大作用

(一)三极管的电流分配

下面以图 1-16 为例,讨论半导体三极管内部载流子的传输过程。后面分步说明可以简述。

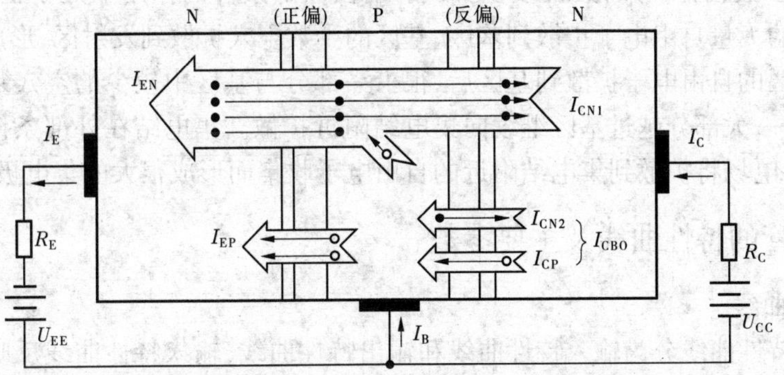

图 1-16　半导体三极管内部载流子的传输过程

1. 发射区向基区注入电子

由于外加正向电压,发射结的内电场被削弱,有利于该结两边半导体中多子的扩散。流过发射极的电流由两部分组成:一是发射区中的多子自由电子通过发射结注入到基区,成为基区中的非平衡少子而形成的电子电流 I_{EN};二是基区中的多子空穴通过发射结注入到发射区,成为发射区的非平衡少子而形成的空穴电流 I_{EP}。由于基区中空穴的浓度远低于发射区中电子的浓度,因此与电子电流相比,空穴电流是很小的,即

$$I_E = I_{EN} + I_{EP}(I_{EN} \gg I_{EP}) \text{ 或 } I_E = I_C + I_B(I_C \gg I_B) \tag{1-4}$$

2. 非平衡载流子在基区内的扩散与复合

由发射区注入基区的电子,使基区内少子的浓度发生了变化,即靠近发射结的区域内少子浓度最高,以后逐渐降低,因而形成了一定的浓度梯度。于是,由发射区来的电子将在基区内源源不断地向集电结扩散。另一方面,由于基区很薄,且掺杂浓度很低,因此在扩散过程中,只有很少的一部分会与基区中的多子(空穴)相复合,大部分将到达集电区。

3. 集电区收集载流子

由于集电结外加反向电压，集电结的内电场被加强，有利于该结两边少子的漂移。流过集电极的电流 I_C，除包括由基区中的热平衡少子电子通过集电结形成的电子电流 I_{CN2} 和集电区中的热平衡少子空穴通过集电结形成的空穴电流 I_{CP} 所组成的反向饱和电流 I_{CBO} 以外，还包括由发射区注入到基区的非平衡少子自由电子在基区通过边扩散、边复合到达集电结边界，而后由集电结耗尽层内的电场将它们漂移到集电区所形成的正向电子传输电流 I_{CN1}，因此

$$I_C = I_{CN1} + I_{CN2} + I_{CP} = I_{CN1} + I_{CBO} \tag{1-5}$$

其中

$$I_{CBO} = I_{CN2} + I_{CP}$$

基极电流由以下几部分组成：通过发射结的空穴电流 I_{EP}，通过集电结的反向饱和电流 I_{CBO} 以及 I_{EN} 转化为 I_{CN1} 过程中在基区的复合电流（$I_{EN} - I_{CN1}$），即

$$I_B = I_{EN} + I_{EP} - I_{CN1} - I_{CBO} \tag{1-6}$$

（二）三极管的放大作用

晶体管要起放大作用，必须满足发射结正偏、集电结反偏的偏置条件。三极管的电流放大作用实际上是内部条件与外部条件相结合的结果。NPN 型三极管的内部条件是基区很薄且掺入的杂质很少，空穴（多数载流子）数目很少；发射区、集电区较厚且掺入的杂质很多，自由电子（多数载流子）的数目很多。发射结在外部条件的作用下处于正向偏置时，外电场使发射区的大量自由电子扩散到基区、基区的少数空穴扩散到发射区，形成很大的发射极电流。发射区的自由电子扩散到基区后，很少一部分与基区中较少的空穴复合形成很小的基极电流，另一大部分越过基区继续向集电结附近扩散。集电结在外部条件作用下处于反向偏置时，外电场将扩散到集电结附近的自由电子收集而形成很大的集电极电流。

三、三极管的特性曲线及主要参数

（一）特性曲线

三极管的特性曲线分为输入特性曲线和输出特性曲线，输入特性曲线反映三极管的输入电流与输入电压之间的关系，输出特性曲线反映三极管的输出电流与输出电压之间的关系，它们反映了三极管的性能，是分析放大电路的重要依据。输入、输出特性曲线可以由晶体管特性图示仪直接显示出来，也可以通过试验进行测试，测试电路如图 1-17 所示。

1. 输入特性曲线

输入特性曲线是指保持集电极与发射极之间的电压 U_{CE} 不变时，基极电流 I_B 与发射结正向电压 U_{BE} 的关系曲线，如图 1-18 所示。其函数关系式为：$I_B = f(U_{BE})$，其中 U_{CE} 为一常数。

从图 1-18 中可以看出，其形状与二极管的正向伏安特性相似，也有一段死区。硅管的死区电压为 0.4 ~ 0.5 V，锗管的死区电压为 0.1 ~ 0.2 V。只有在 U_{BE} 大于死区电压时，三极管才会导通。正常工作时，发射结的正向电压称为管压降，硅管的管压降为 0.6 ~ 0.7 V，锗管的管压降约为 0.3 V。

输入特性曲线通常只有 $U_{CE} \geq 1$ V 的一条曲线。因为，当 $U_{CE} \geq 1$ V 时，集电结已反向偏置，内电场的电场力已经足以将发射区扩散到基区的自由电子收集到集电区。在 U_{BE} 保持不变时，即发射区扩散到基区的自由电子数目不变时，再增大 U_{CE} 也不会使基极电流 I_B 明显减小了。

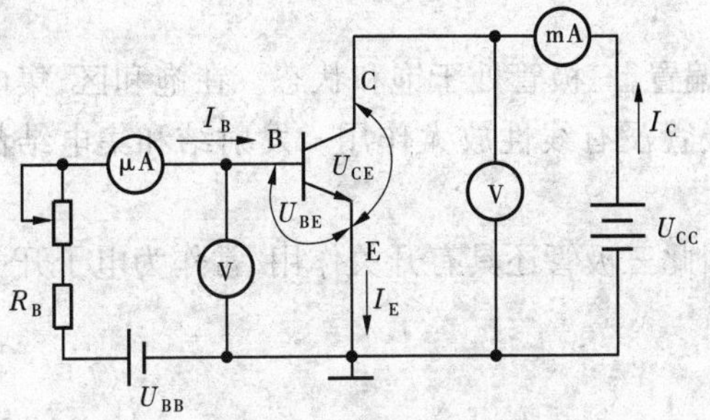

图 1-17　三极管特性曲线测试电路

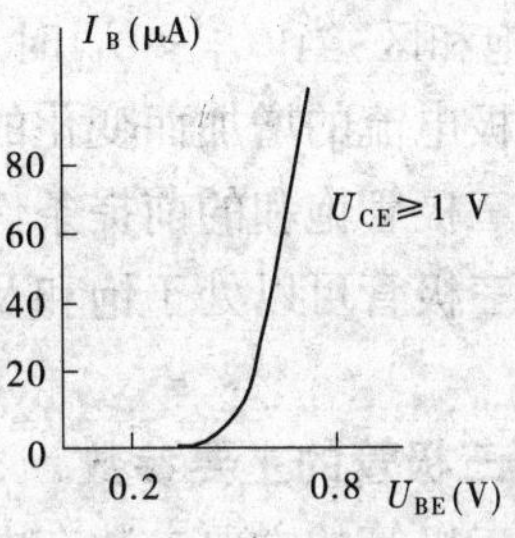

图 1-18　三极管输入特性曲线

2. 输出特性曲线

输出特性曲线描述基极电流 I_B 为某一常数时，集电极电流 I_C 与集电极和发射极之间电压 U_{CE}的关系曲线，其函数关系式为：$I_C = f(U_{CE})$，其中 I_B 为某一常数。图 1-19 为基极电流取不同值时所对应的一组输出特性曲线。

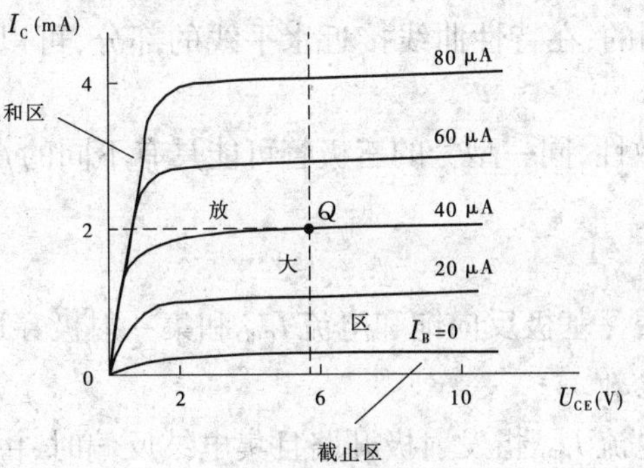

图 1-19　三极管输出特性曲线

从图 1-19 中可以得出如下结论：

(1) $U_{CE} > 1$ V 后，集电极与发射极之间的电压 U_{CE}的改变不会引起集电极电流 I_C 的明显改变，说明三极管具有恒流特性。

(2) 改变基极电流 I_B 可以使集电极电流 I_C 发生较大变化，说明三极管具有电流控制及电流放大作用。因为改变基极电流时，也就是改变了发射区扩散到基区的自由电子数目，被收集到集电区的自由电子数目随之改变，因此集电极电流随之改变，三极管的基极电流控制着集电极电流。由于发射区扩散到基区的自由电子中只有很小的部分与基区的空穴（数目很少）复合而形成很小的基极电流，大部分自由电子被收集到集电区而形成很大的集电极电流，因此三极管具有电流放大作用。

从三极管的输出特性曲线还可以看出，它分为三个工作区：

(1) 放大区。是三极管具有电流放大作用的区域，即输出特性曲线接近水平线的部分，也称为线性区。三极管工作在放大区的前提条件是发射结正向偏置且集电结反向偏置。

(2) 截止区。是基极电流 $I_B = 0$ 时，曲线 $I_C = f(U_{CE})$ 以下的区域。$I_B = 0$ 时，$I_C = I_{CEO} \approx 0$。NPN 型硅管在 $U_{BE} < 0.5$ V 时已开始截止，且在 $U_{BE} < 0$ 时可以确保截止。发射结反向偏置或正向偏置且电压小于死区电压是三极管截止的前提条件。三极管截止时，集电结处于反

向偏置状态。

（3）饱和区：当 $U_{CE} < U_{BE}$ 时，集电结正向偏置，三极管处于饱和状态。在饱和区，集电极电流随基极电流的增加而变化的程度小，三极管没有线性放大作用。发射结和集电结都正向偏置是三极管饱和的前提条件。

由于三极管可以处于饱和及截止状态，因此三极管还具有开关作用，常作为电子开关使用。

（二）三极管的主要参数

晶体三极管的主要参数有电流放大系数、极间反向电流、集电极最大允许电流、集电极最大允许耗散功率、反向击穿电压等，这些参数是设计电路、选择三极管的依据。

1. 电流放大系数 $\bar{\beta}$、β

$\bar{\beta}$ 称为静态电流放大系数，指静态时集电极电流与基极电流的比值，$\bar{\beta} = (I_C - I_{CEO})/I_B = I_C/I_B$。

β 称为动态电流放大系数，指动态时集电极电流的变化量与引起集电极电流变化的基极电流变化量之比，$\beta = \Delta I_C/\Delta I_B$。

$\bar{\beta}$ 与 β 的含义是不同的，在特性曲线接近水平线的部分，可以认为 $\bar{\beta}$、β 的值基本恒定，且 $\bar{\beta} \approx \beta$。

由于制造工艺的分散性，同一型号的三极管可能具有不同的 β 值，常用三极管的 β 值为 20 ~ 100。

2. 极间反向电流

极间反向电流包括集 - 基极反向饱和电流 I_{CBO} 和集 - 射极穿透电流 I_{CEO}，它们是反映三极管温度稳定性的重要参数。

集 - 基极反向饱和电流 I_{CBO} 指发射极开路且集电结反偏时，由集电极流向基极的电流。可见，I_{CBO} 是由少数载流子的漂移运动形成的，其数值很小，小功率硅管的 I_{CBO} 为 0.1 μA 以下，锗管的 I_{CBO} 值在几微安到几十微安。

集 - 射极穿透电流 I_{CEO} 指基极开路（$I_B = 0$）、集电结反偏时，由集电极流向发射极的电流。可见，I_{CEO} 是由少数载流子形成的电流，其数值很小。I_{CEO} 越小，三极管的质量越好。

$$I_C = \bar{\beta} I_B + I_{CEO} \tag{1-7}$$

3. 集电极最大允许电流 I_{CM}

集电极电流 I_C 太大时，电流放大系数 β 的值会明显下降。β 值下降到正常数值的三分之二时的集电极电流就是集电极最大允许电流。如果三极管用于放大电信号，那么应使 $I_C < I_{CM}$。

4. 集电极最大允许耗散功率 P_{CM}

集电极最大允许耗散功率 P_{CM} 指集电结的结温不超过允许值，未引起参数变化时，集电极所消耗的最大功率。如果 $U_{CE} < U_{(BR)CEO}$、$I_C < I_{CM}$、$U_{CE} I_C < P_{CM}$，那么三极管可以安全工作。

5. 反向击穿电压

反向击穿电压包括集 - 射极反向击穿电压 $U_{(BR)CEO}$、集 - 基极反向击穿电压 $U_{(BR)CBO}$、射 - 基极反向击穿电压 $U_{(BR)EBO}$。

集 - 射极反向击穿电压 $U_{(BR)CEO}$ 指基极开路时，允许加在集电极与发射极之间的最大允许电压；集－基极反向击穿电压 $U_{(BR)CBO}$ 指发射极开路时，允许加在集电极与基极之间的最大允许电压；射－基极反向击穿电压 $U_{(BR)EBO}$ 指集电极开路时，允许加在发射极与基极之间的最大允许电压。

如果 $U_{CE} > U_{(BR)CEO}$，那么 I_{CEO} 会大幅度上升，说明三极管已被击穿。

第六节　场效应管

前面介绍的半导体三极管也称为双极型三极管（英文缩写为 BJT），这是因为在这一类三极管中，参与导电的有两种极性的载流子：自由电子和空穴。现在将要讨论另一种类型的三极管，它们依靠一种极性的载流子（多数载流子）参与导电，称为单极型三极管。又因为这种管子是利用电场效应来控制电流的，所以也称为场效应管。

场效应管分为两大类：一类称为结型场效应管，另一类称为绝缘栅型场效应管。

一、结型场效应管

（一）结构

结型场效应管有 N 沟道与 P 沟道两种类型。图 1-20 中示出了 N 沟道结型场效应管的结构示意图以及它在电路中的符号。

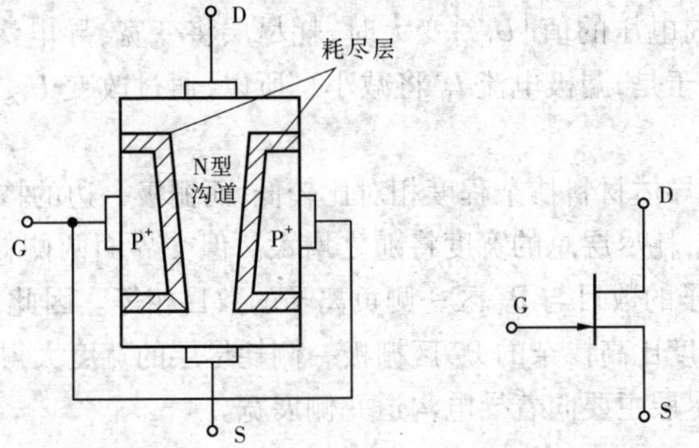

(a)结构示意图　　(b)符号

图 1-20　N 沟道结型场效应管结构和符号

在一块 N 型硅棒的两侧，利用合金法、扩散法或其他工艺做成掺杂程度比较高的 P 型区（用符号 P^+ 表示），则在 P^+ 型区和 N 型区的交界处将形成一个 PN 结，或称耗尽层。将两侧的 P^+ 型区连接在一起，引出一个电极，称为栅极（G），再在 N 型硅棒的一端引出源极（S），另一端引出漏极（D），如图 1-20（a）所示。如果在漏极和源极之间加上一个正向电压，即漏极接电源正端，源极接电源负端，则因为 N 型半导体中存在多数载流子电子，因而可以导电。这时场效应管的导电沟道是 N 型的，所以称为 N 沟道结型场效应管，其电路符号如图 1-20（b）所示。注意电路符号中，栅极上的箭头指向内部，即由 P^+ 型区指向 N 型区。

P 沟道结型场效应管是在 P 型硅棒的两侧做成高掺杂的 N 型区（用符号 N^+ 表示），并连在一起引出栅极，然后从 P 型硅棒的两端分别引出源极和漏极，如图 1-21（a）所示。P 沟道结型场效应管的电路符号如图 1-21（b）所示。此处栅极上的箭头指向外侧，即由 P 型区

指向 N^+ 型区。

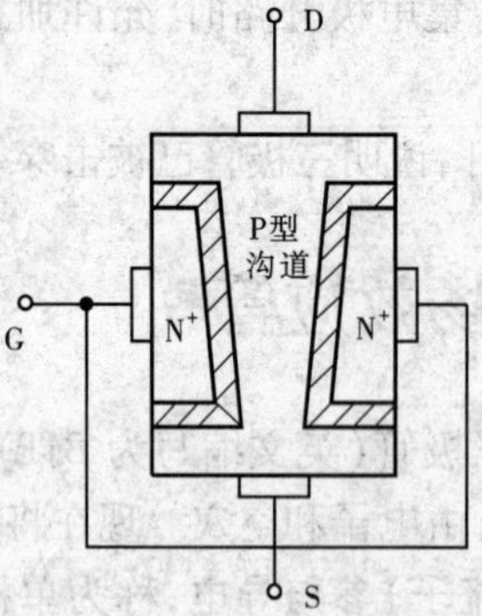

(a)结构示意图

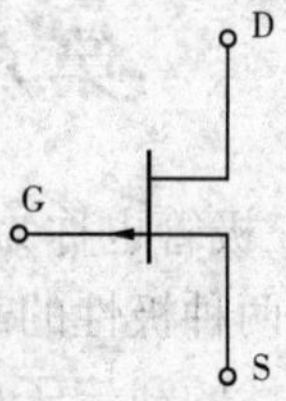

(b)符号

图 1-21　P 沟道结型场效应管结构和符号

上述两种场效应管的工作原理是类似的，下面以 N 沟道结型场效应管为例，介绍它们的工作原理。

（二）工作原理

从结型场效应管的结构可以看出，在栅极和导电沟道之间存在一个 PN 结。假设在栅极和源极之间加上反向电压 U_{GS}，使 PN 结反向偏置，则可以通过改变 U_{GS} 的大小来改变耗尽层的宽度。例如，当反向电压的值 $|U_{GS}|$ 变大时，耗尽层将变宽，导电沟道的宽度相应地减小，使沟道电阻值增大，于是，漏极电流 I_D 将减小。所以，通过改变 U_{GS} 的大小，可控制漏极电流 I_D 的值。

由于导电沟道的半导体材料掺杂程度相对比较低，而栅极一边的掺杂程度很高，因此当反向偏置电压值升高时，耗尽层总的宽度将随之增大。但交界面两侧耗尽层的宽度并不相等，而是 N 区一侧正离子的数目与 P^+ 区一侧负离子的数目相等。因此，掺杂程度低的 N 型导电沟道中耗尽层的宽度比高掺杂的 P^+ 区栅极一侧耗尽层的宽度大得多。可以认为，当反向偏置电压增大时，耗尽层主要向着导电沟道一侧展宽。

二、绝缘栅型场效应管

绝缘栅型场效应管由金属、氧化物和半导体制成，所以称为金属－氧化物－半导体场效应管，或简称 MOS 场效应管。由于这种场效应管的栅极被绝缘层（如 SiO_2）隔离，因此其输入电阻更高，可达 $10^9\ \Omega$ 以上。从导电沟道来分，绝缘栅型场效应管也有 N 沟道和 P 沟道两种类型。无论 N 沟道或 P 沟道，又都可以分为增强型和耗尽型两种。

（一）N 沟道增强型 MOS 场效应管

1. 结构

N 沟道增强型 MOS 场效应管的结构示意图如图 1-22 所示。用一块掺杂浓度较低的 P 型硅片作为衬底，在其表面上覆盖一层 SiO_2 的绝缘层，再在 SiO_2 层上刻出两个窗口，通过扩散形成两个高掺杂的 N 区（用 N^+ 表示），分别引出源极 S 和漏极 D，然后在源极和漏极之间的 SiO_2 上面引出栅极 G，栅极与其他电极之间是绝缘的。衬底也引出一根引线，用 B 表示，通常情况下将它与源极在管子内部连接在一起。

2. 工作原理

绝缘栅型场效应管的工作原理与结型场效应管有所不同。结型场效应管利用 U_{GS} 来控制 PN 结耗尽层的宽窄，从而改变导电沟道的宽度，以控制漏极电流 I_D。而绝缘栅型场效应管则利用 U_{GS} 来控制"感应电荷"的多少，以改变由这些"感应电荷"形成的导电沟道的状况，然后达到控制漏极电流的目的。若 $U_{GS}=0$ 时漏－源之间已经存在导电沟道，称为耗尽型场效应管。如果当 $U_{GS}=0$ 时不存在导电沟道，则称之为增强型场效应管。

对于 N 沟道增强型 MOS 场效应管来说，当 $U_{GS}=0$ 时，在漏极和源极的两个 N^+ 区之间是 P 型衬底，因此漏－源之间相当于两个背靠背的 PN 结，如图 1-23 所示。所以，无论漏－源之间加上何种极性的电压，总是不能导电。

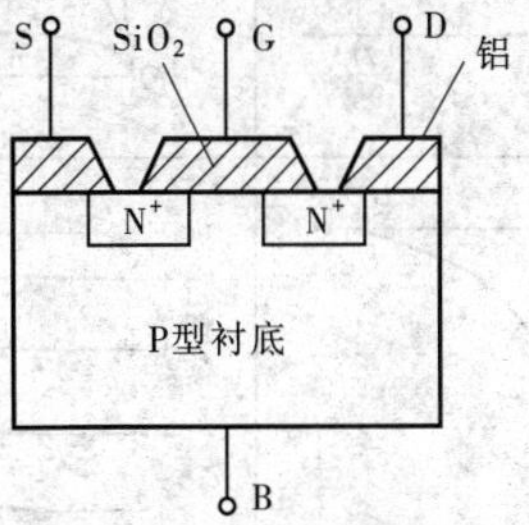

图 1-22　N 沟道增强型 MOS 场效应管的结构示意图

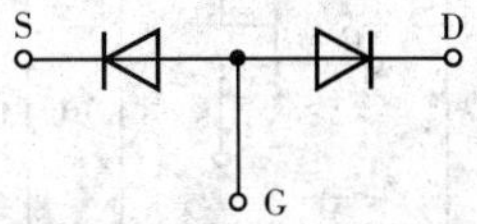

图 1-23　N 沟道增强型 MOS 场效应管漏－源之间两个背靠背的 PN 结

(二) N 沟道耗尽型 MOS 场效应管

根据前面的分析可知，对于 N 沟道增强型 MOS 场效应管，只有当 $U_{GS}>U_{GS(th)}$（$U_{GS(th)}$ 为门极开启电压）时，漏极和源极之间才存在导电沟道。耗尽型 MOS 场效应管则不然，由于在制造过程中预先在 SiO_2 的绝缘层中掺入了大量的正离子，因此即使 $U_{GS}=0$，这些正离子产生的电场也能在 P 型衬底中感应出足够多的负电荷，形成"反型层"，从而产生 N 型的导电沟道，如图 1-24 所示。所以，当 $U_{GS}>0$ 时，将有一个较大的漏极电流 I_D。

如果使这种场效应管的 $U_{GS}<0$，则由于栅极接电源的负端，其电场将削弱原来 SiO_2 绝缘层中正离子产生的电场，使感应负电荷减少，于是 N 型的沟道变窄，从而使 I_D 减小。当 U_{GS} 继续变小，达到某一值时，感应电荷被耗尽，导电沟道消失，于是 $I_D\approx 0$。因此，这种管子称为耗尽型 MOS 场效应管。使 $I_D\approx 0$ 时的 U_{GS} 称为夹断电压，用符号 U_P 表示，与结型场效应管类似。

与 N 沟道结型场效应管不同之处在于，耗尽型 MOS 场效应管在栅源极不加正向电压的情况下也可以导电工作。此时，导电沟道比 $U_{GS}=0$ 时更宽，因而 I_D 更大。

P 沟道 MOS 场效应管的工作原理与 N 沟道的类似，此处不再赘述。

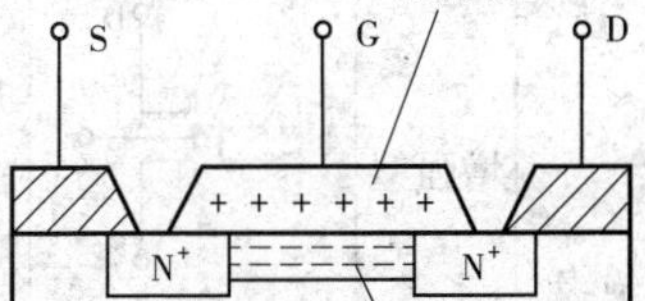

图 1-24　N 沟道耗尽型 MOS 场效应管的结构示意图

三、各种场效应管的符号、电压极性及特性曲线

场效应管的符号、电压极性及特性曲线如表 1-1 所示。

表 1-1　场效应管的符号、电压极性及特性曲线

种类		符号	电压极性				转移特性	输出特性
			U_{DS}	U_{GS}	$U_{GS(off)}$	$U_{GS(th)}$		
结型 N 沟道	耗尽型	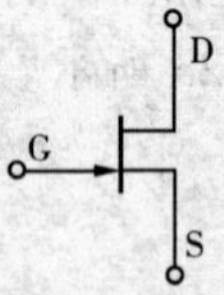	正	负、零	负		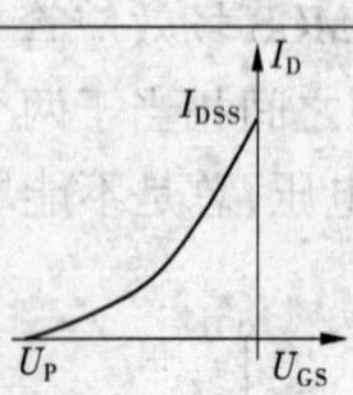	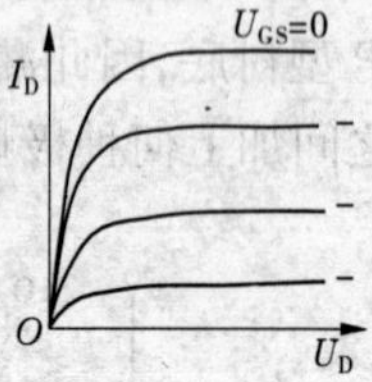
结型 P 沟道	耗尽型	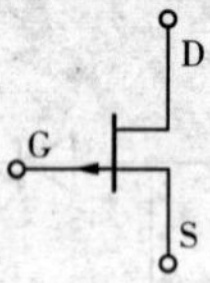	负	正、零	正		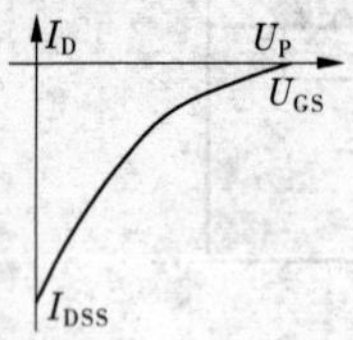	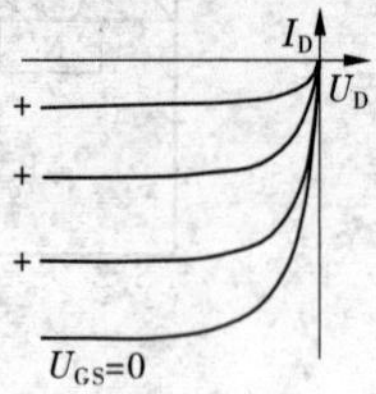
绝缘栅型 N 沟道	增强型	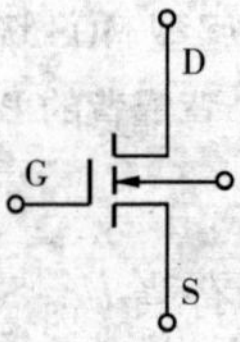	正	正		正	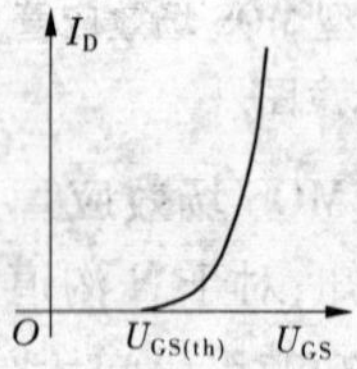	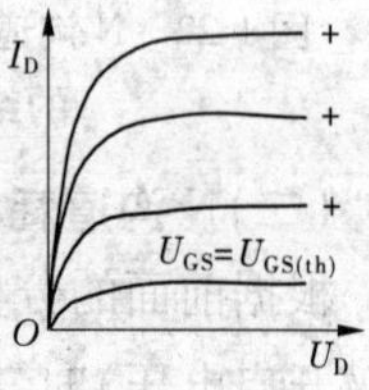
	耗尽型	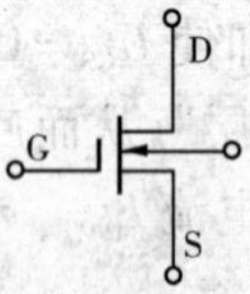	正	正、负、零	负		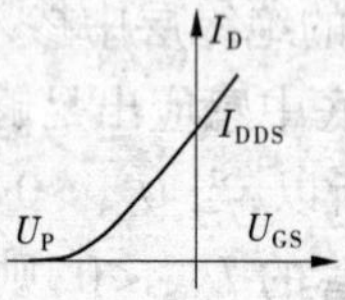	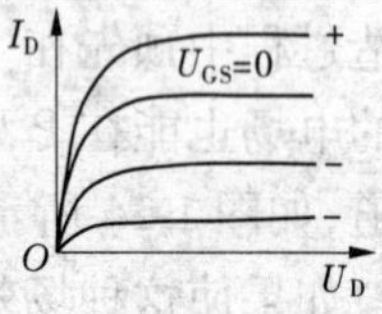
绝缘栅型 P 沟道	增强型	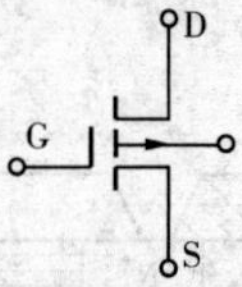	负	负		负	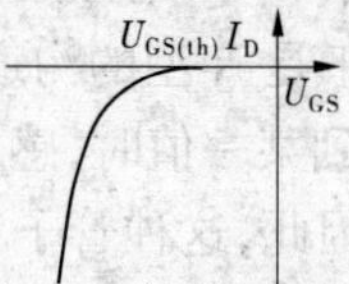	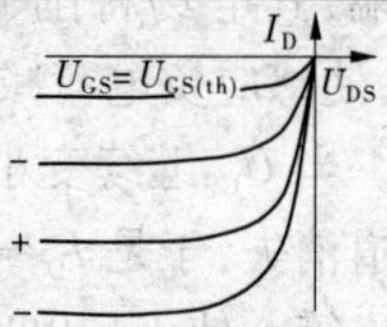
	耗尽型	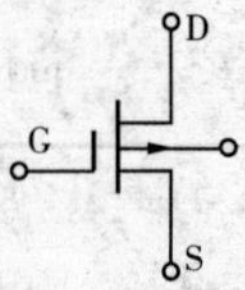	负	正、负、零	正		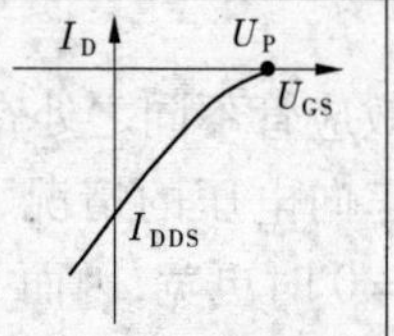	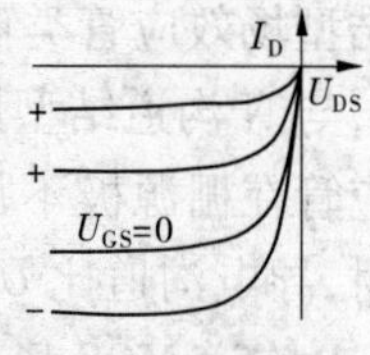

小 结

(1)半导体就是导电能力介于导体和绝缘体之间的物质,电子电路中常用的二极管、三极管等元器件是由半导体制成的。半导体按其是否掺入杂质来划分,可分为本征半导体和杂质半导体。本征半导体的导电能力比较弱,在本征半导体中掺入适当的杂质,构成杂质半导体,其导电性能会显著增强。杂质半导体根据导电方式的不同分为N型半导体和P型半导体,以电子导电为主要的导电方式的称为N型半导体,以空穴导电为主要的导电方式的称为P型半导体。

(2)PN结是构成半导体器件的核心,其主要特性是单向导电性,PN结正向偏置时导通、反向偏置时截止。当反偏电压超过反向击穿电压值后,PN结被反向击穿,单向导电性被破坏。

(3)二极管实质上就是一个PN结,它的伏安特性是非线性的。硅管的导通电压降为0.6~0.7 V,锗管的导通电压降约为0.3 V。普通二极管的主要参数有反向饱和漏电流I_R、额定整流电流I_F、最大平均整流电流I_o、最大浪涌电流I_{FSM}、最大反向峰值电压U_{RM}、最大直流反向电压U_R、最高工作频率f_M、反向恢复时间T_{rr}、最大功率P。

(4)稳压二极管利用二极管被反向击穿后,在一定反向电流范围内反向电压不随反向电流变化这一特点在电路中起稳定电压的作用。发光二极管是一种把电能变成光能的器件,当给发光二极管加上偏压,有一定的电流流过时二极管就会发光。光电二极管又叫光敏二极管,由一个面积较大的PN结构成,利用PN结在施加反向电压时,在光线照射下反向电阻由大变小来工作。

(5)半导体三极管是具有放大作用的半导体器件,通常简称晶体管或BJT,它工作时有空穴和自由电子两种载流子参与导电。晶体管是由两个PN结组成的三端器件,有NPN型和PNP型两类。根据材料的不同又有硅管和锗管之分。因偏置条件不同,晶体管有放大、截止、饱和等工作状态。晶体管的主要参数有电流放大系数$\bar{\beta}$、β,极间反向电流I_{CBO}、I_{CEO},集电极最大允许电流I_{CM},集电极最大允许耗散功率P_{CM},反向击穿电压$U_{(BR)CEO}$、$U_{(BR)CBO}$、$U_{(BR)EBO}$。

(6)场效应管是电压控制元件,具有输入电阻高、噪声低、热稳定性好、耗电少等特点,在集成电路中获得广泛应用。场效应管有结型和绝缘栅型两大类。绝缘栅型场效应管分为增强型和耗尽型两种,每一种又分为N沟道和P沟道。由场效应管组成的放大电路与晶体管放大电路类似,其分析方法也相似。

实训一 二极管的特性测试与应用

一、实训目的

(1)掌握测量二极管伏安特性的方法。

(2)了解二极管的伏安特性。

(3)掌握分压器和限流器的使用方法。

二、实训器材

稳压电源、检流计、电流表、电压表、滑动变阻器、电阻箱、电键、二极管。

三、实训内容

(一)伏安特性曲线

当在一个元件两端加上电压,元件内部有电流通过时,电压与电流之比称为该元件的电阻,若一个元件两端的电压与电流成比例,则伏安特性曲线为一条直线,这类元件称为线性元件。若元件两端的电压与电流不成比例,则伏安特性曲线不再是直线,而是一条曲线,这类元件称为非线性元件。

二极管是一种非线性元件,二极管伏安特性曲线上各点的电压和电流的比值并不是一个常量。显然,此时说这个元件的阻值是多少意义是不明确的,只有电压和电流均为确定值时,阻值才有确定的意义。或者说,任何一个阻值都不能表明这个元件的电阻特性,故一般均用伏安特性曲线来反映非线性电阻元件的这种特性。

二极管的伏安特性曲线可用图 1-25 所示曲线来描绘。

(二)二极管伏安特性的测定

用伏安法测量二极管的伏安特性可采用图 1-26 所示的电路。

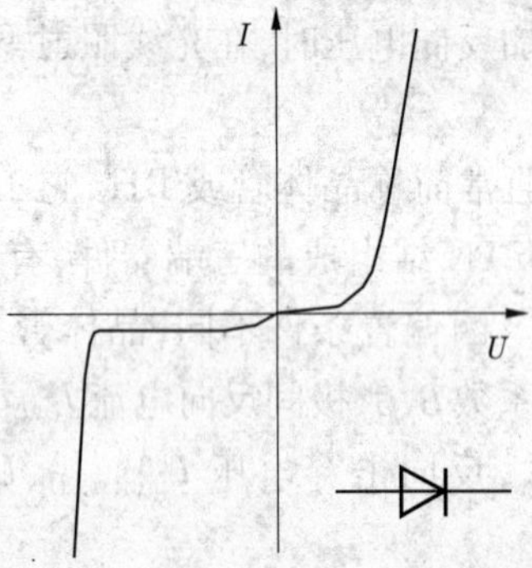

图 1-25　二极管伏安特性曲线

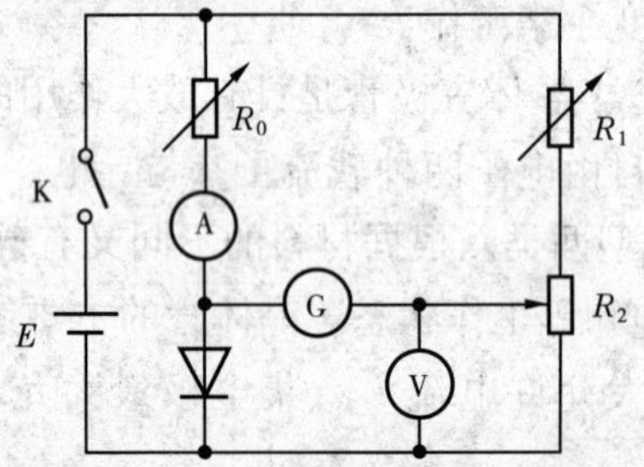

图 1-26　二极管正向特性测试电路

当检流计 G 指零时,电压表 V 指示着二极管两端的正向电压值,电流表 A 指示着流过二极管的正向电流。R_0 为限流器(即电阻箱),改变 R_0 的阻值可改变正向电流值。R_1 为限流器,R_2 为分压器,改变 R_1 和 R_2 可输出不同的电压值,并由电压表指示,目的是与二极管两端的电压进行比较。如果 G 指示为零,电压表指示值就是二极管端电压 U,通常 R_1 值越大,可测量的 U 越小,R_1 值很小甚至为零时,可测量到较大的 U 值。此外,R_1 的微小调节可使电压表 V 指示值(即输出电压值)有微小的变化,故 R_1 常称为电压微调电阻。

如果将稳压电源 E 的极性反向连接,按上述相同的方法测量,也可以得到二极管的反向特性。

实训二　半导体三极管的测试与应用

一、实训目的

(1)掌握三极管应用电路的测试方法,加深对三极管放大特性、三种工作状态的理解。

(2)研究三极管的恒流特性。

二、实训器材

直流稳压电源1台;万用表1只;三极管1只;电位器4.7 kΩ、10 kΩ各1只;电阻1 kΩ、2 kΩ、3 kΩ、6.8 kΩ、100 kΩ各1只。

三、实训内容及要求

(一)三极管电路电压与特性的测试

(1)按图1-27所示电路接线,检查无误后接通直流电源电压 U_{CC}。

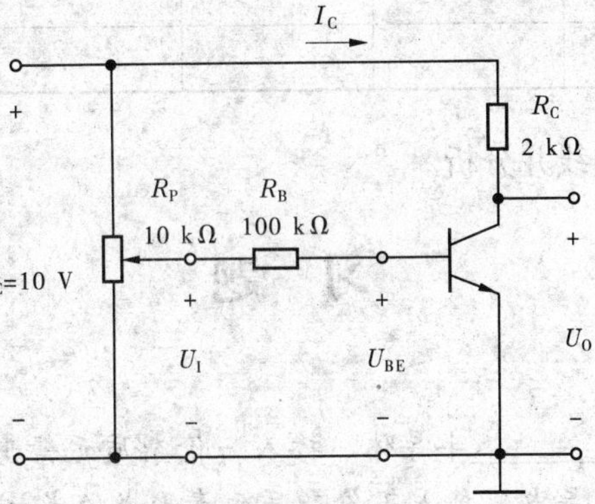

图1-27　三极管特性测试

(2)调节电位器 R_P,使输入电压 U_I 由零逐渐增大,如表1-2所示,用万用表测出对应的 U_{BE}、U_O 值,并计算出 I_C,记入表1-2中。

表1-2　三极管的电压传输特性

U_I(V)	0	1.00	2.00	2.50	3.00	3.50	4.00	5.00	6.00	7.00	8.00	9.00
U_{BE}(V)												
U_O(V)												
I_C(mA)												

(3)在坐标纸上作出电压传输特性曲线 $U_O=f(U_I)$ 和转移特性曲线 $I_C=f(U_{BE})$,求出线性部分的电压放大倍数 $A_u=\Delta u_o/\Delta u_i$ 的值。

(二)三极管电路恒流特性研究

(1)按图1-28所示电路接线,检查无误后通直流电压 U_{CC}。

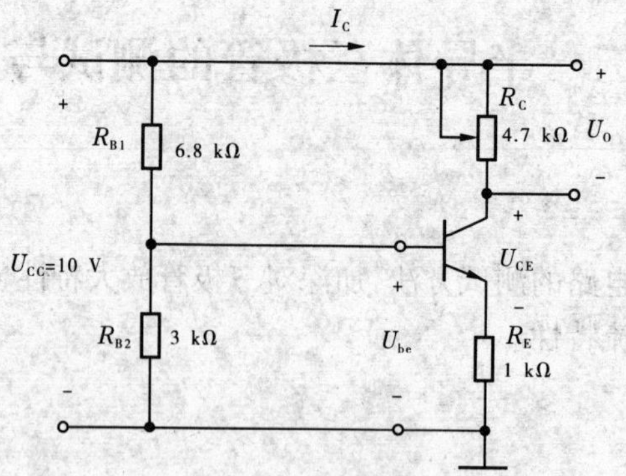

图 1-28　三极管恒流源

(2)调节 R_C 使 R_C 从 0 逐渐增大到 4.7 kΩ,分别测出 U_O 值,并计算出 I_C 值,填入表 1-3 中。

表 1-3　三极管的恒流特性

R_C(kΩ)	0	1	2	3	4	4.7
U_O(V)						
I_C(A)						

(3)作 $I_C=f(U_O)$的曲线并分析。

习　题

1-1　填空题

(1)纯净的半导体叫________半导体。掺入三价杂质元素形成的半导体叫________型半导体,它主要靠________导电。掺入五价杂质元素形成的半导体叫________型半导体,它主要靠________导电。

(2)PN 结________偏置时导通,________偏置时截止,PN 结具有________导电性。

(3)锗二极管的死区电压约为________,硅二极管完全导通后的管压降约为________。

(4)稳压管通常工作于________区,来稳定直流输出电压。

(5)三极管具有放大作用的外部电压条件是发射结________,集电结________。

(6)三极管是________控制元件,场效应管是________控制元件。

(7)场效应管分为两大类:一类称为________,另一类称为________。

1-2　简答题

(1)简述二极管的导电特性。

(2)简述稳压二极管稳压电路的工作原理。

(3)简述三极管的放大原理。

(4)简述场效应管的分类及各自的特点。

1-3　硅稳压管稳压电路如图 1-29 所示。其中硅稳压管 VD_Z 的稳定电压 $U_Z=8$ V、动态电阻 r_Z 可以忽略,$U_I=20$ V。试求:

(1) U_O、I_O、I 及 I_Z 的值；

(2) 当 U_I 降低为 15 V 时的 U_O、I_O、I 及 I_Z 值。

1-4　硅晶体管电路如图 1-30 所示，已知晶体管的 $\beta=100$，当 R_B 分别为 100 kΩ、51 kΩ 时，求晶体管的 I_B、I_C 及 U_{CE}。

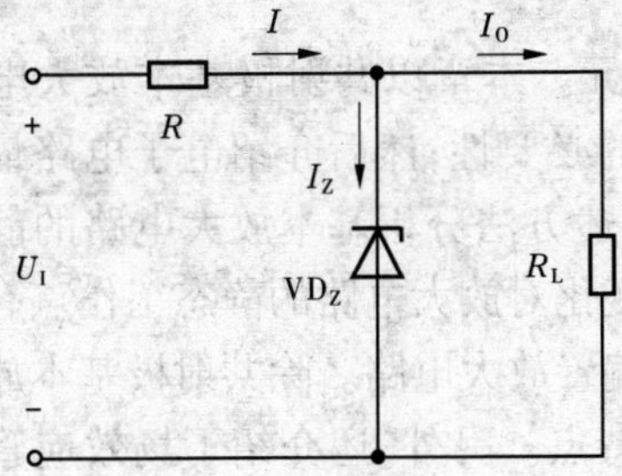

图 1-29

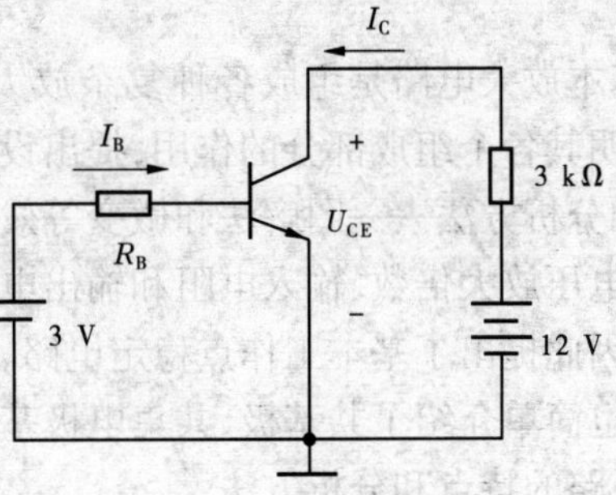

图 1-30

第二章　基本放大电路

基本放大电路是组成各种复杂放大电路的基本单元。本章以共射极基本放大电路为例，阐明其各个组成部分的作用，提出设置静态工作点的必要性；然后介绍电子电路最常用的两种分析方法——图解法和微变等效电路法，利用上述方法分析基本放大电路的静态工作点、电压放大倍数、输入电阻和输出电阻。由于温度变化对放大电路的静态工作点有较大影响，因此提出了基本工作点稳定电路，即分压式射极偏置放大电路。除共射极基本放大电路外，也简单介绍了共基极、共集电极基本放大电路的特点。另外，还介绍了场效应管基本放大电路的特点和分析方法。

第一节　放大电路的基本概念

一、放大电路概述

（一）放大电路（即放大器）

放大电路是将微弱的电信号（电压、电流或功率）进行放大来推动较大功率的负载工作的电子电路。例如，收音机或电视机需要将接收的微弱电信号放大几万倍，才能推动扬声器发出宏亮的声音或使电视屏幕显示出清晰的图像。再如，在自动控制设备上，需将反映加工要求的控制信号进行放大，得到一定的输出电功率来驱动电磁块、动力机或液压机构等执行部件。另外，还有许多测量仪表是通过传感器将温度、压力、流量、转速等非电信号转变成微弱的电信号，再放大成为较强的信号，才能驱动显示器来显示出被测量的大小，或者驱动执行器件，如继电器、电动机等，来实现自动调节。这些都是通过放大电路实现的。而基本放大电路是指由一个放大元件（半导体三极管或场效应管）和一些电阻、电容等组成的最简单的放大电路。

（二）放大电路的分类

晶体三极管放大电路的形式和种类很多，主要有交流放大器和直流放大器两种。另外，依据不同的分类标准可以将其分成不同的类型。按放大的对象，可分为电压、电流和功率放大器；按放大器的工作频率，可分为低频、中频和高频放大器等；按输入给放大器的电信号强弱，可分为大信号和小信号放大器；按放大器晶体三极管连接方式，可分为共发射极、共基极和共集电极接法；按放大电路的级数，可分为单级和多级放大器。

放大电路表面看来是将信号的电压或电流的幅度由小变到大，但是它与变压器升高电压、放大镜放大物体等有实质的区别。放大电路的放大本质是实现能量的转移和控制。如输入信号（由天线或传感器得到的信号）的能量过于微弱，不足以直接推动负载（如喇叭或测量装置的执行机构、显示仪器），必须另外提供一个能源，这个能源就是直流电源。由能量较小的输入信号控制这个能源，使之输出较大的（受输入信号控制的）能量，然后推动负载，这种小能量对大能量的控制转换作用，就是我们说的放大。这种能量控制作用是由三极管或场效应管把直流电源的能量变成信号的能量输出来实现的。

二、放大电路的主要性能指标

一个放大器性能的好坏常用一些技术指标(参数)来表示。放大器的性能指标主要有以下几个。

(一)放大倍数

放大电路的放大能力用放大倍数来表示。根据放大对象的不同,有电压放大倍数、电流放大倍数和功率放大倍数。

(1)电压放大倍数:反映了输出电压和输入电压的幅值比与相位差,即

$$\dot{A}_u = \frac{\dot{U}_o}{\dot{U}_i}$$

(2)电流放大倍数:反映了输出电流和输入电流的幅值比与相位差,即

$$\dot{A}_i = \frac{\dot{I}_o}{\dot{I}_i}$$

(3)功率放大倍数:反映了输出功率与输入功率之比,即

$$A_p = \frac{P_o}{P_i}$$

放大倍数常用对数的形式表示,称为增益,即电压增益、电流增益、功率增益。

(二)放大电路的输入电阻和输出电阻

1. 输入电阻 r_i

放大电路对于信号源而言相当于负载。输入电阻 r_i 是从放大电路输入端看进去的等效电阻,定义为输入电压有效值和输入电流有效值之比,即 $r_i = U_i/I_i$。输入电阻是衡量放大电路从其前级取得的电流大小的参数。一般而言,输入电阻越大,从其前级取得的电流越小,对前级的影响越小,u_i 就越接近 u_s,即信号电压损失越小。

2. 输出电阻 r_o

对负载 R_L 而言,放大电路可以等效为一个有内阻的信号源,其中信号源的内阻称为放大器的输出电阻 r_o,定义式为 $r_o = U_o/I_o$。当负载需恒压源供电时,放大器的输出电阻越小,电路带负载能力越强。对于本章所讲的电压放大器而言,输出电阻越小越好。

(三)非线性失真系数

在放大过程中,一般要求放大电路的输入、输出信号除幅值不同外,其波形的变化规律尽可能保持一致。由于晶体三极管的非线性而造成的放大电路的输出波形不同于输入信号的波形,称为信号的非线性失真。如果超过了允许的失真范围,放大电路的质量就比较低劣。例如,悦耳动听的歌曲,经过放大产生严重失真的话,就会变得非常难听。因此,要求放大电路的非线性失真越小越好。

(四)工作稳定性

放大电路的工作稳定性有两方面要求,一是放大器中各元件参数要基本稳定,不随时间和周围环境(温度的变化,电源电压的波动)的变化而变化;二是放大器在无输入信号时不应有输出信号,也就是不应产生自激现象。一个性能优良的放大电路,通常包含多种稳定工

作性能的电路,以保证放大电路在一定的范围内正常工作。

放大电路除以上几个基本的性能指标外,还有其他技术参数,如通频带、频率失真、最大不失真输出电压、最大输出功率与效率等。不同用途的放大器,对技术参数的要求各有不同,后文会结合具体电路逐步进行讨论。

三、放大电路的组成原则

放大电路的组成原则对连接一个能实现正常放大作用的电路是非常重要的。在放大电路中起放大作用的核心器件为三极管,因此在组成一个放大电路时必须遵循以下原则:

(1)直流电源必须保证发射结正偏,集电结反偏。

(2)输入回路的设置要满足输入信号必须加在晶体管的输入回路里,即 b – e 之间,以保证晶体管的以小控大作用。

(3)输出回路的设置要保证输出信号必须加到负载的两端。

(4)静态工作点的设置必须合适。

第二节　基本共射极放大电路

一、放大电路的组成及元件作用

按照放大电路的基本组成原则,基本共射极放大电路组成如图 2-1(a)所示,图 2-1(b)为单电源供电的放大电路的习惯画法。

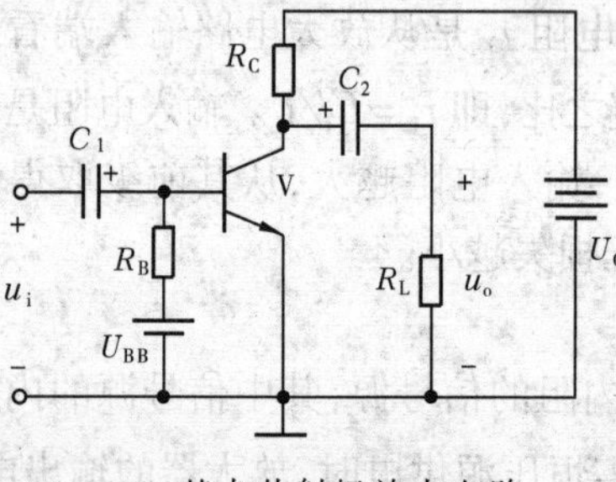

(a)基本共射极放大电路

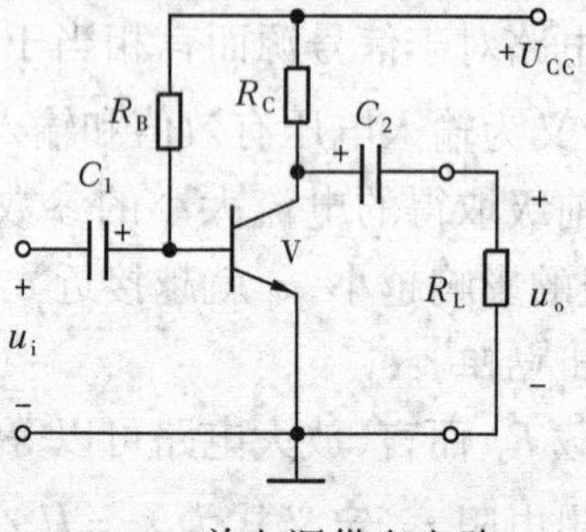

(b)单电源供电电路

图 2-1　共射极放大电路及习惯画法

(一)电路各元件的作用

1. 三极管 V

它是放大电路的核心,起电流放大作用,使 $i_c = \beta i_b$,反映三极管的电流控制作用。

2. 偏置电阻 R_B

它与 U_{CC} 给三极管提供合适的发射结导通压降 U_{BEQ} 和基极偏置电流 I_{BQ}。

3. 直流电源 U_{CC}

直流电源 U_{CC} 为放大电路提供工作电流和电压,也是放大电路的能源提供者。三极管把它的能量转换成受信号控制的能量进而放大。

4. 集电极电阻 R_C

集电极电阻 R_C 有两方面作用，一是与 U_{CC} 结合给集电结提供反偏电压；二是将集电极电流的变化转换为电压的变化，实现放大器的电压放大。

5. 耦合电容 C_1 和 C_2

耦合电容 C_1 和 C_2 有两方面作用：一是隔断直流，使电路的静态工作点不受输入端信号源和输出端负载的影响；二是传输交流信号，当 C_1、C_2 的容量足够大时，其对交流信号视为短路，保证交流信号经过放大电路传递给负载，即“隔直通交”。电容 C_1 和 C_2 通常是大容量的电解电容器，一般几微法至几十微法，在电路连接时要注意它的极性。

（二）电压、电流等符号的规定

如图 2-1 所示，放大电路中既有直流电源 U_{CC}，又有交流电压 u_i，电路中三极管各电极的电压和电流也包含直流量和交流量两部分。为了分析计算的方便，各量的符号规定如下。

（1）直流分量：用大写字母和大写下标表示，如 I_B 表示三极管基极的直流电流。

（2）交流分量：用小写字母和小写下标表示，如 i_b 表示三极管基极的交流电流。

（3）瞬时值：用小写字母和大写下标表示，它为直流分量和交流分量之和，如 i_B 表示三极管基极的瞬时电流值，$i_B = I_B + i_b$。

（4）交流有效值：用大写字母和小写下标表示，如 I_b 表示三极管基极正弦交流电流有效值。

二、放大电路的工作原理

（一）直流通路和交流通路

1. 直流通路

直流通路是指直流电流通过的路径，是计算静态工作点的依据。画放大电路直流通路的方法是将电容器看做开路，电感线圈看做短路，信号源 u_i 看做短路，其他不变。图 2-1(b) 所示放大电路的直流通路如图 2-2(a) 所示。

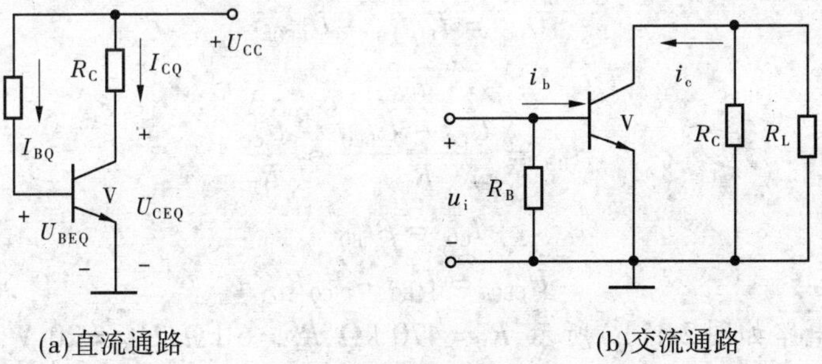

(a)直流通路　　(b)交流通路

图 2-2　共射极放大电路的直流通路和交流通路

2. 交流通路

交流通路是指交流电流通过的路径，是计算放大电路的放大倍数、输入电阻、输出电阻等动态参数的电路依据。画交流通路时，由于电容器及直流电源内阻小，其交流压降很小，因此可看做短路，用一条导线代替。图 2-1(b) 所示电路的交流通路如图 2-2(b) 所示。

（二）共射极放大器的工作原理分析

1.静态分析

如图2-1(b)所示放大电路，当 $u_i=0$ 时，放大电路处于直流电源的作用下，此时的工作状态称为静止状态，简称静态。此时的电压、电流值均为不变的直流数值。

1）静态工作点 Q

直流状态时三极管各电极的电流和各电极之间的电压称为静态工作点 Q（应为六个数值，但由于三极管放大时的特性及三极管的结构特点，已知其中四个，便可推知另外两个，所以具体指 I_{BQ}、U_{BEQ}、I_{CQ}、U_{CEQ}）。此时 I_{BQ}、U_{BEQ}、I_{CQ}、U_{CEQ}的值又在三极管输入、输出特性曲线中相交于一点，该点即为 Q，如图2-3(a)和(b)所示。因为此时发射结正偏，基－射极电压 U_{BEQ}基本恒定（硅管约为0.7 V，锗管为0.3 V），只需要求解 I_{BQ}、I_{CQ}、U_{CEQ}三个值。

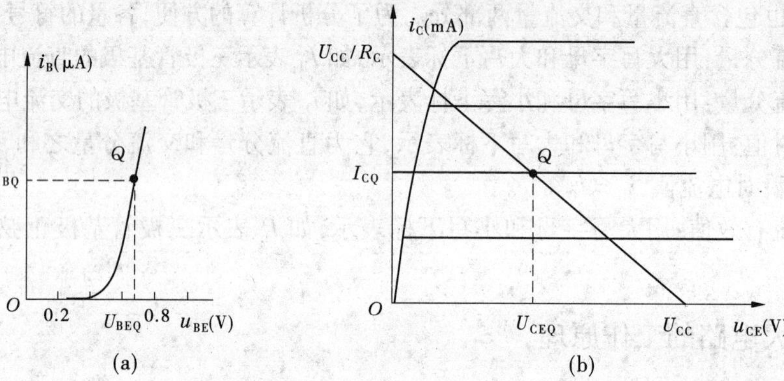

图2-3　静态工作点

静态分析就是要确定放大电路的静态值，即 I_{BQ}、I_{CQ}、U_{CEQ}，分析三极管是否处在其伏安特性曲线的合适位置。

2）工程用近似估算法计算静态工作点

由直流通路可得

$$U_{CC} = I_{BQ}R_B + U_{BEQ}$$

所以

$$I_{BQ} = \frac{U_{CC} - U_{BEQ}}{R_B} \approx \frac{U_{CC}}{R_B} \tag{2-1}$$

$$I_{CQ} = \beta I_{BQ} \tag{2-2}$$

$$U_{CEQ} = U_{CC} - I_{CQ}R_C \tag{2-3}$$

【例2-1】　电路如图2-1(b)所示，$R_B=470\ k\Omega$，$R_C=6\ k\Omega$，$U_{CC}=20\ V$，$\beta=50$，计算电路的静态工作点。

解　由式(2-1)得

$$I_{BQ} = \frac{U_{CC} - U_{BEQ}}{R_B} \approx \frac{U_{CC}}{R_B} = \frac{20}{470} = 0.04(mA) = 40\ \mu A$$

由式(2-2)得

$$I_{CQ} = \beta I_{BQ} = 50 \times 0.04 = 2(mA)$$

由式(2-3)得

$$U_{CEQ} = U_{CC} - I_{CQ}R_C = 20 - 2 \times 6 = 8(\mathrm{V})$$

2. 动态分析

在电路的输入端加上交流信号电压 u_i 时，放大电路的工作状态称为动态，这时电路中既有直流成分，也有交流成分。各极的电流和电压都是在直流的基础上再叠加交流分量，即

$$u_{BE} = U_{BEQ} + u_{be} = U_{BEQ} + u_i$$

$$i_B = I_{BQ} + i_b$$

$$i_C = \beta i_B = \beta(I_{BQ} + i_b) = \beta I_{BQ} + \beta i_b = I_{CQ} + i_c$$

$$u_{CE} = U_{CC} - i_C R_C = U_{CC} - (I_{CQ} + i_c)R_C = U_{CEQ} + (-i_c R_C) = U_{CEQ} + (-u_{CE})$$

i_B、i_C、u_{CE}的波形如图 2-4(a)、(b)、(c)所示。由于 u_{CE} 的直流分量 U_{CEQ} 被耦合电容 C_2 隔断，其交流量 u_{ce} 经 C_2 耦合通过，u_o 为纯交流成分，所以

$$u_o = -u_{ce} = -i_c R_C$$

式中负号表示 u_o 与 u_i 的相位相反。

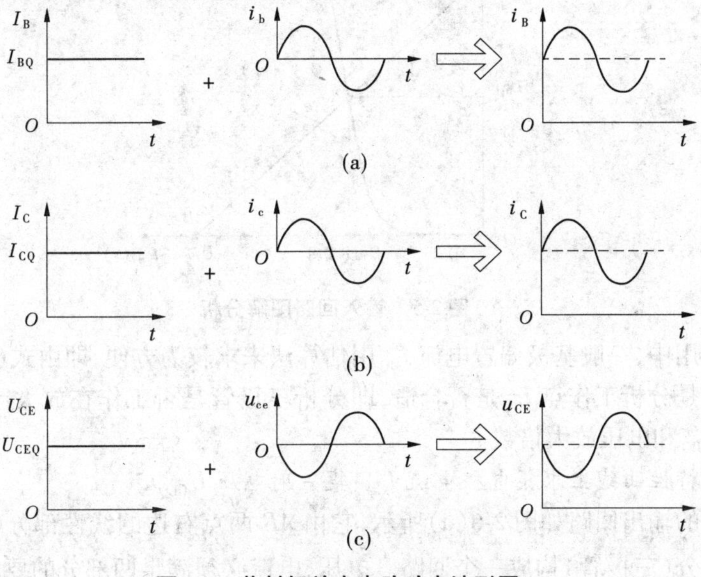

图 2-4　共射极放大电路动态波形图

由以上分析可知，放大电路的整个工作过程为：较小的输入信号 u_i 引起基－射极之间的电压变化，进而引起三极管基极电流变化，产生交流增量 i_b，从而使三极管集电极产生更大的电流增量 $i_c = \beta i_b$，i_c 经过 R_C 产生较大的电压增量，即输出电压 u_o，显然 u_o 是 u_i 被放大的结果。电压放大作用如图 2-4(c)所示。

综上可知，共射极放大电路有以下特点：

(1)动态时，除 u_i 和 u_o 是纯交流量外，其余各量均由直流量和交流量两部分组成，为脉动直流电流，即只有大小的变化，无极性的变化。三极管各处的电流方向均为直流电流的方向。

(2)基极电流 i_b、集电极电流 i_c 与输入电压 u_i 同相，输出电压 u_o 与输入电压 u_i 相位相反，即倒相，故共射极放大电路又称反相放大电路，即反相器。

三、放大电路的图解分析法

所谓图解分析法，是利用三极管的特性曲线，通过作图的方法来分析放大电路的工作情

况(即静态分析和动态分析)。

(一)用图解法确定静态工作点

1. 在输入特性曲线上求基极偏置电流 I_{BQ} 和基－射电压 U_{BEQ}

由图 2-2(a)直流通路可知,在电源 U_{CC}、基极电阻 R_B 及发射结组成的回路外部,满足直线方程 $u_{BE}=U_{CC}-i_BR_B$,方程中的 u_{BE}、i_B 在回路里既要满足三极管的内部电流和电压的规律,即输入特性曲线,又要满足外部回路电压电流的关系,所以在输入特性曲线上作出该直线方程。具体作图方法如下:

令 $u_{BE}=0$,则 $i_B=U_{CC}/R_B$,可在纵轴上得到一点 A;令 $i_B=0$,则 $u_{BE}=U_{CC}$,可在横轴上得到一点 B。连接 A、B 两点,得到一条直线,该直线与输入特性曲线的交点为 Q,过 Q 点分别作纵轴、横轴的垂线,该点的纵横坐标分别为 I_{BQ}、U_{BEQ},如图 2-5 所示。

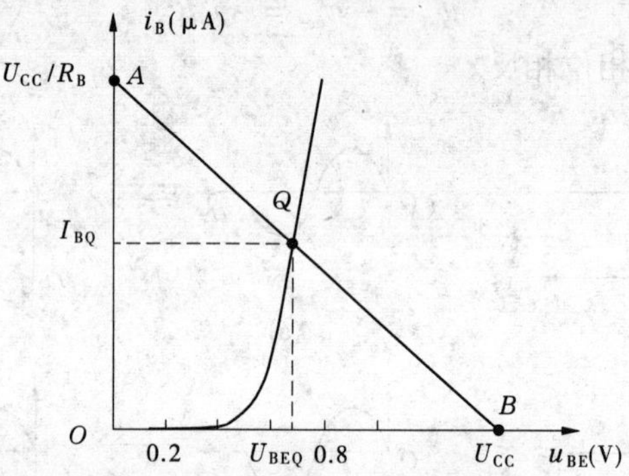

图 2-5　输入回路图解分析

在实际应用中,一般基极偏置电流 I_{BQ} 用估算法来求较为方便,即由式(2-1)来确定 I_{BQ}。而图解法主要是分析工作点 I_{CQ} 是否合适,即分析三极管是否工作在放大区域内,所以主要用来求 I_{CQ}、U_{CEQ} 和电压放大倍数。

2. 在输出特性曲线上求集电极电流 I_{CQ}、集－射电压 U_{CEQ}

放大电路的输出回路如图 2-6(a)所示,它由 AB 两点右边的线性部分(R_C 和 U_{CC})和左边的非线性部分(三极管)构成一个回路。电压、电流必须满足两部分的要求。

非线性部分的电压、电流之间的关系是三极管的特性曲线,如图 2-6(b)所示。线性部分的电压、电流之间的关系,由图 2-6(a)可得

$$U_{CE}=U_{CC}-I_CR_C \tag{2-4}$$

该方程又可用直线 MN 来表示,叫做直流负载线,在输出特性曲线所在的坐标中作出该直线,作图方法如下:

(1)令 $I_C=0$,可得 $U_{CE}=U_{CC}$,在图中得到点 $N(U_{CC},0)$。

(2)令 $U_{CE}=0$,可得 $I_C=\dfrac{U_{CC}}{R_C}$,在图中得到点 $M(0,\dfrac{U_{CC}}{R_C})$。

(3)连接 M、N 两点即得到直流负载线,直线的斜率为 $k=-\dfrac{1}{R_C}$,因直线与集电极负载 R_C 和直流通路有关,故称为直流负载线。

直流负载线与输出特性曲线的交点即 Q 点。由 Q 点的坐标可得 I_{CQ}、U_{CEQ}。如图 2-6(b)所示。

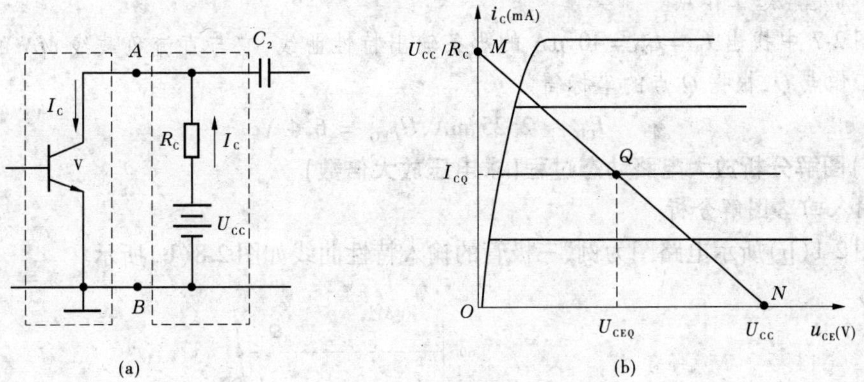

图 2-6　图解分析静态工作点

【**例 2-2**】　如图 2-1(b)所示电路，参数 $U_{CC}=12$ V，$R_B=300$ kΩ，$R_C=2.4$ kΩ，输出特性曲线如图 2-7 所示，用作图法求静态工作点。

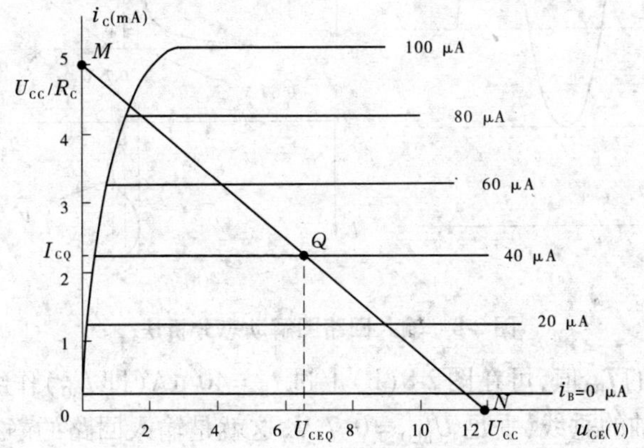

图 2-7　单电源供电电路输出特性曲线

解　(1)估算静态工作点 I_{BQ}。

由式(2-1)得

$$I_{BQ}=\frac{U_{CC}-U_{BEQ}}{R_B}\approx\frac{U_{CC}}{R_B}=\frac{12}{300}=40(\mu A)$$

(2)作直流负载线。

由式(2-3)

$$U_{CE}=U_{CC}-I_{CQ}R_C$$

假定 $U_{CE}=0$，则

$$I_{CQ}=\frac{U_{CC}}{R_C}=\frac{12\ V}{2.4\ k\Omega}=5\ mA$$

在图 2-7 中找出 M 点。

假定 $I_C=0$，则 $U_{CE}=U_{CC}=12$ V。

在图 2-7 中找出 N 点。连接 M、N 两点所得的直线 MN 即为直流负载线。

(3)确定静态工作点。

从图 2-7 中找出 $I_B = I_{BQ} = 40\ \mu A$ 的那条输出特性曲线，它与直流负载线 MN 的交点即为静态工作点 Q，根据 Q 点的坐标得

$$I_{CQ} \approx 2.25\ mA, U_{CEQ} = 6.4\ V$$

(二)图解分析放大电路动态过程(求电压放大倍数)

1. 输入回路图解分析

以图 2-1(b)所示电路图为例，三极管的输入特性曲线如图 2-8(b)所示。

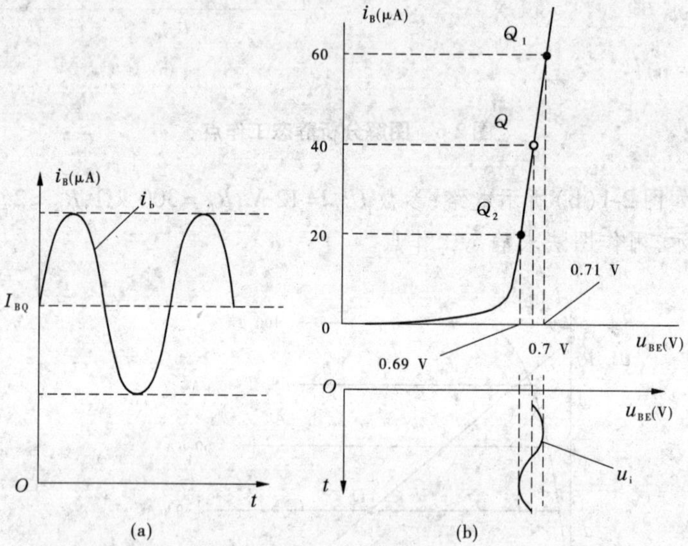

图 2-8 输入回路图解动态分析法

根据例 2-2 求得的 I_{BQ} 值，可在图 2-8(b)上过 $I_B = 40\ \mu A$(即 I_{BQ})作纵轴的垂线交曲线于 Q 点，再过 Q 点作横轴的垂线，垂足 $U_{BEQ} = 0.7\ V$，这就是输入回路的静态工作点。

若输入信号 $u_i = 10\sin\omega t(mV)$，如图 2-8(b)所示，那么三极管的基－射极电压 u_{be} 和基极电流 i_b 随之按正弦规律变化。u_{be} 的变化幅度等于输入信号的幅度 $U_{im} = 10\ mV$，即在 0.69～0.71 V 变化，i_b 的变化幅度可从图 2-8(b)中 u_{BE} 的变化来求得，从图上可看出 i_b 的变化范围为 20～60 μA，波形如图 2-8(a)所示。

2. 输出回路图解分析

仍以图 2-1(b)为例分析。静态时，$I_{BQ} = 40\ \mu A$，$I_{CQ} = 1.45\ mA$，$U_{CEQ} = 6.8\ V$。当 $u_i = 10\sin\omega t(mV)$，基极电流按正弦规律变化，其幅度 $I_{bm} = 40\ \mu A$。把图 2-8(b)中 i_b 的波形对应到输出特性曲线上，可得到如图 2-9 所示的 i_c 和 u_{ce} 的波形。u_{ce} 的变化范围为 4.8～9.2 V。输出电压峰值 $U_{om} = 9.2\ V - 4.8\ V = 4.4\ V$。

3. 电压放大倍数 A_u

仍以图 2-1(b)为例分析。

$$A_u = \frac{U_o}{U_i} = \frac{U_{om}}{U_{im}} = \frac{4.4}{0.01} = 440$$

下面通过例题说明图解法分析动态过程的步骤。

【例 2-3】 如图 2-1(b)所示电路，参数 $U_{CC} = 12\ V$，$R_B = 300\ k\Omega$，$R_C = 4\ k\Omega$，$R_L = 4\ k\Omega$，

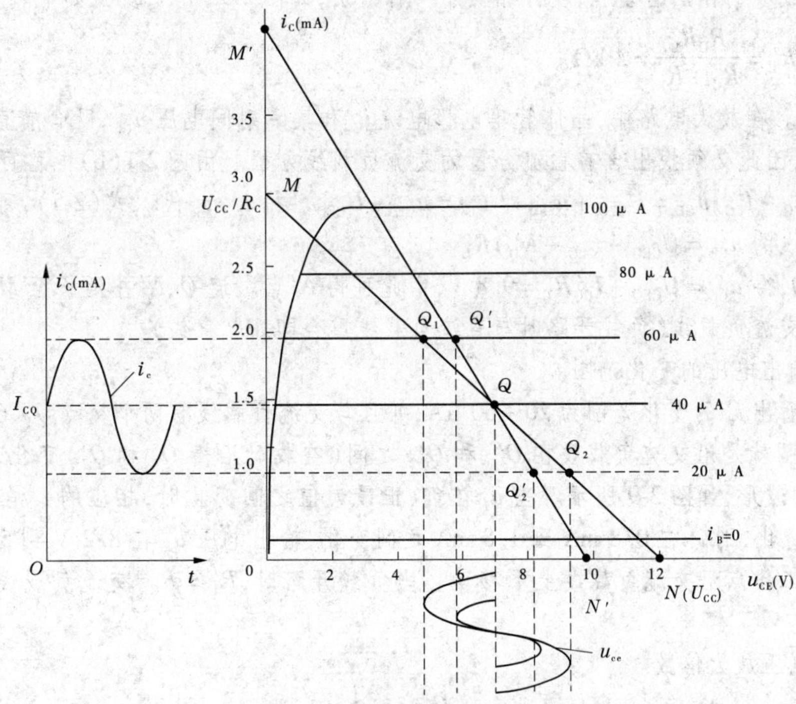

图 2-9　输出回路图解动态分析法

$C_1 = C_2 = 50\ \mu F(U_{BEQ} = 0.7\ V)$，若输入信号 $u_i = 10\sin\omega t(mV)$，三极管的输入、输出特性曲线如图 2-7、图 2-8 所示，试用图解法求(1)静态工作点；(2)交流电压的放大倍数。

解　(1)求静态工作点同例题 2-2。

(2)求电压放大倍数。

首先分析输入回路：

根据静态求得的 I_{BQ} 值，可在图 2-8(b)上过 $I_B = 40\ \mu A$(即 I_{BQ})作纵轴的垂线交曲线于 Q 点，再过 Q 点作横轴的垂线的垂足 $U_{BEQ} = 0.7$ V，当输入信号 $u_i = 10\sin\omega t(mV)$，如图 2-8(a)所示，那么三极管的基－射极电压 u_{be} 和基极电流 i_b 随之按正弦规律变化沿曲线在 Q_1 与 Q_2 之间变化。u_{be} 的变化幅度等于输入信号的幅度 $U_{im} = 10$ mV，即在 0.69～0.71 V 变化，i_b 的变化幅度可由图 2-8(a)中 u_{be} 的变化来求得，从图上看出 i_b 的变化范围为 20～60 μA，波形如图 2-8(b)所示，即在曲线 Q_1 与 Q_2 之间移动。

再分析输出回路：

(1)作交流负载线。

由图 2-2(b)交流通路得

$$u_o = u_{ce} = -i_c R'_L \quad (R'_L = R_C \,//\, R_L) \tag{2-5}$$

由上式可知 u_{ce} 和 i_c 的关系是一条直线，直线的斜率 $k = -\frac{1}{R'_L}$，该直线即交流负载线。由于交流信号必然有一个零点，而交流信号为零时正是该电路的静态，因此该交流负载线必然通过 $Q(U_{CEQ}、I_{CQ})$ 点。在三极管的特性曲线上做一条过 Q 点且斜率为 $-\frac{1}{R'_L}$ 的直线，即为交流负载线。图 2-9 中线段 $M'N'$ 即为交流负载线。

交流负载线的作法有多种，现介绍其中一种方法，如图 2-9 所示，步骤如下。

①计算 $R_L' = \frac{R_C R_L}{R_C + R_L} = 2\ \text{k}\Omega$。

②找 N'。在放大电路中，晶体管集电极电流 i_C 和集－射间电压 u_{CE}，既含有直流分量又有交流分量，因此必须找出含有直流分量的交流负载线方程。由图 2-1(b) 电路可知 $i_C = I_{CQ} + i_c$，即 $i_c = i_C - I_{CQ}$；$u_{CE} = U_{CEQ} + u_{ce}$，即 $u_{ce} = u_{CE} - U_{CEQ}$。将 i_c、u_{ce} 代入式(2-5)，可得含直流分量的负载线的 $u_{CE} = U_{CEQ} - (i_C - I_{CQ})R_L'$。

令 $i_C = 0$，得 $u_{CE} = U_{CEQ} + I_{CQ}R_L' = 9.8\ \text{V}$，由此可得 N' 点。连 Q、N' 并延长至 M'，则 $M'N'$ 即为所求的交流负载线（负载开路时与直流负载线重合即 MN 直线）。

(2) 求输出电压的变化范围。

从图上看出 i_b 的变化范围为 20～60 μA，并且与交流负载线有两个交点 Q_1'、Q_2'，则 i_c 和 u_{ce} 的变化范围就是沿交流负载线在 Q'_1 和 Q'_2 之间（空载时沿着 Q_1 和 Q_2）变化，因此可画出 i_c 和 u_{ce} 的波形，如图 2-9 所示。当 u_i 在负、正最大值之间变化时，相应的 i_b 在 20 μA 到 60 μA 之间变化，则 i_c 在 0.8 mA 到 1.8 mA 之间变化，输出电压 u_o 在 8.2 V 到 5.8 V 之间变化。这时工作点沿交流负载线上下移动。当负载开路时，$R_L' = R_C$，交流负载线与直流负载线重合。

(3) 求电压放大倍数。

$$A_u = \frac{U_o}{U_i} = \frac{U_{om}}{U_{im}} = \frac{2.4}{0.01} = 240$$

(三) 波形失真分析

放大电路的静态工作点选择的是否合适，会直接影响电路的放大性能。工作点过高或过低都会使产生的各种电流、电压信号的波形失真情况严重。因此，合理设置 Q 点的位置对放大电路是十分必要的。当 Q 点选择不合适（过高或过低时），三极管工作将进入饱和状态和截止状态，输出波形将会产生严重失真；因此 Q 点一般设在交流负载线与输出曲线放大区相关范围的中点，如图 2-10 中 Q 点，此时电路动态范围最大，波形失真最小。

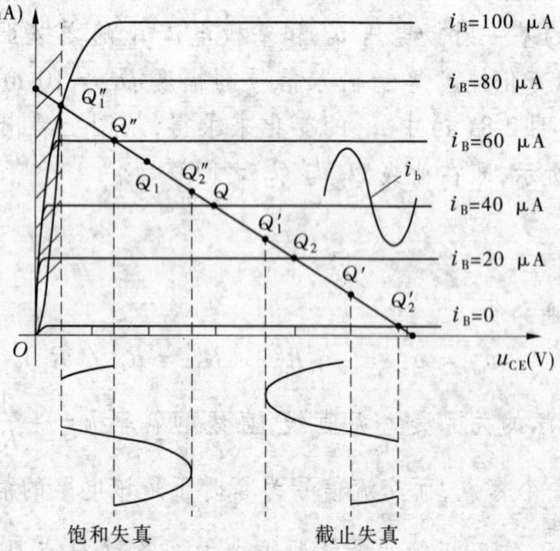

图 2-10　饱和失真和截止失真

1. 截止失真

如果 Q 点设置过低，如图 2-10 上的 Q'点，u_i 产生的 i_b，信号变化范围如图交流负载线的 $Q'_1 \sim Q'_2$，显然输出电压波形被削去一部分顶部，产生严重失真。因为当 Q'点选择过低，信号在负半周时，三极管进入截止区。此时所造成的失真，称为截止失真。消除截止失真的方法是通过减小 R_B 的阻值来增大 I_{BQ}的值，使工作点上移至中心位置 Q_2 点。

2. 饱和失真

如果 Q 点设置过高。如图 Q''点接近饱和区，信号变化范围如图交流负载线的 $Q''_1 \sim Q''_2$，则当信号正半周时三极管进入饱和区，输出电压波形被削去底部，造成饱和失真，波形失真情况如图 2-10 所示。消除饱和失真的方法是通过增大 R_B 的阻值来减小 I_{BQ}的值，使工作点下移至中心位置点 Q_1。

四、放大电路的微变等效电路分析法

图解法分析放大电路的工作情况，优点是比较直观，特别是对静态分析，可直接看到静态工作点的位置是否合适，波形是否失真，但只适用于大信号，而且误差很大，也不能确定放大电路的输出电阻、输入电阻。若小信号工作时，用图解法求得的放大倍数误差更大。对于复杂的电路，无法采用图解法进行动态分析。下面介绍另一种动态分析方法，即微变等效电路分析法。

微变等效电路分析法是把非线性器件三极管等效成一个两端口的线性电路元件，然后进行分析计算。

（一）三极管的微变等效电路

三极管在小信号的作用下，工作在静态工作点 Q 的附近时，在这一工作范围内，三极管的特性曲线可以近似为一直线。这时，可以把非线性元件三极管近似地看做线性器件。

1. 输入回路的等效电路

由图 2-11(a)可看出，当输入信号 u_i 较小时，电路动态变化范围小，$Q_1 \sim Q_2$ 间的一小段曲线可近似看成是直线，即 Δi_B 与 Δu_{BE}近似成线性关系，即

$$\frac{\Delta u_{BE}}{\Delta i_B} = 常数$$

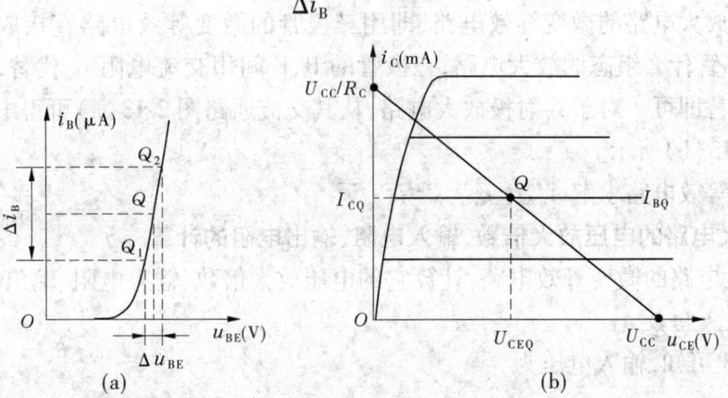

图 2-11　三极管的输入输出特性曲线

该常数用来表示三极管输入端口的动态电阻，即为三极管输入端的等效线性电阻，记为 r_{be}。

$$r_{be} \approx \frac{\Delta u_{BE}}{\Delta i_B} = \left|\frac{u_{be}}{i_b}\right|$$

这个公式只能用来计算动态的三极管基极与发射极之间的输入电阻，即交流电阻。由以上分析可得，三极管的 B、E 两端可等效为一个线性电阻 r_{be}，实际应用中 r_{be} 可用下面公式进行估算：

$$r_{be} = r'_{bb} + (1+\beta)\frac{26(\text{mV})}{I_{EQ}(\text{mA})} \tag{2-6}$$

式中，r'_{bb}一般取 200～300 Ω，本书取 300 Ω。r_{be}的值一般为数百欧到数千欧，在半导体手册中常用 h_{fe}表示。

2. 输出回路的等效

由图 2-11(b)输出特性曲线可以看出，三极管工作在线性放大区时，输出特性是一组等距离的平行线，且 β 为一常数。从特性曲线上可以看出，i_b 一定时，因 $i_C = \beta i_b$ 与 u_{ce}无关，是个常数，则三极管 C、E 两端可等效为一个受控的电流源，电流值用 βi_b 表示。

综上所述，一个非线性元件三极管可以用图 2-12 所示简化的线性等效电路来代替，适用于小信号交流信号的动态分析。

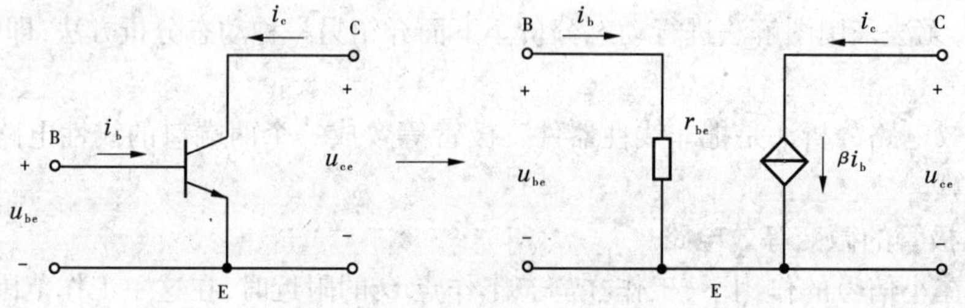

图 2-12　三极管及其微变等效电路

(二) 用微变等效电路法分析动态过程的步骤

(1) 用工程估算法求静态工作点，确定 Q 点处的交流参数 r_{be}值。

(2) 画出放大电路的交流通路，如图 2-13(a)所示。

(3) 画出放大电路的微变等效电路，即用三极管的微变等效电路直接取代交流通路中的三极管。不管什么组态的放大电路，三极管的 B、E 间用交流电阻 r_{be}代替，C、E 间用受控电流源 βi_b 代替即可。对于共射极放大电路，从其交流通路图 2-13(a)可得电路的微变等效电路，如图 2-13(b)所示。

(4) 根据等效电路求解 A_u、r_i、r_o。

(三) 放大电路的电压放大倍数、输入电阻、输出电阻的计算

根据放大电路的微变等效电路，计算它的电压放大倍数、输入电阻、输出电阻。

1. 电压放大倍数 A_u

由图 2-13 可知，输入电压为

$$u_i = i_b r_{be} \tag{2-7}$$

输出电压为

$$u_o = -i_c R'_L = -\beta i_b R'_L \tag{2-8}$$

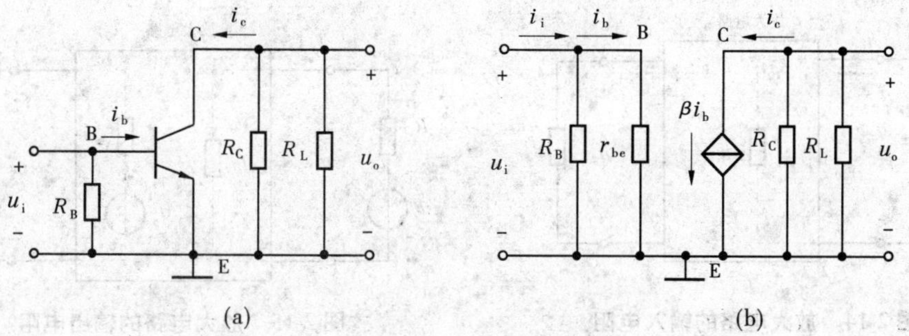

图 2-13　共射放大电路的交流通路和微变等效电路

则电压放大倍数为

$$A_u = \frac{u_o}{u_i} = \frac{-\beta i_b R'_L}{i_b r_{be}} = -\frac{\beta R'_L}{r_{be}} \tag{2-9}$$

即

$$A_u = -\beta \frac{R'_L}{r_{be}} \quad \left(R'_L = R_C \,/\!/\, R_L = \frac{R_C R_L}{R_C + R_L}\right)$$

2. 放大电路的输入、输出电阻

1) 输入电阻 r_i

输入电阻是指它的输入端对信号源而言相当于一个负载,此时所呈现的总电阻,大小等于输入端交流电压与交流电流之比。定义式为

$$r_i = \frac{u_i}{i_i} \tag{2-10}$$

以图 2-14 所示电路为例,就是从输入端向右看进去的电阻。由图 2-13(b)所示等效电路可得

$$r_i = \frac{u_i}{i_i} = \frac{1}{\dfrac{1}{R_B} + \dfrac{1}{r_{be}}} = R_B \,/\!/\, r_{be} \tag{2-11}$$

当 $R_B \gg r_{be}$ 时

$$r_i \approx r_{be} \tag{2-12}$$

当信号源为电压源时,放大电路的输入电阻越大越好。这样信号源的输出电流就越小,对信号源而言越轻(输出功率越小)。

2) 输出电阻 r_o

从输出端看,对负载而言放大电路相当于一个信号源,该信号源的内阻就是放大电路的输出电阻。以图 2-15 为例,输出电阻就是把负载去掉,信号源置于零,即 $u_i = 0$,(内阻保留) $i_b = 0$, $\beta i_b = 0$,即电流源开路,从输出端向左看进去的总电阻。定义式为

$$r_o = \left.\frac{u_o}{i_o}\right|_{\substack{R_L = \infty \\ u_i = 0}} \tag{2-13}$$

对于图 2-13 所示电路,其输出电阻为

$$r_o = R_C \tag{2-14}$$

对于要求恒压供电的负载而言,放大电路的输出电阻越小越好。

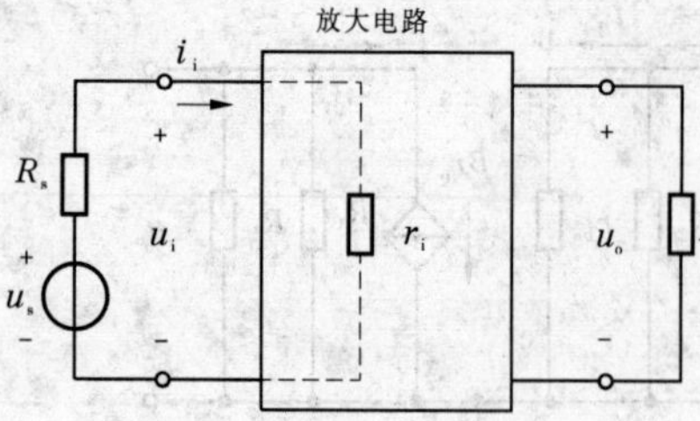

图 2-14　放大电路的输入电阻

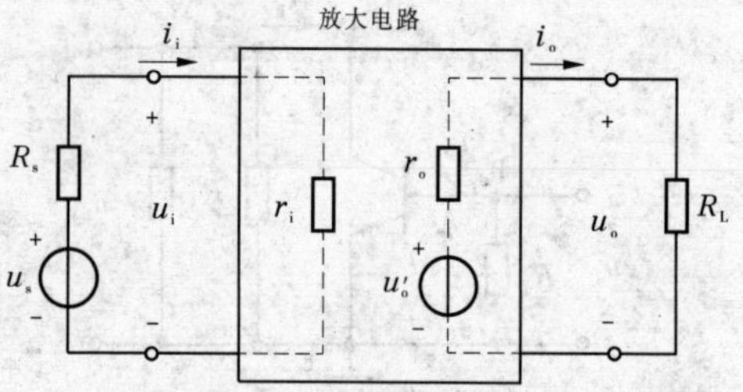

图 2-15　放大电路的输出电阻

【例 2-4】 如图 2-1(b)所示电路中，$U_{CC}=12\ V$，$R_B=300\ k\Omega$，$R_C=R_L=2\ k\Omega$，$\beta=70$，利用微变等效电路法求电压放大倍数 A_u、输入电阻 r_i、输出电阻 r_o。

解　(1)用估算法计算 I_{EQ}。

由式(2-1)知

$$I_{BQ}\approx\frac{U_{CC}}{R_B}=\frac{12}{300}=0.04(mA)$$

$$I_{EQ}\approx(1+\beta)I_{BQ}=\beta I_{BQ}=70\times0.04=2.8(mA)$$

(2)求 r_{be}。

由式(2-6)得

$$r_{be}=300\ \Omega+(1+\beta)\frac{26}{I_{EQ}}=300\ \Omega+(1+70)\frac{26\ mV}{2.8\ mA}=960(\Omega)=0.96\ k\Omega$$

(3)求 A_u、r_i、r_o。

$$R_L'=R_C\ /\!/\ R_L=\frac{R_CR_L}{R_C+R_L}=\frac{2\times2}{2+2}=1(k\Omega)$$

由式(2-9)得

$$A_u=-\frac{\beta R_L'}{r_{be}}=-\frac{70\times1}{0.96}\approx-73$$

由式(2-12)和式(2-14)得

$$r_i\approx r_{be}=0.96\ k\Omega$$

$$r_o\approx R_C=2\ k\Omega$$

【例 2-5】 在例 2-4 中如果输入端接入信号源，其内阻 $R_s=1\ k\Omega$，求此时的电压放大倍数。

解　由图 2-15 可知，$A_{us}=-\dfrac{\beta R_L'}{r_{be}+R_s}=-\dfrac{70\times1}{0.96+1}\approx-35.7$

第三节　分压式偏置共射极放大电路

上一节讲到，静态工作点对放大电路的放大性能影响十分重要，它不仅关系到波形是否失真，而且对放大倍数也有影响，所以必须选择合适的静态工作点。

前面讨论的为固定偏置放大电路，当电源电压 U_{CC} 和 R_B 的值选定后，静态工作点也就确定了。当更换三极管或环境温度变化引起三极管参数变化时，静态工作点也随之发生移动，当移到不合适的位置时，放大电路将无法正常工作。为此，应选择能自动调节工作点的偏置电路，使静态工作点稳定在合适的位置。

一、温度对静态工作点的影响

静态工作点不稳定的原因很多，如电源电压变化、管子长期使用或更换管子都会引起参数的变化。在实际工作中，主要是温度变化造成管子的静态工作点发生变化。

（一）温度变化对穿透电流 I_{CEO} 的影响

三极管穿透电流 I_{CEO} 随着温度的升高而增大，这就导致 I_{CQ} 增加，使 Q 点上移。硅管的 I_{CEO} 比锗管小得多，所以硅管比锗管要稳定得多。在实际应用中，尤其在高温环境下，多采用硅管。

（二）温度对发射结电压的影响

三极管的发射结电压 U_{BE} 随温度的升高而减小。在外加偏置电压不变的条件下，基极电流必然增大，集电极电流增大，使 Q 点上移。

（三）温度对电流放大系数的影响

三极管的共射极电流放大系数 β 随温度的升高而增大。在 I_{BQ} 一定时，I_{CQ} 增大，使 Q 点上移。

从以上结论可知，温度变化都会导致 I_{CQ} 增大，使 Q 点偏离原来的位置。为了稳定静态工作点，必须对上面的电路加以改进。

二、分压式偏置共射极放大电路

（一）电路的构成和稳定静态工作点的原理

1. 电路的构成

如图 2-16 所示电路，是应用最为广泛的稳定静态工作点的放大电路。R_{B1}、R_{B2} 分别称做上、下偏置电阻，组成分压电路。R_E 为发射极电阻，起稳定 I_{CQ} 的作用。C_E 与 R_E 并联，C_E 一般为几十微法的电解电容，对交流信号而言，在 R_E 旁开出一条交流通路，以保证 R_E 上只有直流通过，故称 C_E 为旁路电容。C_E 对交流信号相当于短路。

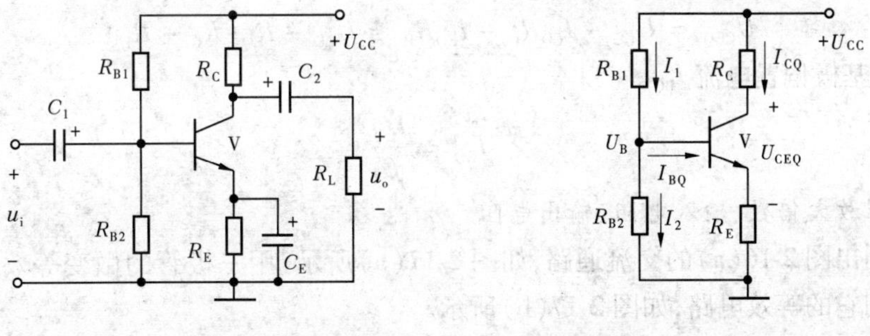

图 2-16　分压式偏置共射极放大电路及其直流通路

2. 稳定静态工作点的原理

适当选择 R_{B1} 和 R_{B2} 的值（它们的值既不能太大也不能太小。值太大，流过它们的电流较小，基极的分流作用比较明显，致使 U_B 不稳定，导致 Q 点的稳定效果差。值太小，会使放大电路的输入电阻小，增大信号源和直流电源的功率消耗）。一般选择 $I_1=(5\sim10)I_{BQ}$，因为 $I_1=I_2+I_{BQ}$，$I_2\gg I_{BQ}$，所以 $I_1\approx I_2$，R_{B1} 和 R_{B2} 看成串联，它们对电源 U_{CC} 起分压作用，即

$$U_B = \frac{R_{B2}}{R_{B1} + R_{B2}} U_{CC} \tag{2-15}$$

上式表明 U_B 只与上下偏置电阻和电源有关，与三极管的参数无关，即与温度无关。又因为

$$\begin{aligned} U_B &= U_{BEQ} + U_E \\ U_{BEQ} &= U_B - U_E \end{aligned} \tag{2-16}$$

而

$$U_E = I_{EQ} R_E \approx I_{CQ} R_E \tag{2-17}$$

当温度升高时，三极管参数发生变化，I_{CQ} 增大，I_{EQ} 增大，静态工作点 Q 上移，同时 I_{EQ} 的增大使 U_E 增大，而 U_B 是定值，根据式(2-16)可知 U_{BEQ} 减小导致 I_{BQ} 下降，那么 I_{CQ} 也下降，使 Q 点下移，起到了自动调节作用，最终使 Q 点稳定。其变化过程可表示如下：

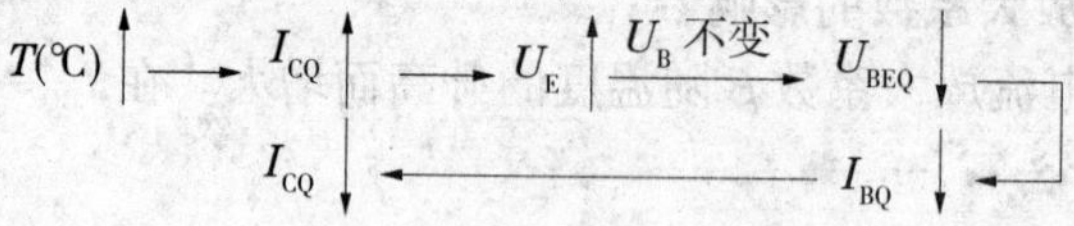

(二)电路的分析计算

1. 静态工作点计算(估算法)

(1)画出直流通路。

如图 2-16(b)所示，按式(2-15)求出基极电位 U_B 的值。

(2)求发射极电位 U_E。

$$U_E = I_{EQ} R_E \approx I_{CQ} R_E$$

(3)求集电极电流 I_{CQ}。

$$I_{CQ} \approx I_{EQ} = \frac{U_E}{R_E}$$

(4)求集－射电压 U_{CEQ}。

$$U_{CEQ} = U_{CC} - I_{CQ} R_C - I_{EQ} R_E \approx U_{CC} - I_{EQ}(R_C + R_E) \tag{2-18}$$

(5)求基极偏置电流 I_{BQ}。

$$I_{BQ} = \frac{I_{CQ}}{\beta}$$

2. 电压放大倍数、输入电阻、输出电阻

首先画出图 2-16(a)的交流通路，如图 2-17(a)所示，用三极管的微变等效电路代替三极管即得到它的等效电路，如图 2-17(b)所示。

(1)求电压放大倍数 A_u。

$$A_u = \frac{u_o}{u_i} = \frac{-\beta i_b R'_L}{i_b r_{be}} = \frac{-\beta R'_L}{r_{be}} \tag{2-19}$$

式中 $R'_L = R_C // R_L$。

(2)求输入电阻 r_i。

$$r_i = \frac{u_i}{i_i} = R_{B1} // R_{B2} // r_{be} \tag{2-20}$$

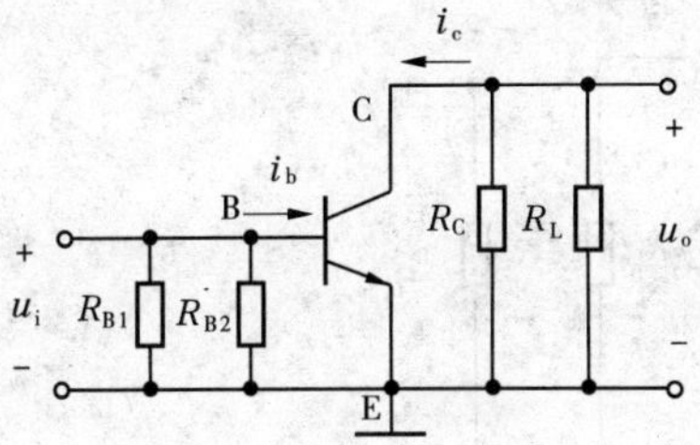

(a)交流电路

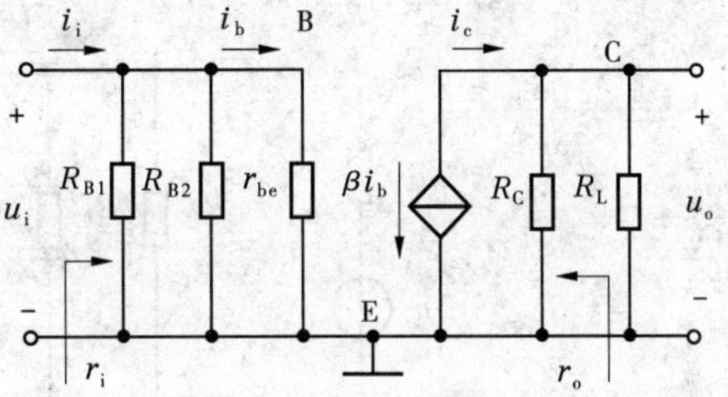

(b)微变等效电路

图 2-17　分压式偏置共射极放大电路的交流通路及其微变等效电路

(3)输出电阻 r_o。

$$r_o = R_C \tag{2-21}$$

【例 2-6】　如图 2-16(a)所示电路,已知 $U_{CC}=12\ \text{V}$,$R_{B1}=40\ \text{k}\Omega$,$R_{B2}=20\ \text{k}\Omega$,$R_E=2\ \text{k}\Omega$,$R_C=2.5\ \text{k}\Omega$,$R_L=5\ \text{k}\Omega$,$C_1=C_2=40\ \mu\text{F}$,$C_E=50\ \mu\text{F}$,$\beta=40$,用微变等效电路法求:

(1)电压放大倍数、输入电阻、输出电阻;

(2)如果不接旁路电容 C_E,求此时的电压放大倍数。

解　(1)计算静态工作点。

$$U_B = \frac{R_{B2}U_{CC}}{R_{B1}+R_{B2}} = \frac{20}{40+20}\times 12 = 4(\text{V})$$

$$I_{CQ} = \frac{U_B - U_{BEQ}}{R_E} = \frac{4-0.7}{2} = 1.65(\text{mA})$$

$$U_{CEQ} = U_{CC} - I_{CQ}(R_C + R_E) = 12 - 1.65\times(2.5+2) = 4.6(\text{V})$$

$$I_{BQ} = \frac{I_{CQ}}{\beta} = \frac{1.65}{40} = 41.3(\mu\text{A})$$

(2)计算 r_{be}。

$$r_{be} = 300\ \Omega + (1+\beta)\frac{26}{I_{EQ}} = 300 + (1+40)\frac{26}{1.65} = 946(\Omega)$$

(3)计算放大倍数 A_u。

$$R'_L = R_C /\!/ R_L = \frac{2.5\times 5}{2.5+5} = 1.67(\text{k}\Omega)$$

由式(2-19)得

$$A_u = -\beta\frac{R'_L}{r_{be}} = -\frac{40\times 1.67}{0.946} = -71$$

(4)计算输入电阻 r_i、输出电阻 r_o。

由式(2-20)、式(2-21)可得,输入电阻为

$$r_i = R_{B1} /\!/ R_{B2} /\!/ r_{be} \approx r_{be} = 0.946\ \text{k}\Omega$$

输出电阻为

$$r_o \approx R_C = 2.5\ \text{k}\Omega$$

(5)无旁路电容 C_E 时,R_E 对交直流都起作用,其微变等效电路如图 2-18 所示。

电压放大倍数

$$A_u = \frac{u_o}{u_i} = \frac{-\beta R'_L}{r_{be} + (1+\beta)R_E}$$

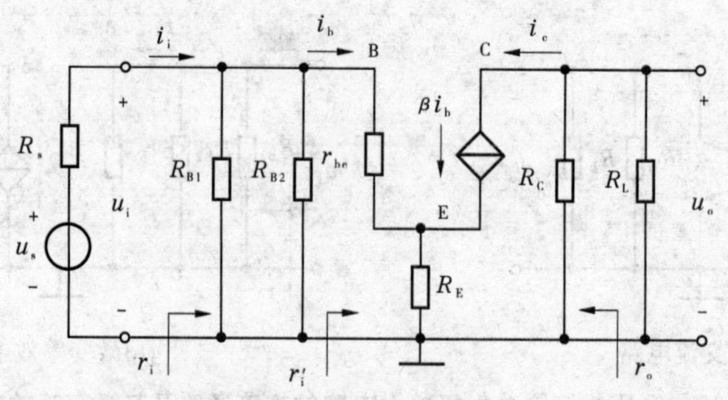

图 2-18　分压式偏置共射极放大电路无 C_E 时的微变等效电路

输入电阻

$$r_i = R_{B1} // R_{B2} // r_i' = R_{B1} // R_{B2} // [r_{be} + (1 + \beta) R_E]$$

输出电阻

$$r_o \approx R_C$$

可见,引入发射极电阻 R_E 后,电压放大倍数降低了,但提高了输入电阻。为了不使 A_u 降得太多,实际使用时常把 R_E 分成两部分串联,让一部分电阻与 C_E 并联,兼顾 A_u 和 r_i。

第四节　共集电极放大电路及共基极放大电路

一、共集电极放大电路

(一)电路结构

从图 2-19(a)中可以看出,信号由发射极输出,故此电路称为射极输出器;从图 2-19(b)中可以看出,集电极 C 交流接地,输入回路和输出回路是以集电极为公共端的,故称为共集电极放大电路。

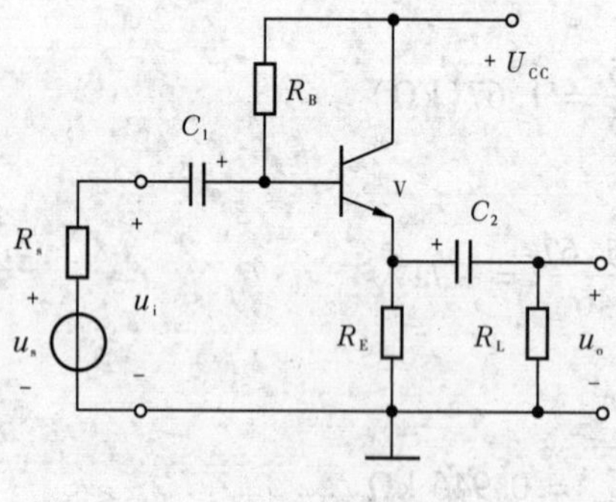

(a)电路原理图

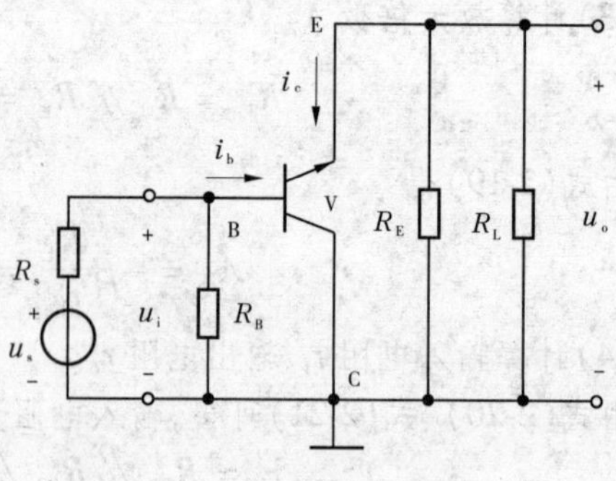

(b)交流通路

图 2-19　共集电极放大电路

(二)静态工作点的计算

如图 2-20(a)所示直流通路,因为

$$U_{CC} = I_{BQ} R_B + U_{BEQ} + I_{EQ} R_E = I_{BQ} R_B + U_{BEQ} + (1 + \beta) I_{BQ} R_E$$

所以

$$I_{BQ} = \frac{U_{CC} - U_{BEQ}}{R_B + (1+\beta)R_E} \tag{2-22}$$

因为

$$I_{CQ} = \beta I_{BQ} \tag{2-23}$$

所以

$$U_{CEQ} = U_{CC} - (1+\beta)I_{BQ}R_E \tag{2-24}$$

射极输出器具有以下特点:

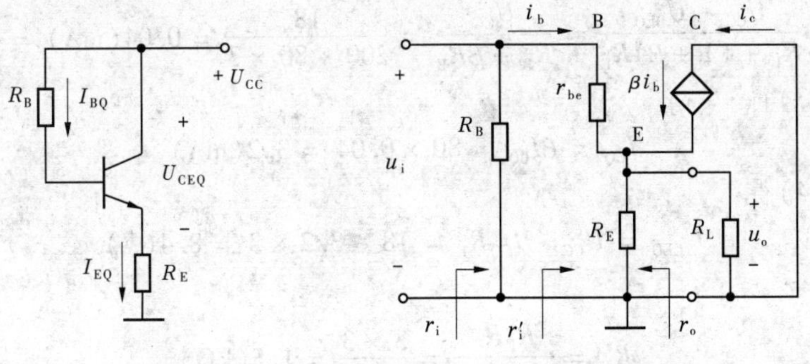

(a)直流通路　　　　(b)微变等效电路图

图 2-20　共集电极放大电路的直流通路和微变等效电路

(1)电压放大倍数 $A_u \approx 1$,且输出电压与输入电压相位相同。

图 2-20(b)为图 2-14 的微变等效电路,由此可以计算出电压放大倍数 A_u 为

$$A_u = \frac{u_o}{u_i} = \frac{(1+\beta)i_b(R_E /\!/ R_L)}{i_b r_{be} + (1+\beta)i_b(R_E /\!/ R_L)} = \frac{(1+\beta)(R_E /\!/ R_L)}{r_{be} + (1+\beta)(R_E /\!/ R_L)} \tag{2-25}$$

因为一般有 $r_{be} \ll (1+\beta)(R_E /\!/ R_L)$,所以 $A_u \approx 1$(小于且接近1)。因为 $A_u = \frac{u_o}{u_i} \approx 1$,所以 $u_o \approx u_i$。

输出电压与输入电压的幅值近似相等,且相位相同,故共集电极放大电路又称为射极跟随器。虽然电压放大倍数 $A_u \approx 1$,但因 $i_e = (1+\beta)i_b$,所以有电流和功率放大作用。

(2)输入电阻 r_i 大。

$$r_i' = \frac{u_i}{i_b} = \frac{i_b r_{be} + (1+\beta)i_b R_L'}{i_b} = r_{be} + (1+\beta)R_L'$$

$$r_i = \frac{u_i}{i_i} = R_B /\!/ r_i' = R_B /\!/ [r_{be} + (1+\beta)R_L'] \tag{2-26}$$

因 r_i 值较大,常作为多级放大器的输入级,尽可能获得较大的输入信号电压。

(3)输出电阻 r_o 小。

$$r_o = R_E /\!/ \frac{R_s' + r_{be}}{1+\beta} \quad (R_s' = R_s /\!/ R_B)$$

若信号源内阻为0,即 $R_s = 0$,$R_B \gg R_s$ 时则

$$r_o \approx \frac{r_{be}}{1+\beta} \tag{2-27}$$

输出电阻小,具有较好的负载能力,又可作为恒压源输出,常作为多级放大电路的输出级,以增强带负载能力。

【例 2-7】 在图 2-19(a)所示的共集电极放大电路中，已知三极管 $\beta=80$，$U_{BEQ}=0.7\ V$，$U_{CC}=18\ V$，$R_B=200\ k\Omega$，$R_E=R_L=3\ k\Omega$，求：

(1)静态工作点；

(2)A_u、r_i、r_o。

解 (1)求静态工作点。

由式(2-22)可得

$$I_{BQ}=\frac{U_{CC}-U_{BEQ}}{R_B+(1+\beta)R_E}\approx\frac{U_{CC}}{R_B+\beta R_E}=\frac{18}{200+80\times 3}=0.04(mA)=40\ \mu A$$

由式(2-23)得

$$I_{CQ}=\beta I_{BQ}=80\times 0.04=3.2(mA)$$

由式(2-24)得

$$U_{CEQ}=U_{CC}-I_{CQ}R_E=18-3.2\times 3=8.4(V)$$

(2)求 A_u、r_i、r_o。

$$R'_L=\frac{R_E R_L}{R_E+R_L}=\frac{3\times 3}{3+3}=1.5(k\Omega)$$

由式(2-6)得

$$r_{be}=300+(1+\beta)\frac{26}{I_{EQ}}\approx 300+81\times\frac{26}{3.2}=958(\Omega)=0.958\ k\Omega$$

由式(2-25)得

$$A_u=\frac{(1+\beta)R'_L}{r_{be}+(1+\beta)R'_L}=\frac{81\times 1.5}{0.958+81\times 1.5}=0.99\approx 1$$

由式(2-26)得

$$r_i=\frac{u_i}{i_i}=R_B\ /\!/\ r'_i=R_B\ /\!/\ [r_{be}+(1+\beta)R'_L]\approx R_B\ /\!/\ \beta R'_L=\frac{200\times 80\times 1.5}{200+80\times 1.5}=75(k\Omega)$$

由式(2-27)得

$$r_o\approx\frac{r_{be}}{1+\beta}\approx\frac{r_{be}}{\beta}=\frac{958}{80}=12(\Omega)$$

综上可知，射极输出器(共集电极电路)具有电压放大倍数小于 1 而接近于 1，输入电阻很大、输出电阻很小的特点，因此获得了广泛的应用。输出电阻小，常用于多级放大电路的输出级(与负载相连级)，使输出电压不随负载变动，提高多级放大电路的带负载能力；输入电阻大，可以作放大电路的输入级，只从信号源索取较小的功率，对信号源影响很小。因电压放大倍数小于 1 而接近于 1，输入电阻大、输出电阻小，可以作多级放大电路的缓冲级(中间级)。

二、共基极放大电路

(一)电路结构

图 2-21 为共基极放大电路，由电路图可以看出，输入信号由发射极引入，输出信号由集电极引出。由图 2-22(b)所示的交流通路可以看出，基极是输入回路和输出回路的公共端，故称为共基极放大电路。

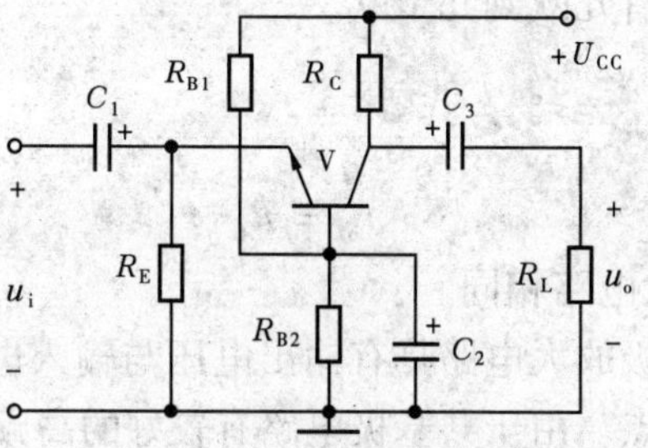

图 2-21　共基极放大电路

(二)静态工作点的计算

图 2-21 所示电路的直流通路如图 2-22(a)所示,与共射极分压偏置电路相同。静态工作点的计算方法同前,同学们可自行分析。

(三)动态参数的计算

1. 电压放大倍数 A_u

由图 2-22(b)所示交流通路得

$$A_u = \frac{u_o}{u_i} = \frac{-\beta i_B(R_C \mathbin{/\!/} R_L)}{-i_B r_{be}} = \beta \frac{R_C \mathbin{/\!/} R_L}{r_{be}} \tag{2-28}$$

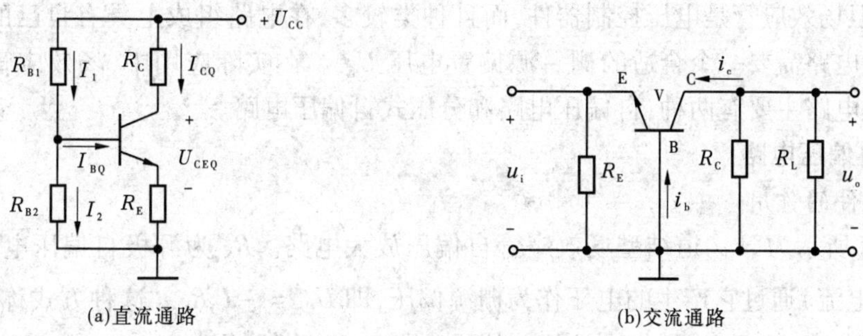

图 2-22　共基极放大电路的直流通路和交流通路

共基极放大电路的电压放大倍数与共射极放大电路相似,但为正值,说明输出电压与输入电压同相。

2. 输入电阻 r_i

根据输入电阻的定义可得

$$r_i = \frac{u_i}{i_i}$$

经计算得

$$r_i = R_E \mathbin{/\!/} \frac{r_{be}}{1+\beta} \tag{2-29}$$

因为 $R_E \gg \frac{r_{be}}{1+\beta}$,所以

$$R_E \mathbin{/\!/} \frac{r_{be}}{1+\beta} \approx \frac{r_{be}}{1+\beta} \approx \frac{r_{be}}{\beta}$$

输入电阻很小,一般只有几欧到几十欧。

3. 输出电阻 r_o

输出电阻为

$$r_o = R_C \tag{2-30}$$

输出电阻与共射极放大电路相同。

从以上分析可知,共基极放大电路具有输出电压与输入电压同相、电压放大倍数高、输入电阻小、输出电阻大等特点。由于共基极电路有较好的高频特性,所以广泛用于高频或宽频带放大电路。

第五节 场效应管放大电路

一、场效应管放大电路

在电子线路中,场效应管有线性应用和非线性应用两大类,即构成放大和开关电路。在放大电路中,它也构成三种组态的放大电路,即共源极、共漏极、共栅极放大电路,相当于三极管的共射极、共集电极、共基极放大电路。为了实现放大,其组成原则与晶体三极管放大电路相同,但场效应管是电压控制器件,而且种类较多,在电路组成上具有自己的特点。场效应管放大电路需要一个合适的栅-源偏置电压 U_{GS}。在实际应用中,场效应管放大电路常用的偏置电路主要有两种:自偏压电路和分压式自偏压电路。

(一)自偏压电路

1. 各元件的作用

图 2-23 所示为 N 沟道结型场效应管自偏压放大电路。R_S 为源极自偏压电阻,漏极电流(即源极电流)通过它产生的电压作为栅源偏压,即 $U_{GS} = -I_D R_S$。这种方式称自偏压,C_S 为源极旁路电容,与 R_S 并联,对交流而言短路,即 R_S 上只有直流。

R_G 为栅极电阻,它使栅极与源极构成了一个回路,使电压加到栅极上成为栅源偏置电压。

R_D 为漏极电阻,它将电流的变化转换成电压的变化,实现电压放大。

C_1 和 C_2 分别是输入耦合电容和输出耦合电容,作用与三极管放大电路一样。

2. 工作原理

交流信号加在栅极和源极之间,从漏极和源极输出,电路为共源极电路。交流输入信号 $u_i = 0$ 时(静态),栅极电阻 R_G 上无直流电流,栅极电压 $U_G = 0$,漏极电流 I_D 等于源极电流 I_S,即 $I_D = I_S$。这时栅源偏置电压 $U_{GS} = U_G - U_S = -I_D R_S$。电路依靠漏极电流 I_D 在源极电阻 R_S 上的压降来获得负的偏压 U_{GS},合理地选取 R_S 即可得到合适的偏压 U_{GS}。

当 u_i 不为零时,经输入电容加到栅极上,栅极电压在直流的基础上又叠加一个交流成分。若输入信号升高,栅极电压随之升高,漏极电流增大,R_D 上的压降增大,使漏-源电压减小。反之,漏-源电压升高。漏极电压变化量经输出电容加到负载上以实现放大。

必须指出,自偏压电路只适用于耗尽型场效应管所构成的放大电路,对增强型的管子不适用。因为自偏压电路只能产生反向偏压,而增强型场效应管的栅源电压只有达到开启电压后才能产生漏极电流。

(二)分压式自偏压电路

如图 2-24 所示,同自偏压电路相比,电路中接入了两个分压电阻 R_{G1} 和 R_{G2},将 U_{DD} 分压后,取 R_{G2} 上的压降供给场效应管栅极偏压。静态时,R_G 上无直流电流,由图 2-24 可知栅-源偏压 U_{GSQ} 为:

$$U_{GSQ} = U_G - U_S = \frac{R_{G2}}{R_{G1} + R_{G2}} U_{DD} - I_{DQ} R_S \tag{2-31}$$

由式(2-31)可见,U_{GSQ} 可正可负,所以这种偏置电路也适用于增强型场效应管。

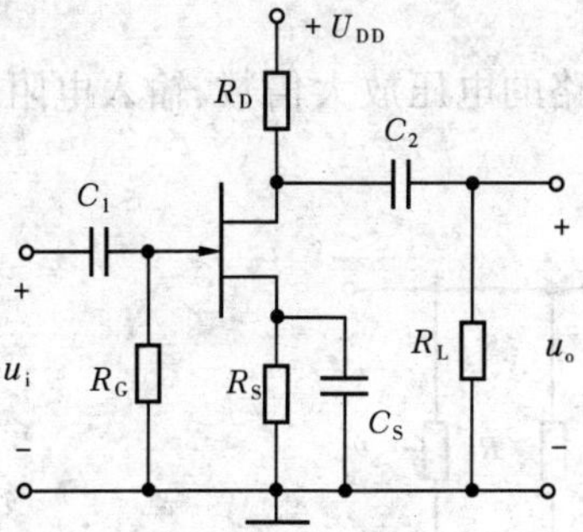

图 2-23　自偏压电路

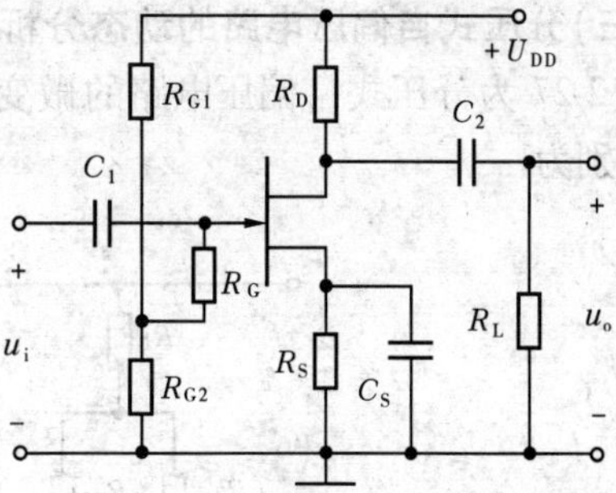

图 2-24　分压式自偏压电路

二、场效应管放大电路的分析

场效应管放大电路同三极管放大电路的分析方法类似。

(一)场效应管微变等效电路

场效应管的栅极和源极之间电阻很大,电压为 u_{gs},电流近似为零,可视为开路。漏极和源极之间等效为一个受电压 u_{gs} 控制的电流源。如图 2-25 所示为场效应管的微变等效电路。

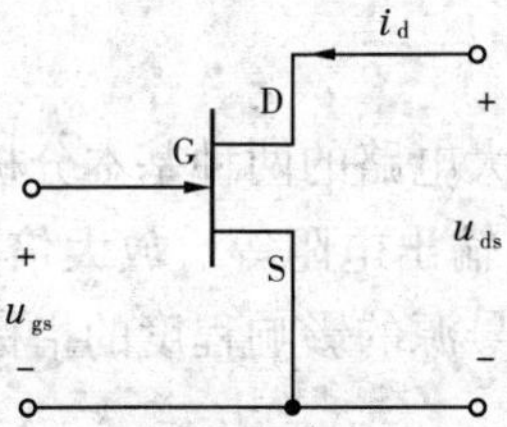

(a)场效应管

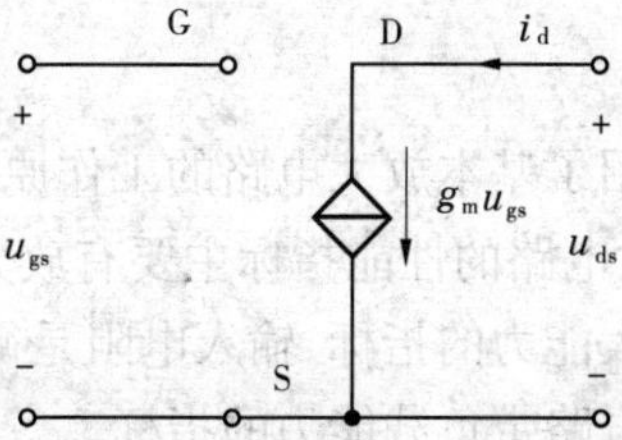

(b)微变等效电路

图 2-25　场效应管的微变等效电路

(二)自偏压电路的动态分析

如图 2-26 所示为图 2-23 所示自偏压电路的微变等效电路。由此可求出电路的电压放大倍数、输入电阻和输出电阻分别为

$$A_u = -g_m R_D \mathbin{/\!/} R_L$$

$$r_i = R_G$$

$$r_o = R_D$$

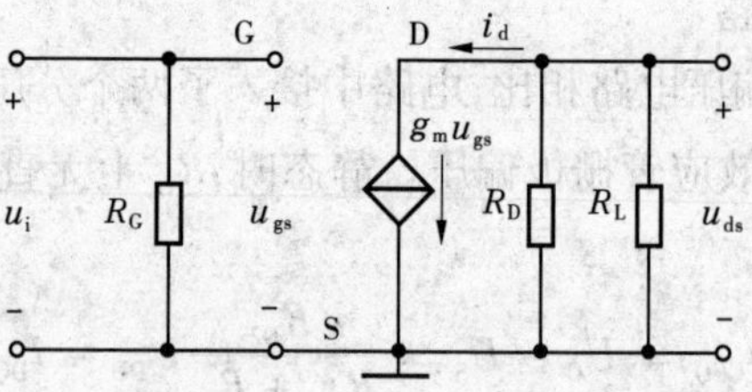

图 2-26　自偏压电路的微变等效电路

(三)分压式自偏压电路的动态分析

图 2-27 为分压式自偏压电路的微变等效电路,电路的电压放大倍数、输入电阻和输出电阻分别为

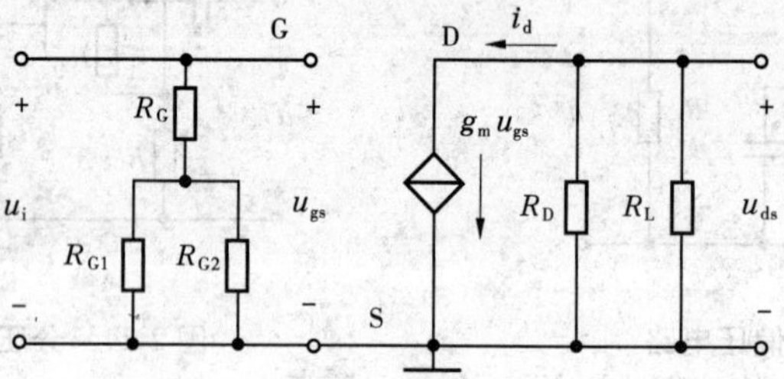

图 2-27　分压式自偏压电路的微变等效电路

$$A_u = -g_m R_D /\!/ R_L$$
$$r_i = R_G + R_{G1} /\!/ R_{G2}$$
$$r_o = R_D$$

由此可见,电阻 R_G 增加了放大电路的输入电阻。

小　结

本章介绍了基本放大电路的工作原理,重点讨论了放大电路的两种基本分析方法。

(1)放大电路的性能指标主要有放大倍数、输入电阻、输出电阻等。放大倍数是衡量放大电路的放大能力的指标,输入电阻是衡量放大电路对信号源的影响程度的指标,输出电阻是衡量放大电路带负载能力的指标。

(2)放大电路的基本要求:一是电路必须设置合适的、稳定的静态工作点;二是保证输入信号、输出信号顺利传输。

(3)放大电路的基本分析方法有两种:图解法和微变等效电路法。图解法可以直观地分析静态工作点的位置与波形失真与否,适用于大信号的动态和静态分析。微变等效电路法只能用来分析放大电路小信号的动态情况,以定量分析和计算放大电路性能指标。此时静态分析用近似估算法较方便。

(4)基本放大电路有共射、共集、共基三种基本组态。共射极放大电路输出电压与输入电压反相,电压放大倍数较高,电流放大倍数及功率放大倍数都比较高,输入电阻和输出电阻大小适中,适用于一般放大或多级放大电路的中间级;共集电极放大电路电压放大倍数小于1而接近于1,输入电阻大,输出电阻小,多用于多级放大电路的输入级、中间级或输出级;共基极放大电路输出电压与输入电压同相,电压放大倍数较高,输入电阻很小而输出电阻较大,适用于高频或宽频带放大电路。

(5)由场效应管组成的基本放大电路,具有输入电阻很大、噪声小、抗辐射能力强、温度稳定性好等优点。它与三极管配合使用大大提高和改善了电子电路的某些性能指标。

实训三　分压式偏置共射极放大电路的调整与测试

一、实训目的

(1)理解静态工作点对输出波形非线性失真的影响。
(2)学会静态工作点的测量和调整方法。
(3)熟悉最大不失真输出电压的调试方法。
(4)掌握电压放大倍数、输入电阻、输出电阻的测量方法。
(5)熟悉常用电子仪器的使用方法。

二、实训器材

低频信号发生器一台、示波器一台、低频毫伏表一块、直流稳压电源一台、单级晶体管放大器实验电路板一块、万用表一块、电阻2.2~6.2 kΩ 4个。

三、预习要求

(1)三极管及单管放大电路工作原理。
(2)放大电路静态和动态测量方法。

四、实训电路与内容

实训原理图如图2-28所示。

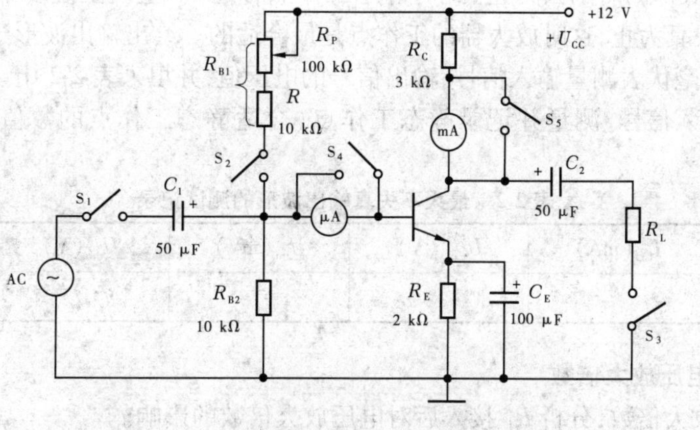

图2-28　三极管低频电压放大器实训电路

(一)静态工作点对输出波形的影响

(1)按图 2-28 连接实验电路,直流电源处于断开状态。将低频信号发生器的频率旋钮置于 1 kHz,输出控制旋钮至于最低位置。

①将 S_1、S_2、S_3 断开,调节 R_P 使 R_{B1} 在 22 kΩ 左右。

②12 V 直流电源送入实验电路板,即 S_2 闭合,用万用表测量静态工作点,将测量结果填入表 2-1 中。

③将 S_1 闭合,接入 1 kHz 输入信号,用二踪示波器观察放大器输入输出电压的波形,并逐渐加大信号发生器的输出电压,使输出信号的波形在不失真的条件下,输出幅度达到最大值,将波形画于表 2-1 中。

(2)在上述基础上,只将 R_{B1} 调节为 16 kΩ,放大器的输入信号幅度不变,测量静态工作点,观察输出信号波形并填于表 2-1 中。

(3)在上述基础上,只将 R_{B1} 调节为 78 kΩ,放大器的输入信号幅度不变,测量静态工作点,观察输出信号波形并填于表 2-1 中。

表 2-1　静态工作点测试记录

R_{B1}(kΩ)	I_{BQ}(mA)		I_{CQ}(mA)		U_{CEQ}(V)		u_o 波形
	计算值	实测值	计算值	实测值	计算值	实测值	
22							
16							
78							

(二)测量最大不失真输出电压

选择合适的静态工作点,测量最大不失真输出电压。

(1)调节电位器 R_P 于中间某位置,缓慢增大信号发生器的输出 U_i 幅度,从示波器观察输出电压波形。

(2)当 U_i 增大到某一值后出现削波,此时调整上偏电阻 R_P 的值,使输出波形恢复正常,然后增大输入电压。如出现失真,再次调整 R_P,修正静态工作点,直到增大输入信号时,输出波形顶部、底部同时削去为止(此时静态工作点合适)。重复上述步骤,直到输出波形最大且基本不失真为止,这时放大器的工作点是最合适的。绘出输出波形于表 2-2 中。

(3)用交流毫伏表测量输入信号、输出信号的电压值,并填入表 2-2 中。

(4)去掉输入信号,测量并记录静态工作点(合适静态工作点的数值),并填入表 2-2 中。

表 2-2　最大不失真输出波形的测试记录

I_{BQ}(mA)	I_{CQ}(mA)	U_{CEQ}(V)	U_{im}(mV)	U_{om}(V)	u_o 波形

(三)测量电压放大倍数

测量电压放大倍数,分析 R_L 接入后对电压放大倍数的影响。

1. 电压放大倍数的测量

选择合适的静态工作点,即调 R_{B1} = 22 kΩ 左右,调整信号发生器,使频率为 1 kHz、输出电压峰值为 30 mV 接入放大电路输入端。使放大器输出信号的幅度在不失真条件下达到最大值，测出放大器的输入电压 U_i、输出电压 U_o，求电压放大倍数 A_u，此时负载为6.2 kΩ。将结果记入表 2-3。

表 2-3　电压放大倍数测试记录

U_{im}(mV)	U_{om}(V)	A_u	u_o 波形

2. 负载电阻对放大倍数的影响

(1)将 S_3 闭合保持信号输入电压峰值为 30 mV，频率为 1 kHz，测量负载电阻为 1 kΩ 时的输出电压值，计算出 A_u 值填入表 2-4 中。

(2)上述条件不变，接入负载 R_L 为 6.2 kΩ，求此时的 A_u，填入表 2-4 中。

(3)更换负载使 R_L 为∞，即去掉负载。重复步骤(1)。

表 2-4　负载电阻对放大倍数的影响测试

R_L(kΩ)	U_i(mV)	U_o(V)	A_u	u_o 波形
1	30			
6.2	30			
∞	30			

(四)测放大电路输入电阻、输出电阻

1. 输入电阻测量

在输入端串接一个电阻，如图 2-29 所示，测量 U_S 与 U_i，即可计算 r_i：

$$r_i = \frac{U_i}{U_S - U_i}R$$

2. 输出电阻测量

根据图 2-30 可得输出电阻为

$$r_o = \left(\frac{U_o}{U_L} - 1\right)R_L$$

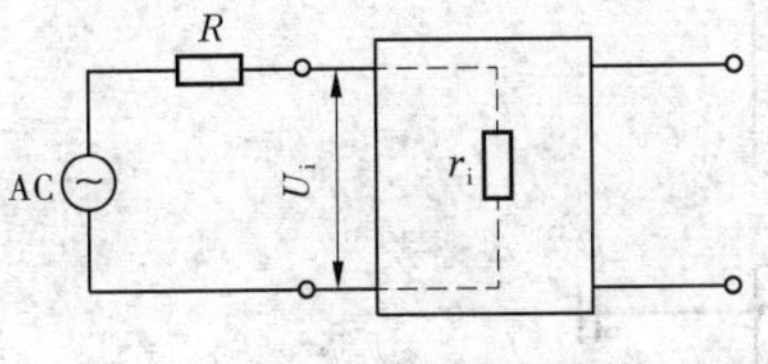

图 2-29　输入电阻测量

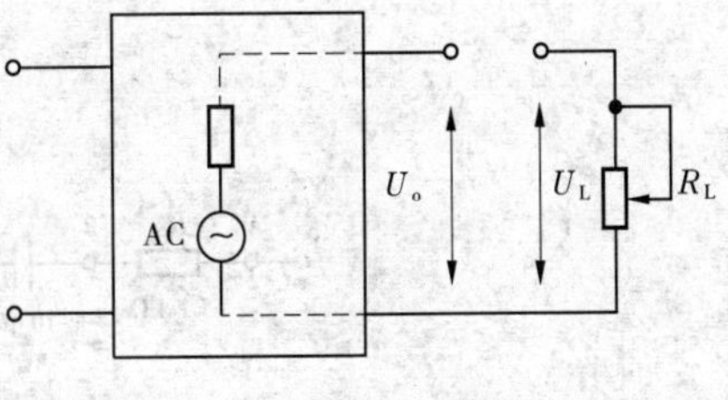

图 2-30　输出电阻测量

在输出端接入可调电阻作为负载，选择合适的 R_L 值使放大电路输出不失真(接示波器监视)，测量带负载时的 U_L 和空载时的 U_o，即可计算出 r_o。

将上述测量及计算结果填入表 2-5 中。用 $r_i = R_{B1} // R_{B2} // r_{be}$，$r_o = r_{ce} // R_C \approx R_C$ 公式进行估算。

表 2-5　输入电阻、输出电阻测试记录

测算输入电阻				测算输出电阻			
实测值		测算值	估算值	实测值		测算值	估算值
U_S(mV)	U_i(mV)	r_i(kΩ)	r_i(kΩ)	U_O $R_L=\infty$	U_L $R_L=6.2$ kΩ	r_o(kΩ)	r_o(kΩ)

五、实训报告

(1)绘出实验电路原理图,标明各元件参数值。

(2)整理实验数据及说明实验中出现的各种现象,得出有关的结论;画出必要的波形及曲线。

(3)将实验结果与理论计算进行比较,分析误差产生的原因。

实训四　射极跟随器的调整与测试

一、实训目的

(1)掌握射极跟随器的特性及测量方法。

(2)进一步学习放大电路各项参数的测量方法。

二、实训器材

低频信号发生器一台、示波器一台、低频毫伏表一块、直流稳压电源一台、单级晶体管放大器实验电路板一块、万用表一块。

三、预习要求

(1)参照教材内容,熟悉射极跟随器的原理及特点。

(2)根据图 2-31 所示元器件参数,估算静态工作点。

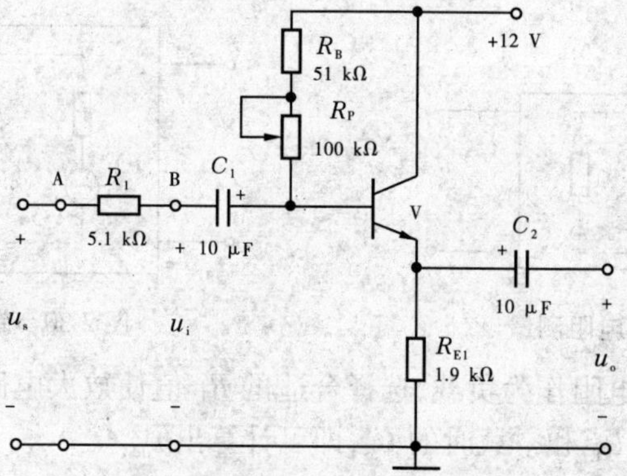

图 2-31　射极跟随器实训电路图

四、实训内容与步骤

实训电路图如图 2-31 所示。

(1)按图 2-31 电路接线。

(2)调整直流工作点。

将电源 +12 V 接上,在 B 点加 $f=1$ kHz 正弦波信号,输出端用示波器监视,反复调整 R_P 及信号源输出幅度,使输出在示波器屏幕上得到一个最大不失真波形,然后断开输入信号,用万用表测量晶体管各极之间的电压,即该放大器静态工作点,将所测数据填入表 2-6中。

表 2-6　射极跟随器静态工作点测试

U_{BEQ}(V)	U_{CEQ}(V)	I_{BQ}(μA)	I_{CQ}(mA)

(3)测量电压放大倍数 A_u。

接入负载 $R_L=2.2$ kΩ,在 B 点加入 $f=1$ kHz 正弦波信号,调整输入信号幅度(此时偏置电位器 R_p 不能再扭动),用示波器观察,在输出最大不失真情况下测 U_i 和 U_o 值,将所测数据填入表 2-7 中。

表 2-7　电压放大倍数测试

U_i(V)	U_o(V)	$A_u=\frac{U_o}{U_i}$测算	A_u 估算($R_L=2.2$ kΩ)

(4)测量输出电阻 r_o。

在 B 点加入 $f=1$ kHz 正弦波信号,$U_i=100$ mV 左右,接上负载 $R_L=2.2$ kΩ 时,用示波器观察输出波形,测空载时输出电压 U_o($R_L=\infty$)和加负载时输出电压 U_L($R_L=2.2$ kΩ)的值,则

$$r_o=\left(\frac{U_o}{U_L}-1\right)R_L$$

将所测数据填入表 2-8 中。

表 2-8　输出电阻测试

U_o(mV)	U_L(mV)	$r_o=(\frac{U_o}{U_L}-1)R_L$ 测算	r_o(估算)(kΩ)

(5)测量放大电路输入电阻 r_i(采用换算法)。

在输入端串入 $R_S=5.1$ kΩ 电阻,A 点加入 $f=1$ kHz 的正弦波信号,用示波器观察输出波形,用毫伏表分别测 A、B 点对地电位 U_S、U_i,则

$$r_i=\frac{U_i}{U_S-U_i}\cdot R_S=\frac{R_S}{\frac{U_S}{U_i}-1}$$

将测量数据填入表 2-9 中。

表 2-9　输入电阻测试

U_S(V)	U_i(V)	$r_i=\frac{R_S}{U_S/U_i-1}$测算(kΩ)	r_i(估算)(kΩ)

(6)测射极跟随器的跟随特性。

接入负载 $R_L=2.2\ k\Omega$,在 B 点加入 $f=1$ kHz 的正弦波信号,逐点增大输入信号幅度 U_i,用示波器监视输出端,在波形不失真时,测对应的 U_L 值,计算出 A_u。将所测数据填入表 2-10中。

表 2-10　射极跟随器的特性测试

项目	1	2	3	4
U_i				
U_L				
A_u				

五、实训报告

(1)绘出实验原理电路图,标明各元件参数值。

(2)整理实验数据及说明实验中出现的各种现象,得出有关的结论;画出必要的波形及曲线。

(3)将实验结果与理论计算进行比较,分析误差产生的原因。

习　题

2-1　对于一个放大电路有何要求?

2-2　放大电路设置静态工作点有何意义?

2-3　如何画放大电路的直流通路和交流通路?直流通路和交流通路有何作用?

2-4　图 2-32 所示为固定偏置共射极放大电路。输入 u_i 为正弦交流信号,在调试放大电路时若出现图 2-32(a)、(b)、(c)所示的波形,试说明电路分别产生了什么失真,如何消除?

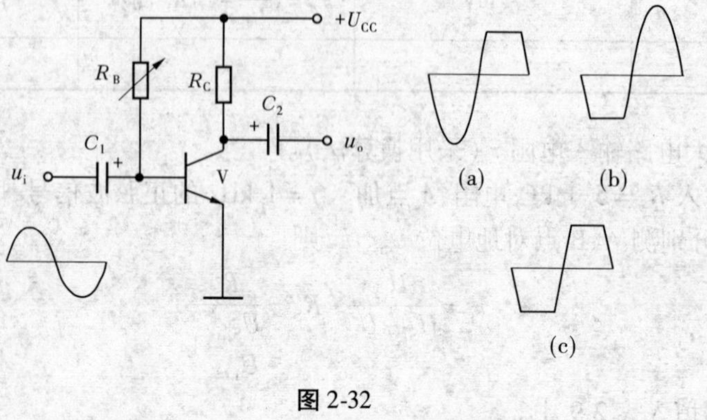

图 2-32

2-5　试分析图 2-33 所示各电路是否能够放大正弦交流信号，简述理由。设图中所有电容对交流信号均可视为短路。

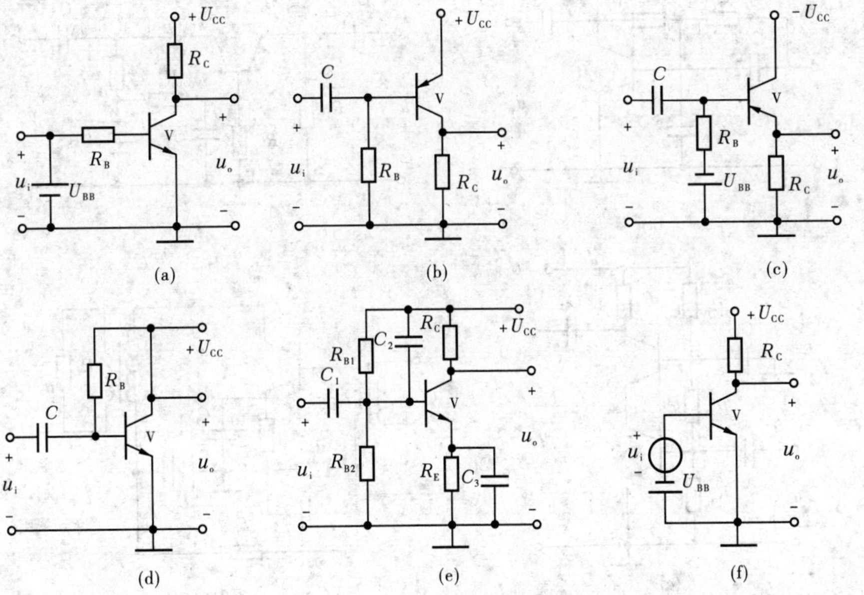

图 2-33

2-6　如图 2-34 所示为各电路的直流通路，试计算静态工作点，并判断三极管的工作状态，其中 NPN 为硅管，PNP 为锗管。

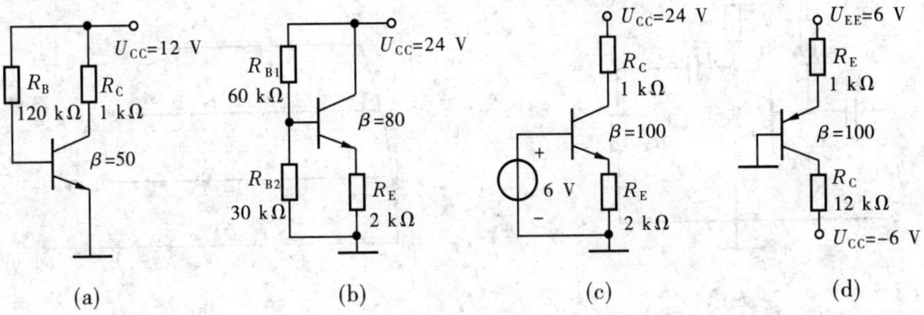

图 2-34

2-7　画出图 2-35 所示各电路的直流通路和交流通路，设所有电容对交流信号均可视为短路。

2-8　如图 2-36(a)所示电路，三极管特性曲线如图 2-36(b)所示，令 $U_{BEQ}=0.7$ V，R_B 分别为 300 kΩ、150 kΩ 时，试用图解法求电路中 I_{CQ}、U_{CEQ}。

2-9　电路如图 2-1(b)所示，已知参数 $U_{CC}=15$ V，$R_B=300$ kΩ，$R_C=4$ kΩ，$R_L=4$ kΩ，$\beta=50$。试画出直流通路，计算静态工作点 I_{CQ}、U_{CEQ}；画出微变等效电路，计算 A_u、r_i、r_o 的值。

2-10　已知图 2-37 所示电路中晶体管的 $\beta=100$，$r_{be}=1$ kΩ。

(1) 现已测得静态管压降 $U_{CEQ}=6$ V，计算 R_B 的值。

(2) 若测得 u_i 和 u_o 的有效值分别为 1 mV 和 100 mV，则负载电阻 R_L 的值为多少？

2-11　如图 2-38 所示分压式工作点稳定电路，已知 $\beta=60$。

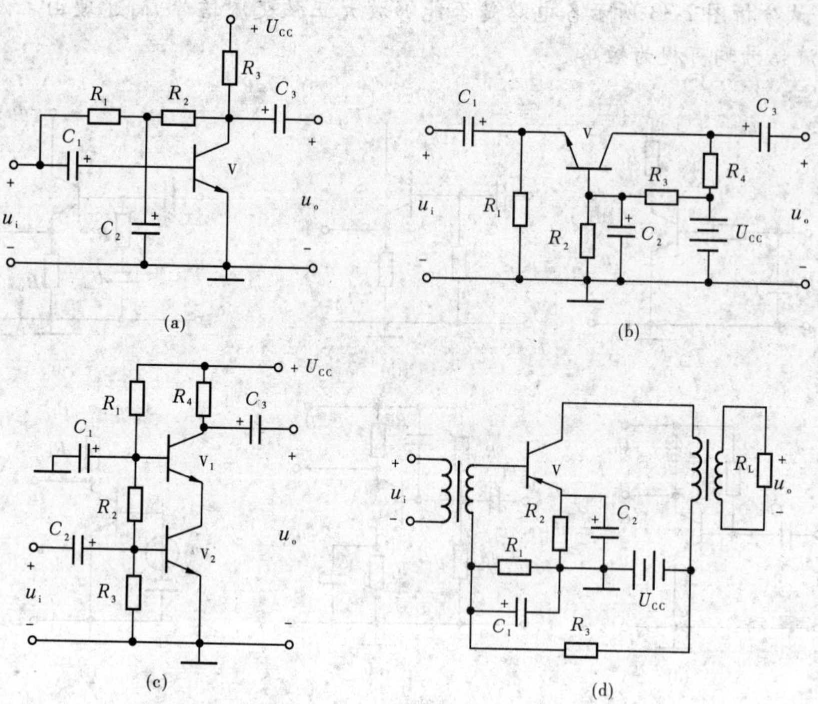

图 2-35

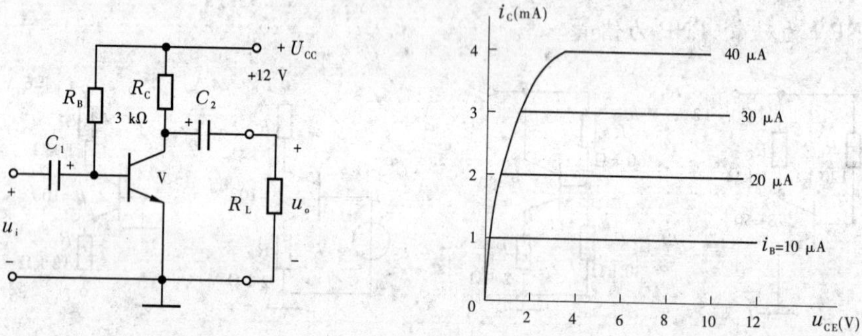

图 2-36

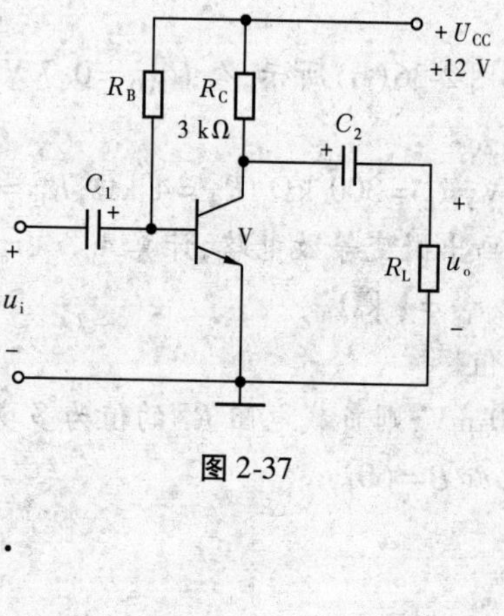

图 2-37

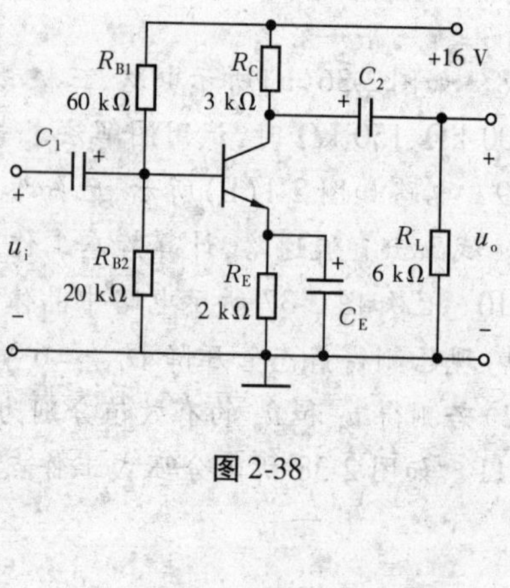

图 2-38

(1)计算电路的 Q 点。

(2)用小信号等效电路分析法,求解电压放大倍数 A_u。

(3)求电路的输入电阻 r_i 及输出电阻 r_o。

2-12　如图 2-39(a)、(b)所示,一信号源内阻 $R_s=10\ \text{k}\Omega$, $u_s=1\ \text{V}$,负载 $R_L=1\ \text{k}\Omega$,试分别求出 R_L 及射极输出器与信号源相接时输出电压 u_o 的大小,并由计算结果说明射极输出器的作用。

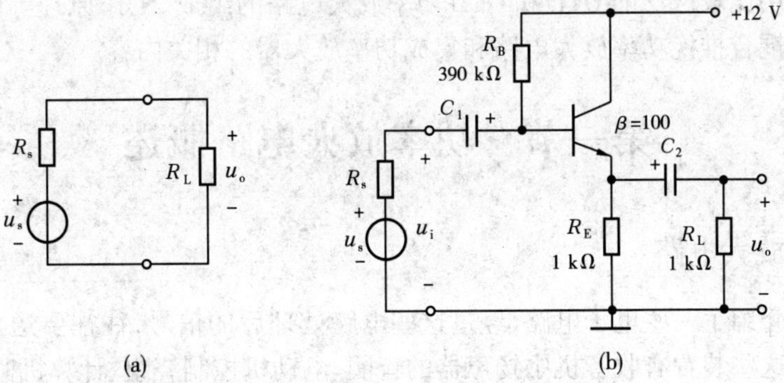

图 2-39

2-13　如图 2-40 所示场效应管放大电路,已知 $g_m=1$ ms。

(1)两电路分别是什么组态的放大电路?

(2)分别画出两电路的小信号等效电路。

(3)求解电路的电压增益 A_u、输入电阻 r_i、输出电阻 r_o。

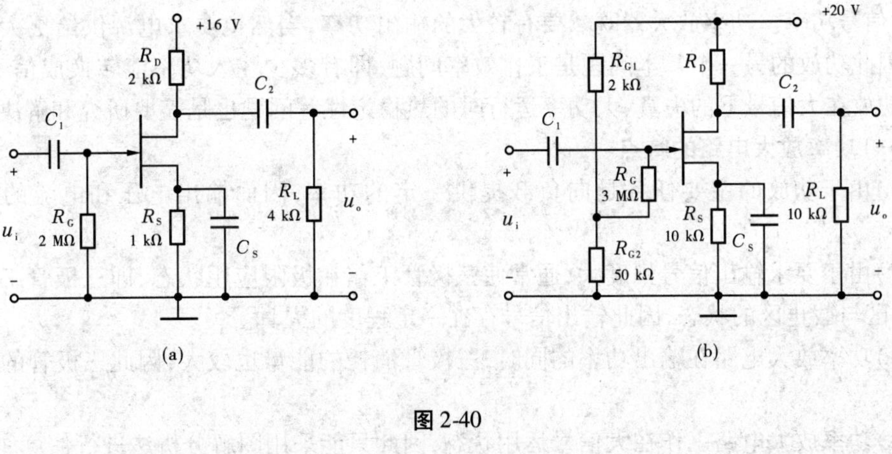

图 2-40

第三章　功率放大电路

本章首先介绍了功率放大电路的特点、主要技术指标和功率放大电路的三种工作状态；然后介绍了应用比较广泛的 OTL 和 OCL 功率放大电路的组成、工作原理等内容；最后简单介绍了变压器耦合推挽功率放大电路和集成功率放大器的相关内容。

第一节　功率放大电路概述

一、功率放大电路

前面已经介绍了一些电子电路，经过这些电路处理后的信号，往往要送到负载，去驱动一定的装置。这些装置有收音机中扬声器的音圈、电动机控制绕组、计算机监视器或电视机的扫描偏转线圈等。这时我们要考虑的不仅是输出的电压或电流的大小，而且要有一定的输出功率。这类主要用于向负载提供功率的放大电路称为功率放大电路，简称为功放。功放中使用的半导体功率三极管称为功率放大管，简称为功放管。

二、功率放大电路的特点及主要技术指标

功放以获得输出功率为直接目的。它的一个基本问题就是在电源一定的条件下能输出多大的信号功率。功率放大器既然要有较大的输出功率，当然也要求电源供给更大的注入功率，因此功放的另一个基本问题是工作效率问题，即有多少注入功率能转换成信号功率。另外，功放在大信号下的失真、大功率运行时的热稳定性等问题也是需要研究和解决的。

（一）功率放大电路的特点

（1）由于功放的主要任务是向负载提供一定的功率，因而输出电压和电流的幅度足够大。

（2）由于要求输出信号幅度大，通常使三极管工作在极限应用状态，即三极管工作在接近饱和区与截止区的状态，因此输出信号存在一定程度的失真。

（3）功率放大电路在输出功率的同时，三极管消耗的能量也较大，因此三极管的管耗不能忽视。

（4）功率放大电路工作在大信号运用状态，因此只能采用图解分析法进行估算。

（二）功率放大电路的主要技术要求

由于功放的上述特点，因此在实际应用中对功率放大器的技术要求如下：

1. 输出功率要足够大

最大输出功率 P_{om}：在输入为正弦波且输出基本不失真的情况下，负载可能获得的最大交流功率。它是指输出电压 u_o 与输出电流 i_o 的有效值的乘积。

2. 效率要高

在输出功率比较大时，效率问题尤为突出。如果功率放大电路的效率不高，不仅造成能

量的浪费,而且消耗在电路内部的电能将转换为热量,使管子、元件等温度升高。为定量反映放大电路效率的高低,定义放大电路的效率为:

$$\eta = \frac{P_o}{P_{DC}} \times 100\% = \frac{P_o}{P_C + P_o} \times 100\%$$

式中 P_o 为输出功率;P_{DC}为电源提供的功率;P_C 为管耗。

输出的交流功率实质上是由直流电源通过三极管转换而来的。在直流功率一定时,若向负载提供尽可能大的交流功率,必须减小损耗,以提高转换效率。

3. 非线性失真要小

在功率放大电路中,晶体管处于大信号工作状态,因此输出波形会不可避免地产生一定的非线性失真。在实际的功率放大电路中,应根据负载的要求来规定允许的失真度范围。

4. 功放管要有散热措施

功率放大电路中的晶体管常工作在极限状态。为保证电路工作正常,一般要对功放管加装散热片。

功率放大电路的输出电压和输出电流幅值均很大,功放管特性的非线性不可忽略,所以分析功放时,不能采用微变等效电路分析法,多采用图解分析法。

三、功率放大电路的工作状态

功率放大电路按功放管静态工作点 Q 在交流负载线上的位置不同,可分为甲类、乙类和甲乙类三种工作状态,如图 3-1 所示。

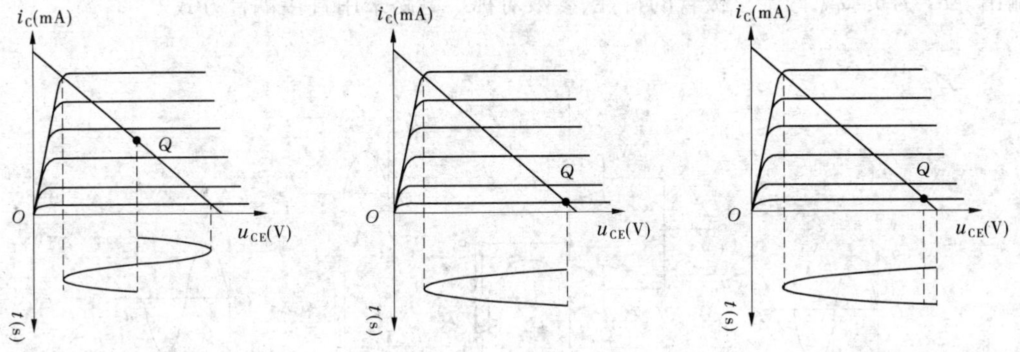

图 3-1 功率放大电路的三种工作状态

(一)甲类放大状态

甲类功率放大电路功放管的静态工作点 Q 设置在交流负载线的中点位置,如图 3-1(a)所示。在输入信号的整个周期内,功放管都处于导通状态,输出信号失真很小,但静态时三极管的集电极电流 I_{CQ} 较大,管子功率损耗 P_C 大,所以电路的效率低。即使在理想条件下,功放的最高效率也只能达到 50%。

(二)乙类放大状态

乙类功率放大电路功放管的静态工作点 Q 设置在截止区与放大区的交界处,即 $I_{BQ}=0$,如图 3-1(b)所示。在无信号输入时,功放管处于截止状态,$I_{CQ}=0$,$U_{CE}=U_{CC}$。这时,功放管不消耗功率。在有信号输入时,功放管只在半个周期内导通,另半个周期截止。因此,电路效率高,可达78.5%,但输出波形失真大,目前采用的也不多。

(三)甲乙类放大状态

甲乙类功率放大电路功放管的静态工作点 Q 设置在放大区但接近截止区的位置,如图3-1(c)所示。无信号输入时,三极管处于微导通状态,功放管的集电极电流 I_{CQ} 很小,即有较小的管耗。有信号输入时,晶体管导通时间略大于半个周期,静态电流小,效率较高,但输出波形失真大。

能否既有高的效率,又使输出波形不失真呢?互补对称功率放大电路就可以解决这一问题。

第二节　互补对称功率放大电路

一、OCL乙类互补对称功率放大电路

双电源互补对称电路又称无输出电容电路,简称OCL(Output Capacitor Less)。所谓互补,是指利用NPN型管和PNP型管交替工作来实现放大。

(一)电路组成及工作原理

OCL乙类互补对称功率放大电路采用正、负双电源,如图3-2所示,三极管 V_1 和 V_2 分别采用NPN、PNP型管,两管的基极和发射极分别连接在一起。信号从基极输入,从发射极输出。R_L 为负载。两个三极管的特性、参数对称。电路采用直接耦合方式。

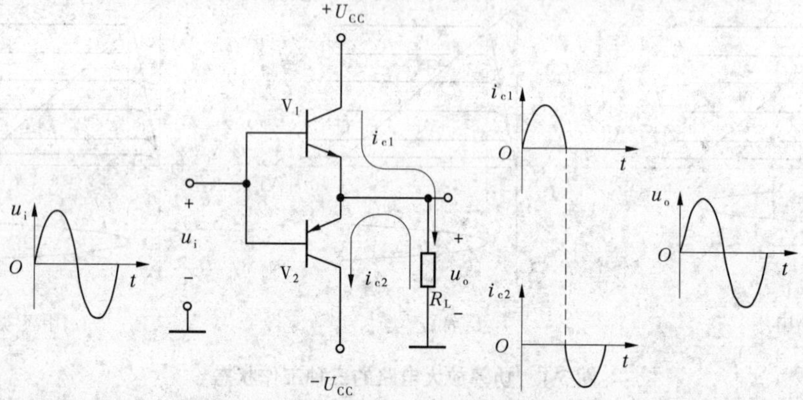

图3-2　OCL乙类互补对称功率放大电路

静态时,即 $u_i=0$ 时,V_1 和 V_2 的发射结零偏压,两个管子截止,即 $I_{BQ1}=I_{BQ2}=0$,$I_{CQ1}=I_{CQ2}\approx 0$,通过 R_L 的静态电流为零,$u_o=0$,电路工作在乙类状态,不消耗功率。

动态时,即电路有正弦信号 u_i 输入时,在 u_i 正半周,三极管 V_2 因为发射结反偏而截止,V_1 因为发射结正偏而导通,U_{CC} 通过 V_1 向负载 R_L 提供电流 i_{c1},产生输出电压 u_o 的正半周;在 u_i 负半周,三极管 V_1 因为发射结反偏而截止,V_2 因为发射结正偏而导通,$-U_{CC}$ 通过 V_2 向 R_L 提供电流 i_{c2},产生输出电压 u_o 的负半周,如图3-2所示。由此可见,由于 V_1 和 V_2 管轮流导通,相互补足对方缺少的半个周期,负载 R_L 上仍然可以得到与输入信号波形相同的

电流和电压,如图 3-3 所示。又因为静态时发射极电位为零,不必采用电容耦合,故又简称为 OCL 电路。由图 3-2 可知,OCL 乙类互补对称功率放大电路是由两个工作在乙类的射极输出器所组成的,故 $u_o \approx u_i$。又因为射极输出器输出电阻很低,故输出电压具有恒压特性。互补对称放大电路具有较强的带载能力,能向负载提供较大的功率,实现功率放大作用,所以又把该电路称为乙类互补对称功率放大电路。

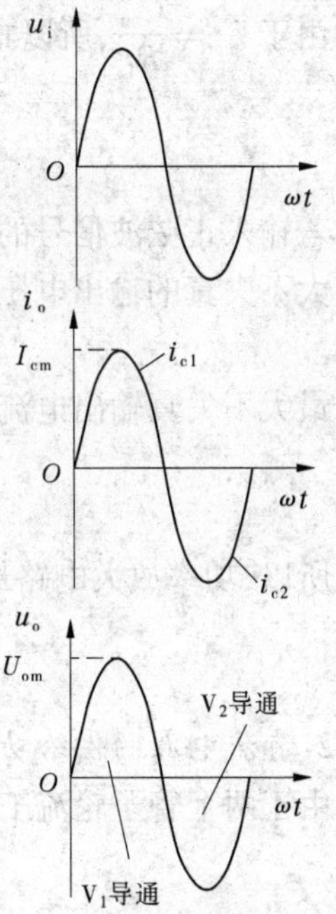

图 3-3　OCL 乙类互补对称功率放大电路电流、电压

该电路工作过程的图解分析如图 3-4 所示。图 3-4 中忽略了三极管的截止区,将静态工作点 Q 设置在横轴的 $|U_{CC}|$ 位置。假定在输入信号的整个正半周期内,V_1 管都导通,即只要 $u_i > 0$,$U_{BE} > 0$,就有集电极电流流过负载。V_2 的工作状态和 V_1 管相似,只是它在输入信号的整个负半周内导通。为了便于分析,将 V_2 管的输出特性曲线倒置,画在 V_1 管输出特性曲线的右下方,并令两管的静态工作点 Q 在 $U_{CE} = U_{CC}$ 处重合,形成了 V_1 和 V_2 管的合成特性曲线,如图 3-4 所示。这时负载线是通过(U_{CC},0)点、斜率为 $-1/R_L$ 的直线。从图中可知,集电极电流的最大变化范围是 $2I_{cm}$,集电极电压 U_{CE} 的最大变化范围是 $2U_{cem} = 2(U_{CC} - U_{ces}) = 2I_{cm}R_L$。若忽略功放管的饱和压降 U_{ces} 的影响,则

$$2U_{cem} = 2(U_{CC} - U_{ces}) \approx U_{CC} = 2I_{cm}R_L$$

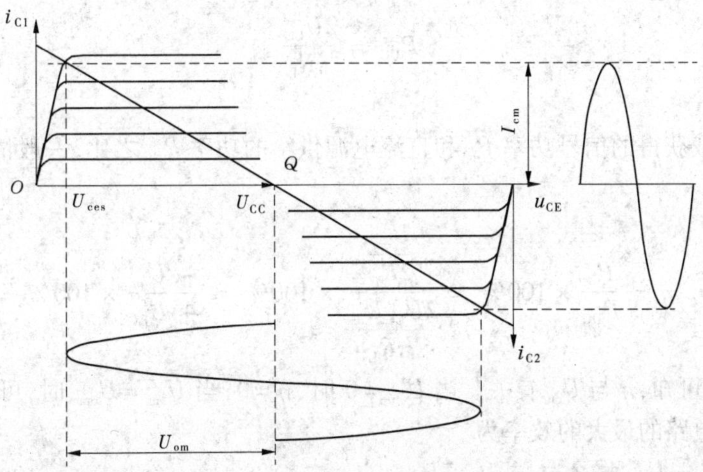

图 3-4　OCL 功放的图解分析

(二)功率和效率

1. 输出功率 P_o

输出电流 i_o 和输出电压 u_o 有效值的乘积,就是功率放大电路的输出功率,即

$$P_o = U_o I_o = \frac{U_{om}}{\sqrt{2}} \frac{I_{cm}}{\sqrt{2}} = \frac{U_{om} I_{cm}}{2} \tag{3-1}$$

式中,U_{om}、I_{cm} 分别为输出电压和电流的最大值。

由于 $I_{cm}=\frac{U_{om}}{R_L}$，所以式(3-1)又可以写成

$$P_o=\frac{U_{om}^2}{2R_L}=\frac{I_{cm}^2R_L}{2} \tag{3-2}$$

若输入正弦波信号的幅值足够大，使三极管刚达饱和，忽略管子的饱和压降，则 R_L 上得到最大不失真的输出电压幅值为

$$U_{omm}=U_{cem}=U_{CC}-U_{ces}\approx U_{CC} \tag{3-3}$$

最大不失真输出电流幅值为

$$I_{cmm}=I_{cm}=\frac{U_{omm}}{R_L}\approx\frac{U_{CC}}{R_L} \tag{3-4}$$

所以，功率放大电路最大输出功率为

$$P_{om}\approx\frac{U_{CC}^2}{2R_L} \tag{3-5}$$

2. 直流电源的供给功率 P_{DC}

由于两个管子轮流工作半个周期，每个管子的集电极电流的平均值为

$$I_{C1}=I_{C2}=\frac{1}{2\pi}\int_0^{\pi}I_{cm}\sin\omega t\mathrm{d}(\omega t)=\frac{I_{cm}}{\pi} \tag{3-6}$$

因为每个电源只提供半周期的电流，所以两个电源供给的总功率为

$$P_{DC}=I_{C1}U_{CC}+I_{C2}U_{CC}=2U_{CC}I_C=2U_{CC}\frac{I_{cm}}{\pi}=\frac{2U_{CC}U_{om}}{\pi R_L} \tag{3-7}$$

将式(3-3)代入式(3-7)得到输出最大功率时，直流电源供给的功率为

$$P_{DC}=\frac{2U_{CC}^2}{\pi R_L} \tag{3-8}$$

3. 效率 η

效率是负载获得的信号功率 P_o 和直流电源供给的功率 P_{DC} 之比，一般情况下效率 η 的表达式为

$$\eta=\frac{P_o}{P_{DC}}\times100\%=\frac{\frac{U_{om}^2}{2R_L}}{\frac{2U_{CC}U_{om}}{\pi R_L}}\times100\%=\frac{\pi}{4}\frac{U_{om}}{U_{CC}}\times100\% \tag{3-9}$$

由式(3-9)可知，η 与 U_{om} 有关。当 $U_{om}=0$ 时，$\eta=0$；当 $U_{om}=U_{omm}$ 时，可得到 OCL 乙类互补对称功放电路的最大的效率为

$$\eta_m=\frac{\pi}{4}\frac{U_{omm}}{U_{CC}}\times100\%=\frac{\pi}{4}\frac{U_{CC}-U_{ces}}{U_{CC}}\times100\%\approx\frac{\pi}{4}\times100\%=78.5\% \tag{3-10}$$

由此可见，OCL 乙类互补对称功放电路比甲类状态得到的效率要高，可达 78.5%。实际应用中，放大电路很难达到最大功率，由于饱和压降及元件损耗等因素，乙类推挽的效率仅能达到 60% 左右。

4. 管耗 P_C

直流电源提供的功率除供给负载外便是三极管 V_1、V_2 上消耗的功率，称为管耗，用 P_C 表示。由式(3-2)和式(3-7)可得每个晶体管的管耗为

$$P_{C1}=P_{C2}=\frac{1}{2}(P_{DC}-P_o)=\frac{1}{2}(\frac{2U_{CC}U_{om}}{\pi R_L}-\frac{U_{om}^2}{2R_L})=\frac{U_{om}}{R_L}(\frac{U_{CC}}{\pi}-\frac{U_{om}}{4}) \quad (3\text{-}11)$$

可见，管耗 P_C 与输出电压幅度 U_{om} 有关。为了求管耗与输出电压幅度的关系，令 $\frac{dP_{C1}}{dU_{om}}=0$，则得

$$\frac{dP_{C1}}{dU_{om}}=\frac{U_{CC}}{\pi R_L}-\frac{U_{om}}{2R_L}=0$$

由此可见，当 $U_{om}=\frac{2U_{CC}}{\pi}\approx 0.6U_{CC}$ 时，P_{C1} 达到最大值，由式(3-9)可得此时的效率 $\eta=50\%$，所以输出功率为最大时，管耗却不是最大，这一点必须注意。将此关系代入式(3-11)得每管的最大管耗为

$$P_{C1m}=\frac{U_{CC}^2}{\pi^2 R_L} \quad (3\text{-}12)$$

由于 $P_{om}=\frac{U_{CC}^2}{2R_L}$，所以最大管耗和最大输出功率的关系为

$$P_{C1m}=\frac{2}{\pi^2}P_{om}\approx 0.2P_{om}=0.2\frac{U_{CC}^2}{2R_L} \quad (3\text{-}13)$$

由此可见，每管的最大管耗约为最大输出功率的 0.2 倍。因此，在选择功放管时最大管耗不应超过晶体管的最大允许管耗，即

$$P_{C1m}=0.2P_{om}<P_{CM} \quad (3\text{-}14)$$

由于上面的计算是在理想情况下进行的，所以应用式(3-14)选择管子时，还需留有充分的余量。

5. 选择功放管的原则

(1)三极管集电极最大允许耗散功率 $P_{CM}>0.2P_{om}$。

(2)三极管基极开路击穿电压 $U_{(BR)CEO}>2U_{CC}$。

(3)三极管集电极最大允许电流 $I_{CM}>I_{cmm}=\frac{U_{CC}}{R_L}$。

【例 3-1】 已知乙类互补对称功放电路如图 3-2 所示，已知 $U_{CC}=24$ V，$R_L=8\ \Omega$，试估算该放大电路最大输出功率 P_{om} 及此时电源供给的功率 P_{DC} 和管耗 P_{C1}，并说明该功放电路对功放管的要求。

解 (1)求 P_{om}、P_{DC} 及 P_{C1}。

略去三极管的饱和压降，最大不失真输出电压幅度为 $U_{omm}\approx U_{CC}=24$ V，所以最大输出功率

$$P_{om}=\frac{U_{CC}^2}{2R_L}=\frac{24^2}{2\times 8}=36(\text{W})$$

电源供给的功率 $$P_{DC}=\frac{2U_{CC}^2}{\pi R_L}=\frac{2\times 24^2}{\pi\times 8}=45.8(\text{W})$$

此时每管的管耗为 $$P_{C1}=\frac{1}{2}(P_{DC}-P_{om})=\frac{1}{2}(45.8-36)=4.9(\text{W})$$

(2)功放管的选择。

该功放管实际承受的最大管耗 P_{C1m} 为

$$P_{C1m} = \frac{2}{\pi^2}P_{om} = \frac{2}{\pi^2}\frac{U_{CC}^2}{2R_L} = \frac{24^2}{\pi^2 \times 8} = 7.3(\text{W})$$

因此,为了保证功放管不损坏,则要求功放管的集电极最大允许损耗功率 $P_{CM} > P_{C1m} = 7.3\ \text{W}$。

由于乙类互补对称功率放大电路中,一只晶体管导通时,另一只晶体管截止,由图3-2可知,当输出电压 u_o 达到最大不失真输出幅度时,截止管承受的反向电压为最大,且近似等于 $2U_{CC}$。为了保证功放管不至于被反向电压击穿,因此要求三极管的 $U_{(BR)CEO} > 2U_{CC} = 48\ \text{V}$。

放大电路在最大功率输出状态时,集电极电流达到最大值 I_{cmm},为了使放大电路失真不至于太大,要求功放管集电极最大允许电流 I_{CM} 满足

$$I_{CM} > I_{cmm} = \frac{U_{CC}}{R_L} = 3\ \text{A}$$

二、OCL 甲乙类互补对称功率放大电路

(一)乙类互补对称功放的交越失真

理想情况下,乙类互补对称电路的输出波形和输入波形相同,没有失真。实际上,由于乙类互补对称功放电路没有基极偏置,静态时 $U_{BEQ1} = U_{BEQ2} = 0$,当输入信号 u_i 小于晶体三极管的死区电压时,管子仍然处于截止状态。因此,在输入信号的一个周期内,V_1 和 V_2 轮流导通时形成的基极电流波形在过零处附近一个区域内出现失真,从而使输出电流和电压出现同样的失真,这种失真称为交越失真,如图3-5所示。只有当输入信号 u_i 大于管子的死区(门阀)电压(NPN 硅管约为0.5 V,PNP 锗管约为0.1 V)时,管子才能导通,输入信号被按比例放大,输出波形和输入波形相同。

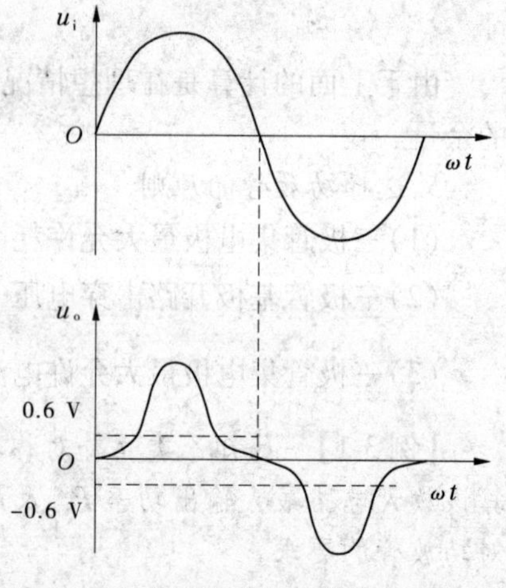

图3-5 乙类互补对称功放的交越失真

(二)OCL 甲乙类双电源互补对称功率放大电路

1.基本电路

为克服乙类功放产生的交越失真问题,可以分别给两个功放管的发射结设置一个很小的静态偏压,使两管在静态时均处于微导通状态,两管轮流导通时,交替得比较平滑,从而减小了交越失真,但此时管子已经工作在甲乙类放大状态。实际上电路中的静态电流通常取得很小,所以这种放大电路仍然可以用乙类互补对称电路的有关公式近似计算输出功率和效率等指标。

图3-6所示电路中,V_3 是前置放大级(注意,图中未画出 V_3 的偏置电路),给功放级提供足够的偏置电流。V_1 和 V_2 组成互补对称输出级。V_1 和 V_2 基极间串入二极管 VD_1、VD_2,利用 V_3 静态电流流过 VD_1、VD_2 前产生的压降作为 V_1、V_2 管的静态偏置电压。这种偏置方法有一定的温度补偿作用,因为当 V_1、V_2 两管的 U_{BEQ} 随温度升高而减小时,VD_1、

VD_2 两管的压降也随温度的升高相应减小。

静态时,在 VD_1、VD_2 上产生的压降为 V_1、V_2 的基极提供了一个适当的偏压,使之处于微导通状态。这样,即使 u_i 很小(VD_1 和 VD_2 的交流电阻也小),基本上也可以进行线性放大。

上述偏置方法的缺点是偏置电压不易调整,改进方法可采用 U_{BE} 扩展电路。

2. U_{BE} 扩展电路

U_{BE} 扩展电路如图 3-7 所示。图中,流入 V_4 的基极电流远小于流过 R_1、R_2 的电流,则由图可求出

$$U_{CE4} \approx \frac{U_{BE4}}{R_2}(R_1 + R_2) \tag{3-15}$$

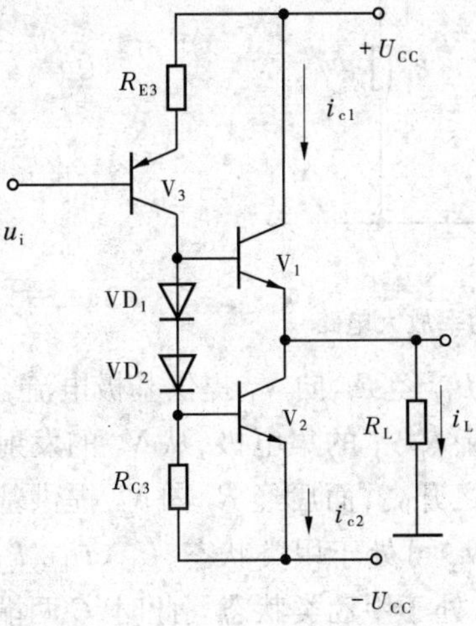

图 3-6 甲乙类双电源互补对称功放电路

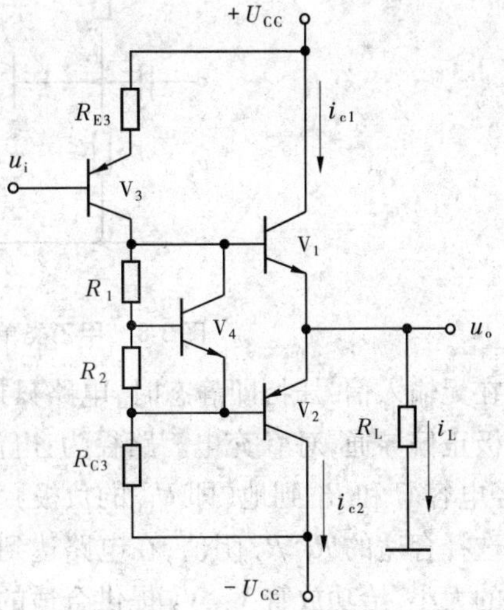

图 3-7 U_{BE} 扩展电路

U_{CE4} 用来供给 V_1、V_2 两管的偏置电压。由于 U_{BE4} 基本为一固定值(硅管为 0.6~0.7 V、锗管为 0.2~0.3 V),只要适当调节 R_1、R_2 的比值,就可改变 V_1、V_2 的基极偏置电压 U_{CE4} 的值。这种电路称为 U_{BE} 扩展电路。

三、OTL 甲乙类单电源互补对称功率放大电路

OCL 电路具有良好的对称性,所以其放大性能很好。在实际应用中,功率放大电路的输入信号一般是其他基本放大电路的输出信号,而一般的放大电路都是由单电源供电的。这样,在信号被连续放大的过程中,就存在单电源电路和双电源电路的连接问题,一旦有误,就可能会烧毁整个电路。因此,采用单电源供电方式的功率放大电路应运而生。

(一)电路组成及工作原理

甲乙类单电源互补对称电路如图 3-8 所示。图中 V_1 和 V_2 组成单电源互补对称电路输出级,VD_1、VD_2 组成 V_1、V_2 的基极偏置电路,用以消除交越失真。V_3 为前置放大级,R_{C3}、VD_1、VD_2 组成它的集电极偏置电路。R_1、R_2、R_{E3} 和 C_E 组成 V_3 的基极偏置电路。R_2 的一端接至输出端,引入电压并联负反馈以稳定输出端 K 点的静态电位。将正电源值提高一倍,习惯上仍写做 U_{CC}。V_2 的集电极接地。由于供电方式变成了单电源,这时输出端的静态电

位不再是零，而是电源的一半。为了避免输出端的直流对负载产生影响，输出端加耦合电容 C 进行直流隔离。输出端电容 C 的容量很大，具有储能作用，又起到直流电源的作用。这种电路通常称为无输出变压功放电路，简称为 OTL 电路。

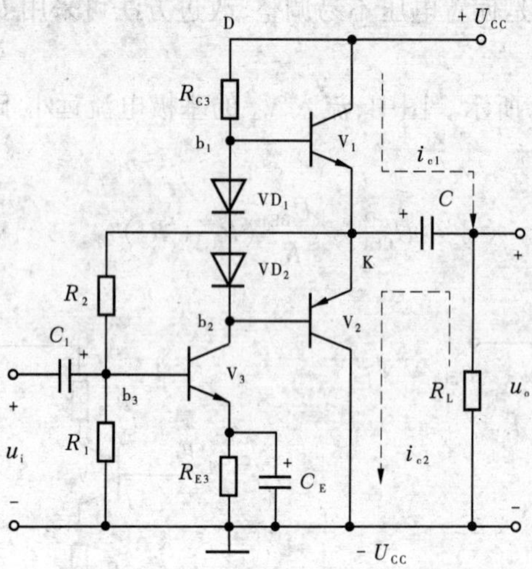

图 3-8　甲乙类单电源互补对称功率放大电路

在无输入信号时，即静态时，电路只接入电源 U_{CC}，U_{CC} 经 R_{C3} 向 V_1 提供基极电流，使 V_1 发射极正偏导通，对 C 充电。路径为：电流经 U_{CC} 正极流入 V_1 的集电极，从 V_1 的发射极流出，经电容 C 和 R_L 到地（即 U_{CC} 的负极）。K 点电位随之升高，而后经 R_2 向 V_3 提供基极电流。选择合适的 R_1、R_2 阻值，在电路达到稳定状态时，V_3 可处于甲类状态，U_{b1}、U_{b2}、I_{c3} 达到所需的大小，给功放管 V_1、V_2 提供合适的偏置使 V_1、V_2 处于甲乙类状态。此时，C 两端充满电荷，其两端电压左正右负为 $\frac{1}{2}U_{CC}$，即 K 点电位 $U_K = U_C = \frac{1}{2}U_{CC}$。

在输入信号 u_i 的正半周，由于 V_3 的倒相作用，V_3 集电极电位下降，V_1、V_2 的基极电位 U_{b1}、U_{b2} 随之下降，V_1 发射结反偏截止，切断了电源 U_{CC} 和负载 R_L 的联系；V_2 发射结正偏导通，此时电容 C 放电，代替电源向 V_2 供电，有电流 i_{c2} 通过负载 R_L，其路径为：经 C 的正极流入 V_2 的发射极，自集电极流出到地，经负载到 C 的负极。此时负载获得负半周信号。

在输入信号 u_i 的负半周，V_3 的集电极电位上升，V_1、V_2 的基极电位 U_{b1}、U_{b2} 随之上升，V_1 导通，V_2 截止，有电流 i_{c1} 通过负载 R_L，其路径为：经 U_{CC} 正极流入 V_1 的集电极，从 V_1 的发射极流出，经电容 C 和 R_L 到地。此时负载获得负半周信号，同时电容 C 被充电，补充输出负半周时放电所损失的电能。

可见，在输入信号的整个周期里，功放管 V_1、V_2 交替放大输入信号，而负载上能获得不失真输出信号。

只要选择的时间常数足够大（比信号的最长周期还大得多），就可以认为用电容 C 和一个电源 U_{CC} 可代替原来 $+U_{CC}$ 和 $-U_{CC}$ 两个电源的作用。

（二）分析计算

采用单电源的互补对称电路时，由于每个管子的工作电压不是原来的 U_{CC}，而是 $U_{CC}/2$，即输出电压幅值 U_{om} 最大也只能达到约 $U_{CC}/2$，所以前面导出的计算 P_o、P_{DC} 和 P_C 的最大值公式,必须加以修正才能使用。修正的方法也很简单,只要以 $U_{CC}/2$ 代替原来公式中的 U_{CC} 即可。

(三)自举电路

1. 单电源互补对称电路存在的问题

单电源互补对称电路解决了工作点的偏置和稳定问题,但输出电压幅值 U_{om} 达不到 $U_{CC}/2$。

当 u_i 为正半周最大值时,V_3 管的集电极电压达到负半周的最大值,V_1 截止,V_2 接近饱和导通,$U_K = U_{CES} \approx 0$。因此,负载 R_L 两端得到的交流输出电压幅值 $U_{om} \approx U_C \approx \frac{1}{2}U_{CC}$。

当 u_i 为负半周最大值时,V_3 管的集电极电压达到正半周的最大值,使 V_1 的基极电压 U_{B1} 达到最大值,其集电极电流也达到最大值。若要使用 V_1 的极限,此时 V_1 接近于饱和状态工作,即 $U_{CE1} = U_{CES}$,K 点电位 U_K 接近 U_{CC},即 K 点电位 $U_K = U_{CC} - U_{CES} \approx U_{CC}$。根据射极跟随器的工作原理,$U_{B1}$ 也应该接近 U_{CC}。但是,$U_{B1} = U_{CC} - U_{RC3} < U_{CC}$,可见 U_{B1} 和 U_K 都达不到 U_{CC}。这就使输出信号正半周的幅度受到了限制,V_1 管得不到充分利用。

2. 自举电路工作原理

解决上述矛盾的方法是把图 3-8 中 D 点电位升高,使 $U_D > +U_{CC}$。例如,将图中 D 点与 $+U_{CC}$ 的连线切断,U_D 由另一电源供给,则问题即可以得到解决。通常的办法是在电路中引入 R_3、C_2 等元件组成的所谓自举电路,如图 3-9 所示。

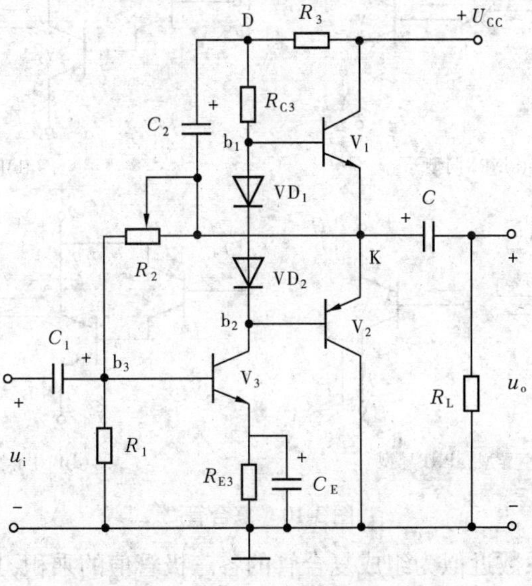

图 3-9 带自举的甲乙类单电源互补对称功率放大电路

在图 3-9 中,接入电容 C_2 后,使 $R_{C3} > R_3$,静态时 R_3 上的压降较小,$U_D \approx U_{CC}$,而 $U_K = U_{CC}/2$,因此电容 C_2 两端的电压被充电到 $U_{C2} \approx U_{CC}/2$。因为大电容 C_2 对于交流信号相当于短路,当 u_i 为负半周时,V_3 的倒相作用使 U_{b1} 随之升高,V_1 的跟随作用使 U_K 也随之升高,这一变化经 C_2 耦合又将 U_D 抬高,致使 U_{b1} 进一步升高,这就是自举作用。这种自举作用使 K 点电位 U_K 上升到接近 U_{CC},即 K 点电位变化了 $\frac{1}{2}U_{CC}$,这一变化经 C_2 耦合,使 D 点电位也上

升到接近于 $U_{CC}+\frac{1}{2}U_{CC}$，U_{b1} 也升高到接近 U_{CC}。这样便有足够的基极电流 i_{b1} 使 V_1 接近饱和导通，V_1 管得到了充分利用，提高到输出信号正半周的幅度，也就提高了最大不失真输出功率。自举电路实际上是一个电压并联正反馈电路，它把 D 点电位自举了一个变化量，而 R_3 的作用是把 D 点和电源 U_{CC} 隔开，为 D 点电位的升高创造条件。若不接 R_3，则 D 点电位将被固定于 U_{CC} 值，无法实现自举。

四、采用复合管的互补功率放大电路

（一）复合管

互补对称放大电路中两个互补管应为特性及参数相同的异型管。小功率时，异型管配对好选择，但输出功率较大时，难以制成特性相同的异型管，在实际电路中常采用复合管来实现异型管的配对。

所谓复合管，就是由两只或两只以上的三极管按一定方式连接起来，组成一只等效的三极管。复合管的管型与组成该复合管的第一只输入三极管相同，其输出电流、饱和压降等基本特性，主要由最后的输出三极管决定。图 3-10 所示为由两只三极管组成的复合管的四种情况，图(a)、(b)为同型复合，图(c)、(d)为异型复合，可见复合后的管型与第一只三极管相同。

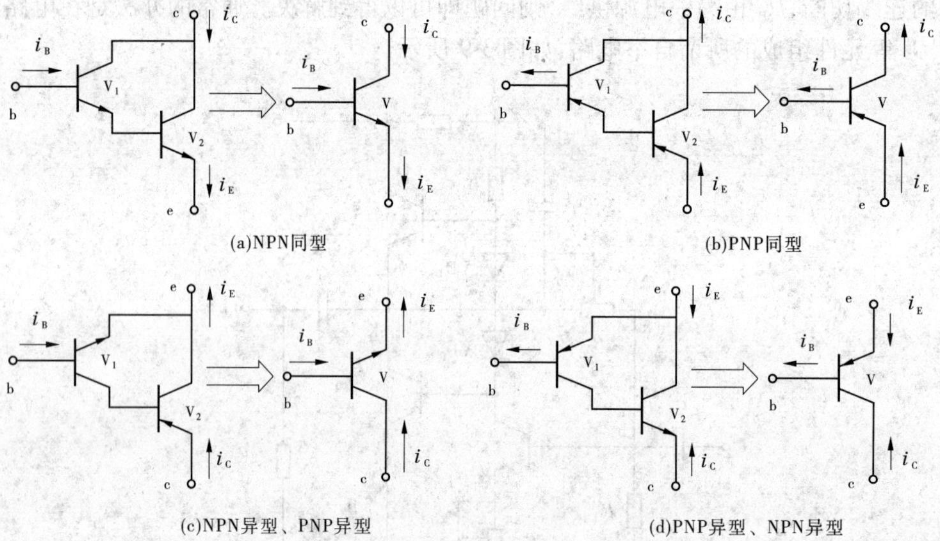

图 3-10　复合管

复合管的电流放大系数近似为组成复合管的各三极管值的乘积，其值很大。由图 3-10(a)可得

$$\beta=\frac{i_c}{i_b}=\frac{i_{c1}+i_{c2}}{i_{b1}}=\frac{\beta_1 i_{b1}+\beta_2 i_{b2}}{i_{b1}}=\frac{\beta_1 i_{b1}+\beta_2(1+\beta_1)i_{b1}}{i_{b1}}=\beta_1+\beta_2+\beta_1\beta_2$$

由图 3-10(a)可得同型复合管的输入电阻为

$$r_{be}=\frac{u_b}{i_b}=\frac{i_{b1}r_{be1}+i_{b2}r_{be2}}{i_{b1}}=r_{be1}+(1+\beta_1)r_{be2}$$

由图 3-10(c)、(d)可得异型复合管的输入电阻，它与第一只三极管的输入电阻相同，即

$$r_{be} = r_{be1}$$

复合管虽然有电流放大倍数高的优点，但它的穿透电流较大，且高频特性变差。这是因为复合管中第一只晶体管的穿透电流会进入下一级晶体管放大，致使总的穿透电流比单管穿透电流大得多。为了减小穿透电流的影响，常在两只晶体管之间并接一个泄放电阻 R，如图 3-11 所示。R 可将 V_1 管的穿透电流分流，R 越小分流作用越大，总的穿透电流越小。R 的接入同样会使复合管的电流放大倍数下降。

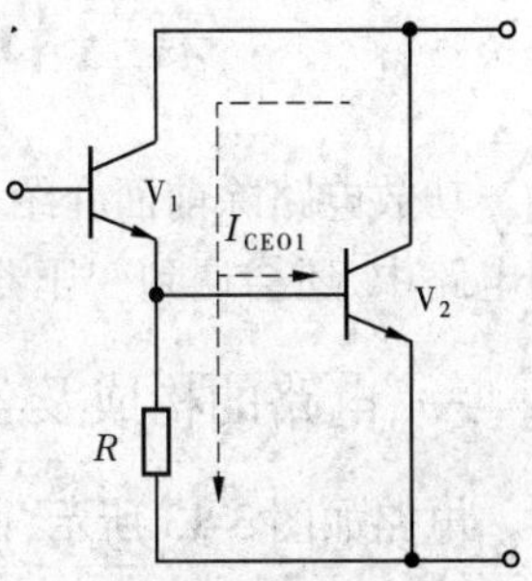

图 3-11　接有泄放电阻的复合管

（二）复合管互补对称放大电路

图 3-12 所示是由复合管组成的甲乙类互补对称放大电路。图中 V_1、V_3 同型复合等效为 NPN 型管，V_2、V_4 异型复合等效为 PNP 型管。由于 V_1、V_2 是同一类的 NPN 型管，它们的输出特性可以很好地对称，通常把这种复合管互补对称电路称为准互补对称放大电路。图中 VD_1、VD_2、VD_3 和 R_P 构成输出级偏置电路，用来克服交越失真。V_1 与 V_2 管发射极电阻 R_{E1}、R_{E2}，一般为 0.1 ~ 0.5 Ω，它除具有直流负反馈作用提高电路的工作稳定性外，还具有过流保护作用。V_4 管发射极所接电阻 R_4 是 V_3、V_4 管的平衡电阻，可保证 V_3、V_4 管的输入电阻对称。R_3、R_5 为穿透电流的泄放电阻，用以减小复合管的穿透电流，提高复合管的温度稳定性。V_5、R_{B1}、R_{B2}、R_1 等组成前置电压放大级，R_{B1} 接至输出点 E 点，构成负反馈（负反馈的定义及作用见第五章），可以提高电路工作点的稳定性。例如，某种情况下使得 U_E 升高，则

$$U_E \uparrow \rightarrow U_{B5} \uparrow \rightarrow I_{B5} \uparrow \rightarrow I_{C5} \uparrow \rightarrow U_{B3} \downarrow \rightarrow U_E \downarrow$$

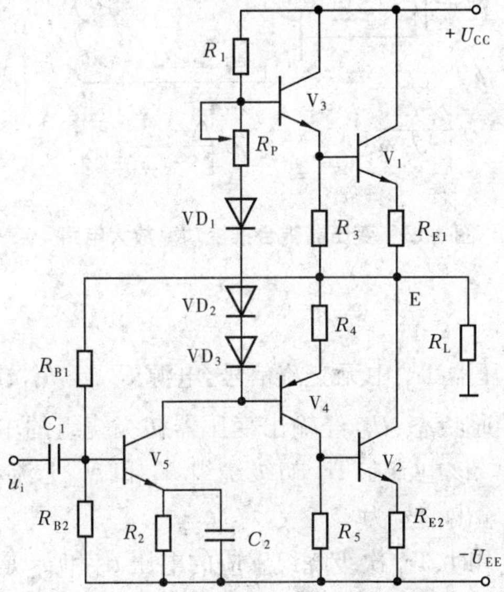

图 3-12　复合管互补对称功率放大电路

可见，引入负反馈可使 U_E 趋于稳定。同时 R_{B1}、R_{B2} 也引入了交流负反馈，从而使放大电路的动态性能指标得到改善。

第三节　变压器耦合推挽功率放大电路

功放电路除前面介绍过的互补对称功率放大电路外,有时在一些小型的分立元件组成的电路中,还会遇到变压器耦合推挽功率放大电路。

一、电路的构成及各元件的作用

电路如图 3-13 所示,由电源 U_{CC} 供电,要求功放管 V_1 和 V_2 配对(即两管参数尽量一致)。电阻 R_{B1}、R_{B2} 和 R_E 为功放管的偏置电阻,以确保它们工作在甲乙类放大状态,达到消除交越失真的目的。Tr_1 是输入变压器,次级绕组带中心抽头,起传递输入信号并完成倒相作用,以保证功放管 V_1 和 V_2 的基极获得差模信号。Tr_2 是输出变压器,初级绕组带中心抽头,起传递输出信号作用,并使 V_1 和 V_2 管的集电极输出的半个周期信号在负载上合成,以获得一个完整的周期信号。

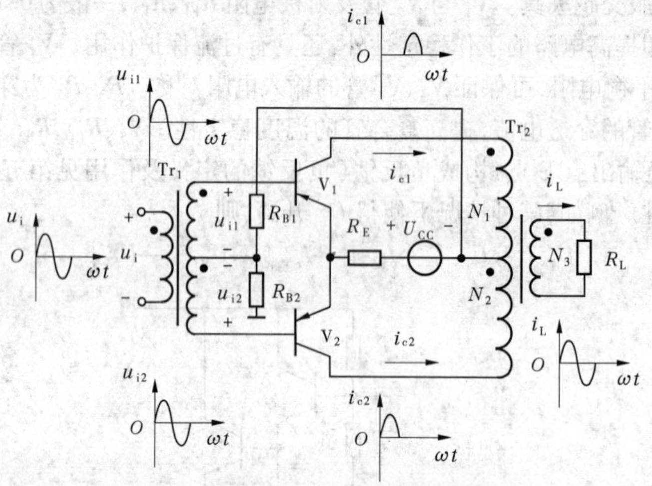

图 3-13　变压器耦合推挽功率放大电路

二、工作过程

静态 $u_i=0$ 时,输入变压器 Tr_1 中无交流信号,电源 U_{CC} 经 R_{B1}、R_{B2} 和 R_E 向功放管提供偏置电流,使它们处于微导通状态,U_{CC} 经输出变压器初级绕组的中心抽头分别供给 V_1 和 V_2 管极微小的集电极电流。该电流在 Tr_2 初级绕组 N_1 和 N_2 上流动的方向相反且大小相等,不会使 Tr_2 磁化。此时输出信号为零。

当输入信号 u_i 为正半周时,Tr_1 次级绕组感应的电压 u_{i1} 和 u_{i2} 是差模信号(见第四章),u_{i1} 是正半周,u_{i2} 是负半周,它们大小相等、相位相反。u_{i1} 使 V_1 管发射结反偏而截止,$i_{c1}=0$。u_{i2} 使 V_2 管发射结正偏而导通并起放大作用,其集电极电流 i_{c2} 的流通路径为:U_{CC} 正极→R_E→V_2 管射-基极→Tr_2 的 N_2→U_{CC} 负极。由于 i_{c2} 从 Tr_2 初级绕组 N_2 的异名端(不带·端)流入,所以 Tr_2 次级绕组 N_3 感应的电流 i_L 也是从其异名端(不带·端)流入、同名端(带·端)流出,经负载 R_L 形成回路。

当输入信号 u_i 为负半周时，u_{i2}为正半周，V_2 管发射结反偏而截止。u_{i1}为负半周，V_1 管发射结正偏而导通并起放大作用，其集电极电流 i_{c1}的流通路径为：U_{CC}正极→R_E→V_1 管的射－基极→Tr_2 的 N_1→U_{CC}负极。由于 i_{c1}从 N_1 的同名端（带·端）流入，所以 Tr_2 次级绕组 N_3 感应的电流 i_L 也是从 Tr_2 的同名端（带·端）流入，异名端流出，经负载 R_L 形成回路。此电流恰好与 V_2 管导通时产生的 i_L 反向。这样，负载 R_L 上便获得了一个完整的正弦电流，基本上解决了波形失真问题，所以 Tr_2 的次级绕组起到了正负两个半波的合成作用。

第四节　集成功率放大器及其应用

集成功率放大器（简称集成功放）是由集成运算放大器发展而来的，它的内部电路一般也是由前置级、中间级、输出级及偏置电路等组成的，不过集成功放的输出级输出功率大、效率高。另外，为了保证器件在大功率状态下安全可靠工作，集成功放中还常设有过流、过压以及过热保护电路等。由于集成功放的种类很多，本节只介绍几种常用集成功放的组成及使用方法。

一、LM386 集成功率放大器简介

LM386 是一种低电压通用型集成功率放大器，其内部电路如图 3-14（a）所示，管脚排列和用途如图 3-14（b）所示，采用 8 脚双列直插式塑料封装。LM386 通用性强，外加电路简单，是目前应用较广的一种小功率集成功放。LM386 集成功放的典型应用参数为：直流电源电压范围 4 ~ 12 V、额定输出功率为 660 mW、频带宽 300 kHz（1、8 脚开路）、输入电阻 50 kΩ。

由图 3-14（a）可知 LM386 内部电路由输入级、中间级和输出级等构成，是 OTL 功放典型应用电路，常用于收录机及玩具电路中。图 3-14（c）中，接于 1、8 两脚的 C_2、R_P 用于调节电路的电压放大倍数。通常电容 C_2 的取值为 10 μF，R_P 约为 36 kΩ，R_P 越小，电压放大倍数越大。因 LM386 为 OTL 电路，所以需要在 LM386 的输出端接一个大电容，图中外接一个 220 μF 的耦合电容 C_3。C_1、R_1 组成容性负载，抵消扬声器音圈电感的部分感性，防止信号突变时，音圈的反电动势击穿输出管。在小功率输出时，C_1、R_1 也可不接。C_4 与内部电阻组成电源的去耦滤波电路。若电路的输出功率不大、电源的稳定性又好，则只需在输出端 5 外接一个耦合电容和在 1、8 两端外接放大倍数调节电路就可以使用。

二、DG810 集成功率放大电路及其应用

DG810 集成功率放大器具有输出功率大、噪声小、频带宽、工作电源范围宽、具有保护电路等优点，是通常使用的标准集成音频功率放大器。它由输入级、中间级、输出级、偏执电路及过压、过热保护电路等组成。

图 3-15 所示电路是 DG810 集成功放的典型应用电路。图中 8 脚为输入端，C_1 为输入耦合电容，R_1 为输入管的偏置电阻以提供基极电流。6 脚到地之间所接 C_2、R_2 为交流反馈电路，选用不同阻值的 R_2，可得到不同的闭环增益。12 脚为输出端，C_{10}为输出电容，用以构成 OTL 电路，R_4、C_4 为频率补偿电路，用以改善高频率特性和防止高频自激。C_6、C_9 为滤波电容，用以消除电源纹波。C_3、C_5、C_7 为频率补偿电容，用以改善频率特性和消除高频自激。4 脚为自举端，C_8 为自激电容。1 脚为电源端，工作电压 U_{CC}可根据输出功率要求选用 +6 ~ +16 V。图 3-15 中，U_{CC} = 15 V，负载电阻 4 Ω，输出功率可达 6 W。

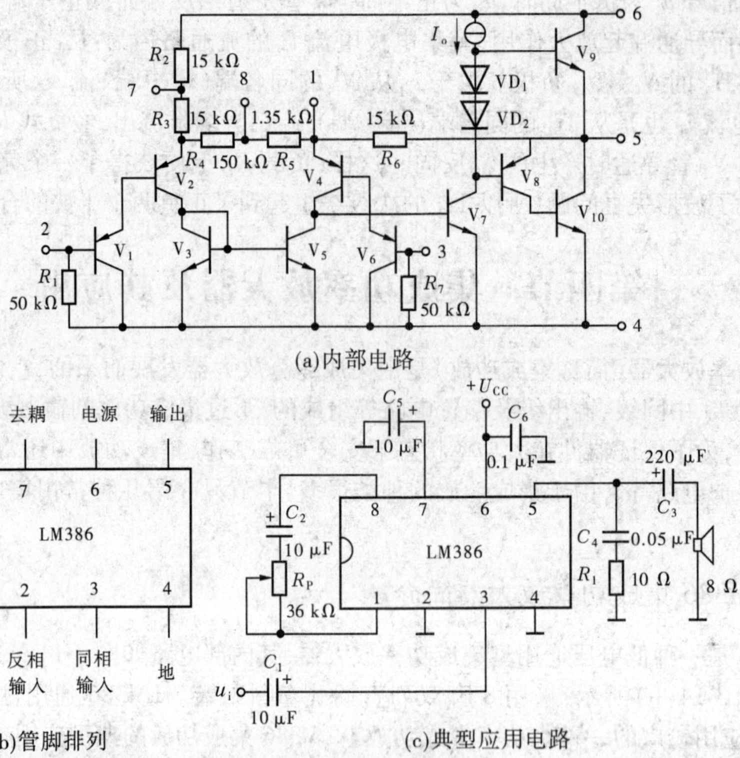

图 3-14　LM386 集成功率放大器

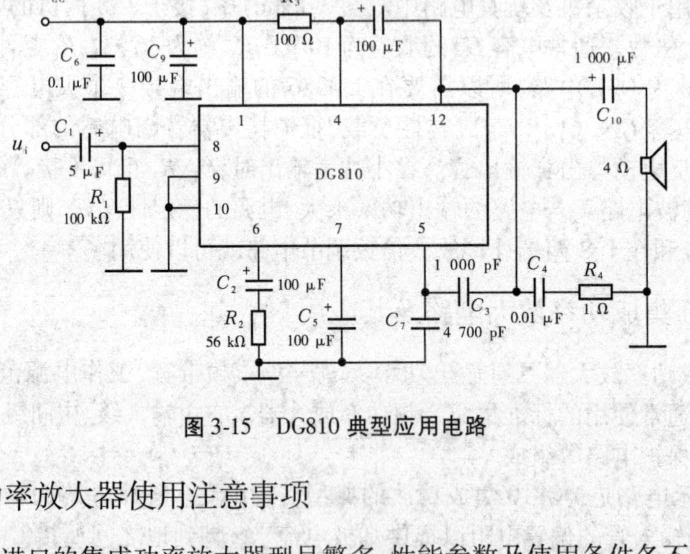

图 3-15　DG810 典型应用电路

三、集成功率放大器使用注意事项

目前国产和进口的集成功率放大器型号繁多，性能参数及使用条件各不相同，为了全面发挥器件的功能，并确保器件安全可靠地工作，在实际使用中应注意以下几点。

（一）合理选择品种和型号

器件品种和型号的选择主要依据电路对功放级的要求，所选用器件主要性能指标应均能满足电路要求。同时，要求在任何情况下，器件所有极限参数都不会超过，这是因为集成功率放大电路使用中即使是瞬时超过极限参数或某一两项工作条件超过极限参数，也可能造成器件失效或者使电路性能变差，形成隐患，缩短使用寿命。

产品说明书或手册中推荐的工作条件，不仅仅是保障器件安全工作的条件，更主要的是表明在此条件下工作，电路将具有比较全面的、良好的综合性能。所以，使用中应尽量采用产品说明书或手册推荐的工作条件。

(二)合理安置元器件及布线

由于功率放大器处于大信号放大状态，在接线中如果元件分布排线走向不合理，极容易产生自激或使放大器工作不稳定，严重时甚至无法正常工作。

功率器件应安置在通风良好的部位，并远离前置放大级及耐热性能差的器件(如电解电容)；电路接地线尽量短而粗，需要接地的引出端要尽量做到一点接地，接地端应与输出回路负载接地端靠在一起。

(三)按规定选用负载

集成功率放大器应在规定的负载条件下工作，切勿随意加重负荷，严禁输出负载短路。

(四)合理选用散热装置

由于功率放大器件工作在大电压大电流状态，器件所消耗的功率比较大，容易使器件温度升高而发热，当器件温度升高到一定程度后就会损坏。改善散热条件，可使器件承受更大的散热功率，通常采用的散热措施就是给功率器件加装散热器。特别是中、大功率器件，必须按手册要求加装散热器才能正常工作。散热器通常由铜、铝等导热性能良好的金属材料制成，并有各种规格成品可供选用。

小　结

(1)功率放大电路是在大信号下工作的，通常采用图解法进行分析。功率放大电路研究的重点是如何在允许的失真情况下，尽可能提高输出功率和效率。

(2)与甲类功率放大电路相比，乙类互补对称功率放大电路的主要优点是效率高，在理想情况下，其最大效率约为78.5%。

(3)为保证功放管安全工作，双电源互补对称电路工作在乙类时，器件的极限参数必须满足：$P_{CM} > P_{C1} \approx 0.2P_{om}$，$U_{(BR)CEO} > 2U_{CC}$，$I_{CM} > U_{CC}/R_L$。

(4)由于功放管输入特性存在死区电压，工作在乙类状态的互补对称电路将会出现交越失真，克服交越失真的方法是采用甲乙类(接近乙类)互补对称电路。通常可利用二极管或U_{BE}扩展电路进行偏置。

(5)在单电源互补对称电路中，计算输出功率、效率、管耗和电源供给的功率，可借用双电源互补对称电路的计算公式，但要用$U_{CC}/2$代替原公式中的U_{CC}。

(6)在集成功放日益发展并获得广泛应用的同时，大功率器件也发展迅速。为了保证器件的安全运行，可从功放管的散热、防止二次击穿、降低使用定额和保护措施等方面来考虑。

实训五　功率放大器的调整与测试

一、实训目的

（1）加深对 OTL 功放电路工作原理的理解，了解交越失真现象。掌握功放的最大输出功率的测量。

（2）了解自举电路工作原理及它对提高 OTL 电路输出不失真幅度的作用。

二、实训器材

实验电路板、直流稳压电源一台、正弦信号发生器一台、示波器一台、万用表一块。

三、实训电路

实训电路图如图 3-16 所示。

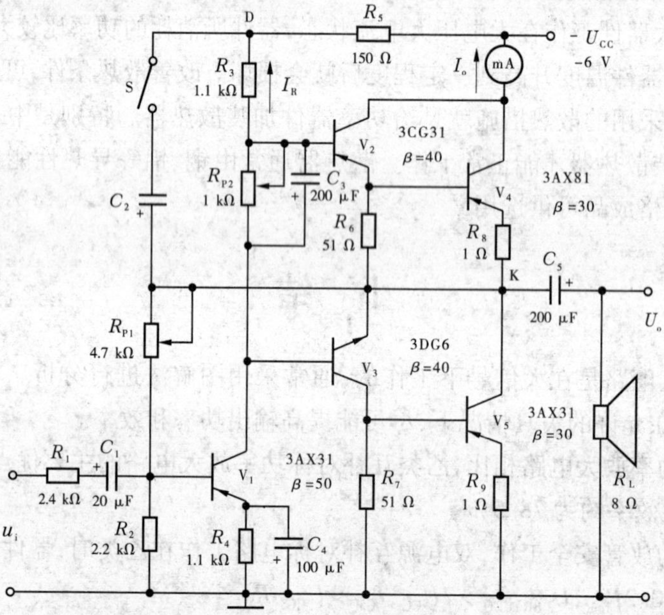

图 3-16　实训电路图

四、实训步骤

（1）检查各个元件及连接线无误后，将 S 断开，将输入短路。

（2）调整静态工作点。

①接通电源 U_{CC}。将 R_{P2} 调到最小值（$V_2 \sim V_5$ 处于接近截止状态，即 $I_O \approx 0$），然后调 R_{P1}，使中心点 K 的静态电位 $U_K = -1/2U_{CC} = -3$ V。

②在输入端加信号 u_i（$f=1$ kHz，$U_i=300$ mV 的正弦波）。使用示波器观察功放输出电压 U_O 的波形，将交越失真波形画下来。

③调节 R_{P2}，逐渐增大互补复合管的集电极电流，使输出波形的交越失真基本消除。再测量在 $u_i=0$ 时中心点的电位 U_K。若 $U_K \neq -1/2U_{CC}$，需反复调节 R_{P1} 和 R_{P2}，直到 $U_K=-1/2U_{CC}$。要求此时集电极静态电流 $I_o \leq 200\ \mu A$。

(3)测量最大输出功率。

①闭合 S，输入电压($f=1$ kHz)逐渐增大幅度，用示波器观察输出波形，当输出电压略有失真时，测量以下数据：

输入电压 U_i(有效值)、负载上的电压 U_o(有效值)、输入电源电压 U_{CC}及电源供给的平均电流 I_o，将测量结果填入表 3-1 中。

②断开 S(不加自举电路)重复上述步骤，结果填入表 3-1 中。

表 3-1　OTL 功放的测量值

项目	测量值				计算值
	U_i(V)	U_{CC}(V)	I_o(A)	U_o(V)	P_{om}(W)
加自举电路					
不加自举电路					

五、实训报告

(1)分析实验结果与理论计算之间的差异情况。

(2)写出实验的体会和建议。

习　题

3-1　填空题

(1)以功率三极管为核心构成的放大器称________放大器。它不但输出一定的________，还能输出一定的________，即向负载提供一定的功率。

(2)对功率放大电路的要求与低频放大电路不同，主要是：________尽可能大、________尽可能高、________尽可能小，还要考虑________管的散热问题。

(3)功率放大电路功率放大管的动态范围大，电流、电压变化幅度大，工作状态有可能超越输出特性曲线的放大区，进入________或________，产生________失真。

(4)所谓互补放大器，就是利用________型管和________型管交替工作来实现放大。

(5)OTL 电路和 OCL 电路属于________工作状态的功率放大电路。

(6)乙类互补对称功放的两功放管处于偏置工作状态，由于电压的存在，当输入信号在正负半周交替过程中造成两功放管同时________，引起________的失真，称为________失真。

(7)功率放大器按静态工作点在交流负载线上的位置通常可分为：________类功放、________类功放和________类功放电路。

(8)乙类互补对称功放允许输出的最大功率 $P_{om}=$________。

3-2　选择题

(1)交越失真是一种(　　)失真。

A.截止失真　　B.饱和失真　　C.非线性失真

(2)OTL和OCL电路的主要区别是(　　)。

A.有无输出电容　　B.双电源或单电源供电

C.有无输出变压器

(3)OCL甲乙类功放电路的效率可达(　　)。

A.25%　　B.78.5%　　C.50%

(4)乙类功率输出级,最大输出功率为1 W,则每个功放管的集电极最大耗散功率为(　　)。

A.1 W　　B.0.5 W　　C.0.4 W　　D.0.2 W

(5)功率放大电路的最大不失真输出功率是指输入正弦波信号幅值足够大,输出信号基本不失真且幅值最大时(　　)。

A.晶体管得到最大功率　　B.电源提供的最大功率

C.负载上获得最大交流功率　　D.晶体管的最大耗损功率

(6)功率放大电路中的效率是指(　　)。

A.输出功率与输入功率之比

B.输出功率与电源供给功率之比

C.最大不失真输出功率与电源提供功率之比

D.晶体管得到最大功率与电源供给功率之比

(7)乙类互补对称式功放电路,其输出波形的交越失真是指(　　)。

A.频率失真　　B.相位失真

C.波形过零时出现的失真　　D.幅度失真

(8)为了防止在大信号输入时出现输出信号顶部失真的现象,在OTL功率放大电路中增设了(　　)。

A.滤波电路　　B.放大电路　　C.自举电路　　D.耦合电路

(9)互补对称OTL电路中,当给功放管提供正向偏压的电阻R出现开路时,功放管(　　)。

A.饱和　　B.截止　　C.损坏　　D.放大能力下降

(10)静态时,甲类状态的功放管(　　)电能,乙类状态的功放管(　　)电能,所以前者的静态工作点常设置在(　　),后者设置在(　　)。

A.消耗　　B.几乎不消耗　　C.饱和区　　D.放大区

E.截止区

(11)OCL电路的静态工作点设置在(　　),以克服交越失真。

A.放大区　　B.饱和区　　C.截止区　　D.微导通状态

(12)功放电路的作用是向负载提供(　　),因此要求功放电路不但要输出尽可能大的电压,而且要输出尽可能大的电流。

A.尽可能大的不失真信号功率　　B.直流功率

C.电源输出功率　　D.晶体管的最大耗损功率

(13) 甲类单管功率放大电路结构简单，但最大的缺点是(　　)。

A. 效率低　　B. 有交越失真　　C. 易产生自激　　D. 电流小

(14) OCL 功率放大电路采用的电源是(　　)。

A. 取极性为正的直流电源

B. 取极性为负的直流电源

C. 取两个电压大小相等且极性相反的正、负直流电源

D. 取两个电压大小不相等且极性相反的正、负直流电源。

(15) OCL 功率放大电路采用直接耦合，要求其输出端的中点静态电压是(　　)V。

A. 1　　B. 2　　C. 0　　D. 0.5

(16) 在输入信号的整个周期内，(　　)功放管都有电流通过，输出没有削波失真的信号。

A. 乙类　　B. 甲类　　C. 甲乙类　　D. 超甲类

3-3　电路如图 3-2 所示，在正弦电压 u_i 作用下，V_1、V_2 各导通 180°，设导通时发射结压降可忽略，射极输出器电压放大倍数 $A_u=1$，试求：

(1) u_i 的有效值为 10 V 时，输出功率为多大？

(2) 两管总功耗为多少？

(3) 电源供给的功率是多少？

(4) 效率为多大？

3-4　分析如图 3-17 所示 OCL 电路的原理，试回答：

(1) 静态时，负载电阻中的电流应为多少？

(2) 若输出波形出现交越失真，应调整哪个电阻？如何调整？

(3) 若二极管有一个接反，将产生什么后果？

(4) 若 VD_1、VD_2、R_2 三个元件中有一个开路，将产生什么后果？

3-5　分析如图 3-18 所示 OTL 电路的原理，试回答：

(1) 静态时，电容 C_2 两端的电压应等于多少？调整哪个电阻才能达到上述要求？

(2) 设 $R_1=1.2\ \text{k}\Omega$，三极管的 $\beta=50$，$P_{CM}=200\ \text{mW}$，若电阻 R_2 或某个二极管开路，三极管是否安全？

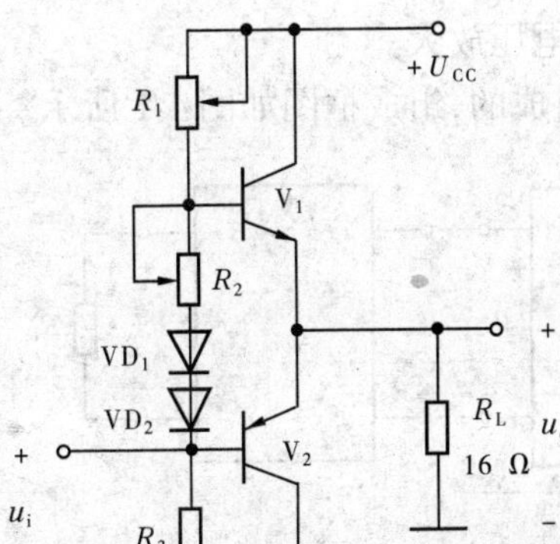

图 3-17

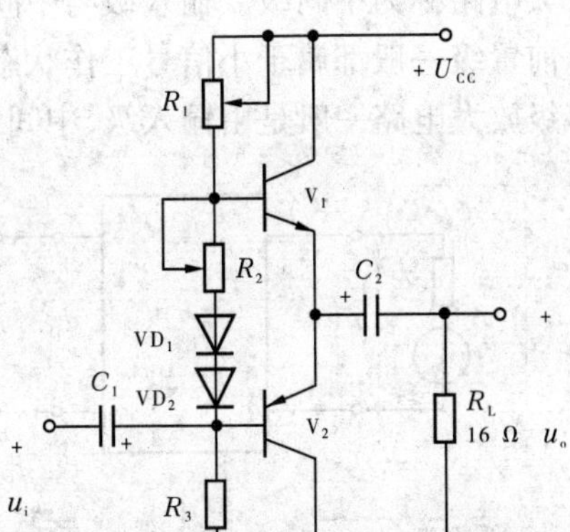

图 3-18

第四章　多级放大电路

本章首先介绍了分立式元件组成的多级放大电路常用的几种耦合方式及其各自的特点；然后以阻容耦合放大电路为例，在基本放大电路分析方法的基础上，讨论了多级放大电路的静态工作点、电压放大倍数和输入输出电阻的求解方法；最后在了解直接耦合放大电路的特点及其零点漂移问题的基础上，重点介绍了差动式放大电路的几种基本形式，它们是集成运放的基础。由于集成运算放大器的内部结构实质上也是多级放大电路，所以本章简单介绍集成运算放大器的内部结构组成，并与前面介绍的有关电路相呼应，给出集成运算放大器的外部特性及不同应用状态下的特点，为后面的具体应用电路作铺垫。

第一节　分立元件多级放大电路

我们知道，由一个管子组成的基本放大电路（即单级放大电路），电压放大倍数一般可以达到几十倍。然而，在实际应用中，需要放大的电信号往往是非常微弱的，一般为毫伏或微伏数量级，仅靠单级放大电路，通常不能满足电路或系统的要求。为了放大这些非常微弱的电信号，达到更高的放大倍数，常常需要把若干个基本放大电路连接起来，组成多级放大电路，使电信号逐级连续放大到电路或系统需要的程度。有时为了提高放大器的输入电阻或减小输出电阻，在放大器的前面或后面加一级射极输出器，构成两级或多级放大器。

一、多级放大电路的组成及耦合方式

（一）多级放大电路的组成

多级放大电路是由两个或两个以上的单级放大电路组成的。通常把与信号源相连接的第一级放大电路称为输入级，与负载相连接的末级放大电路称为输出级，输出级与输入级之间的放大电路称为中间级。输入级与中间级的位置处于多级放大电路的前几级，故称为前置级。前置级一般都属于小信号工作状态，主要进行电压放大。

多级放大电路一般是由输入级、中间级、输出级组成的，组成框图如图4-1所示。

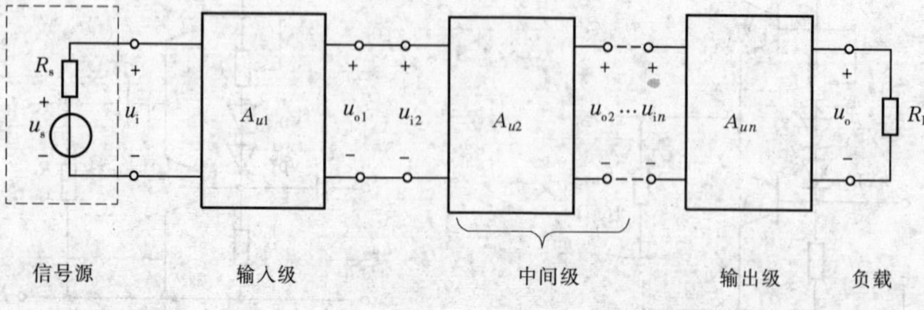

图4-1　多级放大电路的组成框图

输入级与信号源相连，常采用射极输出器或场效应管放大电路，以获得较高的输入电

阻,且能减小信号源内阻对输入信号电压产生的影响。

中间级由若干共射极放大电路组成,以获得较高的电压放大倍数。

输出级是大信号放大,向负载提供足够大的信号,输出足够大的功率,常采用功率放大电路。

(二)多级放大电路的耦合方式

在构成多级放大电路时,不仅要考虑每一级电路的具体结构,还要考虑各电路之间的正确连接问题。多级放大电路级与级之间的连接称为耦合。实现耦合的电路称为级间耦合电路。

常用的耦合方式有:阻容耦合、变压器耦合、直接耦合和光电耦合等。

多级放大电路无论采用何种耦合方式,都需要满足以下几个基本要求才能正常工作:

(1)保证前一级的输出信号能顺利地传输给后一级。

(2)耦合电路对前、后级放大电路的静态工作点没有影响。

(3)电信号在前后级的传输过程中失真要小,级间传输效率要高。

(三)各种耦合方式下多级放大电路的特点

1. 阻容耦合多级放大电路

将多级放大电路前一级的输出端和后一级的输入端用电容连接在一起,称为阻容耦合方式。图 4-2 所示电路为两级阻容耦合放大电路。

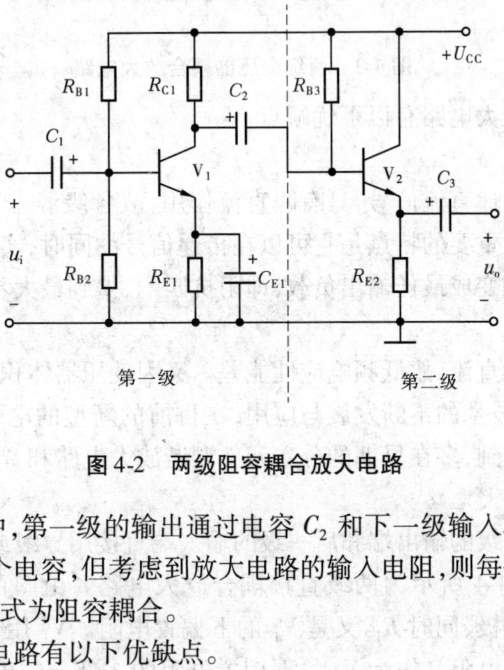

图 4-2　两级阻容耦合放大电路

在图 4-2 所示电路中,第一级的输出通过电容 C_2 和下一级输入端相连。在图 4-2 上看似两级之间只接入了一个电容,但考虑到放大电路的输入电阻,则每个电容都与后级输入电阻相连,故称这种连接方式为阻容耦合。

阻容耦合多级放大电路有以下优缺点。

1)优点

由于前、后级之间是通过电容相连接的,所以各级的直流电路互不相通,每一级的静态工作点都是相互独立的,这样就给分析、设计和调试电路带来了很大的方便。另外,只要耦合电容选得足够大,就可以做到前一级的输出信号在一定的频率范围内几乎不衰减地传递给下一级,使信号得到充分的利用。

2）缺点

因电容阻隔直流，所以该耦合方式不能传送直流信号，也不适于传送变化较缓慢的信号，因为这一类的信号在通过电容加到下一级时，受到很大的衰减，故低频响应性能差。

2. 变压器耦合多级放大电路

将放大电路的前一级的输出端和后一级的输入端用变压器连接在一起，称为变压器耦合方式。因为变压器能够通过磁路的耦合把原边的交流信号传递到副边，所以它也可以用作耦合元件，在多级放大电路的各级之间，包括输入端和输出端，传递交流信号。

图 4-3 所示电路为两级变压器耦合放大电路，图中，级与级之间通过变压器连接，是一种磁耦合。变压器 Tr_1 将 V_1 的输出电压经过磁耦合传送到 V_2 的基极进行放大，C_{B2} 是偏置电阻 R_{B21}、R_{B22} 的旁路电容，防止信号被偏置电阻所衰减。

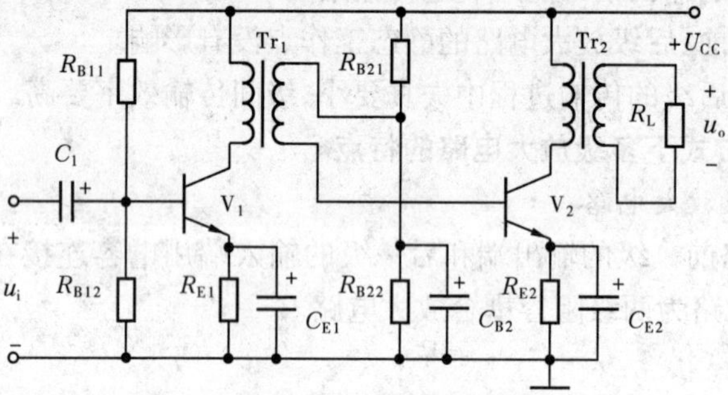

图 4-3　两级变压器耦合放大电路

变压器耦合多级放大电路有以下优缺点。

1）优点

由于变压器不能传递直流信号，具有隔直流作用，故各级静态工作点相互独立，互不影响。变压器耦合方式最重要的特点是它可以在传递信号的同时，实现阻抗变换，这样就可使功率放大电路中的负载变成最佳输出负载，即阻抗匹配，得到最大不失真功率。

2）缺点

因变压器不能传送直流，故低频响应性能差。又因变压器体积大，成本高，易自激，难集成，所以随着集成电路技术的不断发展与应用，在目前的新型的电子产品中，变压器耦合方式的放大电路已很少见到，多在早期的分立元件调谐放大电路和音频功率放大电路中采用。

3. 直接耦合多级放大电路

将放大电路的前一级的输出端和后一级的输入端直接用导线或电阻连接在一起的方式称为直接耦合方式，图 4-4 所示为两级直接耦合放大电路。由图可知，输入信号通过电阻 R_{B2} 送到三极管 V_1 的基极，同时 R_{B2} 又是 V_1 的下偏置电阻。V_1 用于放大输入信号，同时其 C、E 极之间的直流等效电阻又作为 V_2 的下偏置电阻的一部分。R_{C1} 既是 V_1 的集电极负载电阻，又是 V_2 的上偏置电阻。可见，采用直接耦合还可以省掉不必要的元件，使整个电路得到简化。

直接耦合放大电路有以下优缺点。

1）优点

直接耦合放大电路是用导线或电阻将级与级之间连接起来的，不用电容元件，弥补了阻

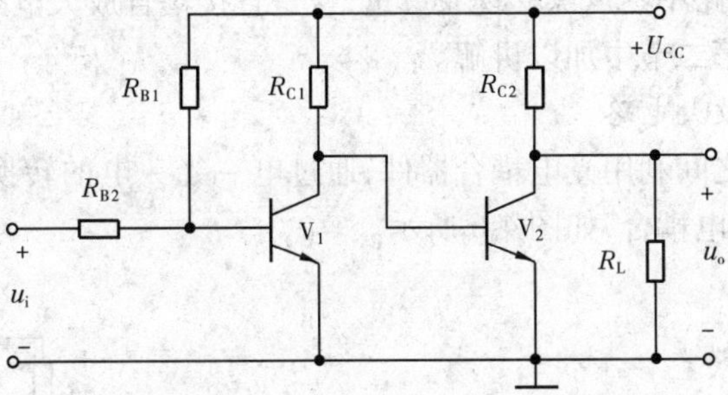

图 4-4　两级直接耦合放大电路

容耦合和变压器耦合方式的不足，它既可以放大频率较高的交流信号，也可以放大缓慢变化的交流信号和直流信号。直接耦合放大器一般也称为直流放大器。直接耦合放大电路特别适合于集成化，被广泛应用在各种类型的集成电路中。

2）缺点

首先，由于直接耦合放大电路级间是直接耦合，所以前后级之间的直流电位相互影响，使得各级放大电路的静态工作点不能独立，当某一级的静态工作点发生变化时，其前后级也将受到影响。严重时放大器将不能正常工作。

由电路图 4-4 可见，前级晶体管 V_1 的集－射间电压 U_{CE1} 与后级晶体管 V_2 的发射结电压 U_{BE2} 相等，即 $U_{CE1}=U_{BE2}$，为了保证后级 V_2 管正常工作，U_{BE2} 应保持在 0.6 V 左右，这样迫使 U_{CE1} 也是 0.6 V 左右，使 V_1 管进入饱和区不能正常工作。同时电源会通过 R_{C1} 向 V_2 管基极注入相当大的电流，使 V_2 管也进入饱和区不能正常工作，所以这种电路难以实际应用。

由此可知，直接耦合放大电路必须采取一定措施，才能保证既能有效地传递电信号，又使每一级放大电路有合适的静态工作点。常用的办法是提高后一级的发射极电位。如图 4-5所示的改进电路，(a)图中在晶体管 V_2 的发射极电路中接入电阻 R_{E2}，$U_{CE1}=U_{E2}+U_{BE2}$，即抬高了 V_2 管发射极电位，相应地也就抬高了 U_{CE1}，既可使 V_1 管工作在放大区，又使 V_2 管获得合适的工作点，保证了 V_2 的正常工作。但 R_{E2} 的接入，对放大信号产生负反馈，使该级的放大倍数下降（这一部分将在第五章详细讲述）。为了克服这一不足，常将 R_{E2} 换成硅稳压管 VD_Z（或硅二极管），如图 4-5(b)所示。由于稳压管的管压降具有相应的固定性，基本上不随 I_{E2} 而变，它既抬高了 V_2 管的发射极电位，又降低了不必要的负反馈。考虑到 V_2 管集电极电流太小时，稳压管会脱离稳压区，所以通常经过电阻 R 从电源给稳压管提供一个稳定的电流。

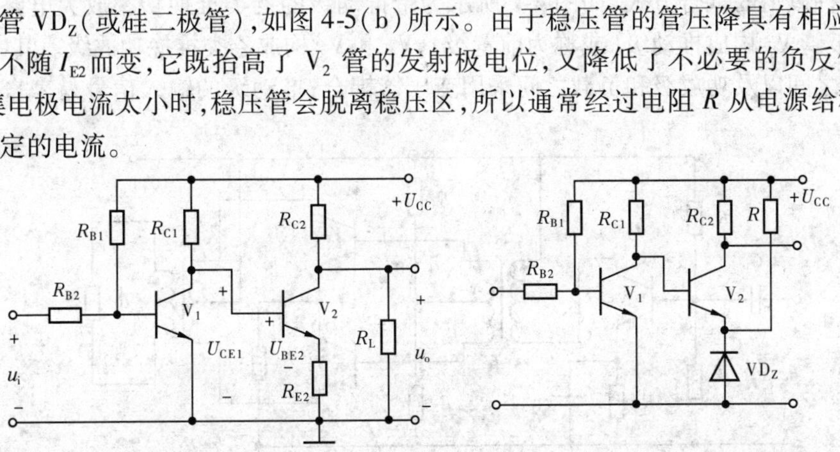

(a)串接发射极电阻　　(b)串接硅稳压管

图 4-5　直接耦合放大电路的改进

其次，直接耦合电路中零点漂移现象严重，这是直接耦合放大电路最突出的问题。该部分内容我们将在本章第二节中加以讲解。

4. 光电耦合多级放大电路

放大电路级与级之间利用光电耦合器件，通过电－光－电的转换来实现前后级之间信号传递的方式，称为光电耦合，如图 4-6 所示。

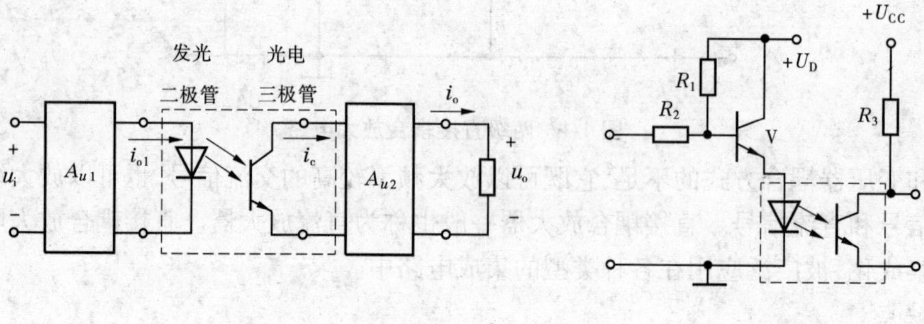

(a)框图　　(b)原理图

图 4-6　两级光电耦合放大电路

由于光电耦合多级放大电路是利用光线实现的耦合，所以前、后级电路处于电隔离状态，故其优点是各级静态工作点互相独立，抗干扰能力强，安全性好，成本低。又因光电耦合器件和与它耦合的前、后级放大电路都易于集成，故应用日益广泛。

工作原理简介：由图 4-6 看到，发光二极管是前一级放大电路的负载，前一级输出电流 i_{o1} 的变化影响发光二极管的发光强弱，通过光耦合，使光电三极管输出电流 i_c 发生变化，即后一级放大电路的输入电流发生变化，经后一级 A_{u2} 放大后，从输出端取出放大信号。

在实际应用中，光电耦合器可以做成一体式的，也可以做成分体式的。当做成分体式时，用两组电源分别给发射部分和接收部分供电，就可构成一个简单的遥控器。现在彩色电视机上广泛使用的红外遥控器就是分体式光电耦合器的一个实际的例子。

多级放大电路在实际应用时，一般不会只用一种耦合方式，通常根据实际需要，综合采用两种或两种以上的耦合方式，如图 4-7 所示为带推动级的乙类推挽功率放大电路。在该电路中，三极管 V_1 构成推动级（或称为前置级），V_2 和 V_3 构成乙类推挽功放级。其中，推动级和功放级之间以及功放级和负载之间采用变压器耦合；推动级的输入信号是来自话筒或

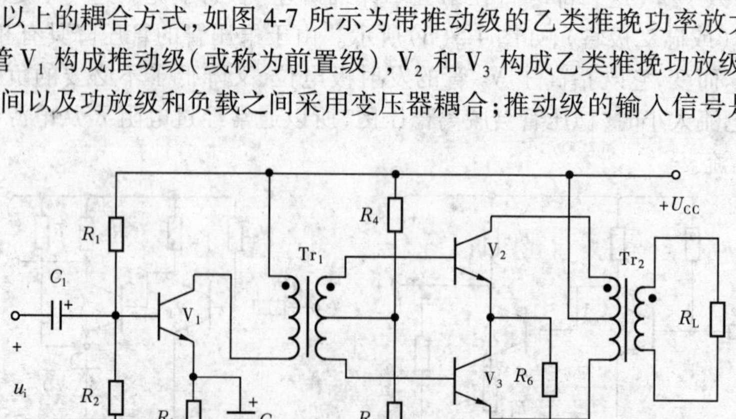

图 4-7　带推动级的乙类推挽功率放大电路

其他放大电路的输出信号,该信号一般是通过阻容耦合方式送入推动级电路的。

二、多级放大电路的分析

多级放大电路是由若干个单级放大电路组成的,因此分析方法与单级放大电路的分析方法相同,都应从静态和动态两个方面进行。具体方法是根据直流通路求静态工作点,考察放大条件是否满足;根据交流通路及微变等效电路求动态指标,考察放大性能。

(一)静态分析

方法:画出直流通路,求解静态工作点。

在前面所提到的各种耦合方式中,除直接耦合外,其他三种耦合方式的特点均是静态工作点互相独立,互不影响。所以,在求解由它们组成的多级放大电路的静态工作点时,只需将每一级的直流通路画出,分别求解各级的静态工作点即可。我们以两级阻容耦合放大电路为例讨论静态工作点的求解。

【例4-1】 如图4-8所示的两级电压放大电路,已知 $\beta_1=\beta_2=50$, V_1 和 V_2 均为3DG8D。计算前、后级放大电路的静态值($U_{BE}=0.6$ V)。

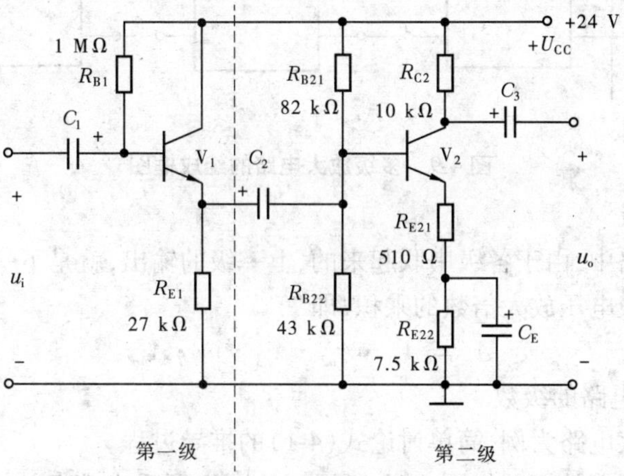

图4-8 例4-1图

解 两级放大电路的静态值可分别计算。

第一级为射极输出器(直流通路略):

$$I_{B1}=\frac{U_{CC}-U_{BE1}}{R_{B1}+(1+\beta)R_{E1}}=\frac{24-0.6}{1\,000+(1+50)\times 27}=9.8(\mu A)$$

$$I_{C1}\approx I_{E1}=(1+\beta)I_{B1}=(1+50)\times 0.009\,8=0.50(mA)$$

$$U_{CE1}=U_{CC}-I_{E1}R_{E1}=24-0.50\times 27=10.50(V)$$

第二级为分压式射极偏置电路:

$$U_{B2}=\frac{U_{CC}}{R_{B21}+R_{B22}}R_{B22}=\frac{24}{82+43}\times 43=8.26(V)$$

$$I_{C2}=\frac{U_{B2}-U_{BE2}}{R_{E21}+R_{E22}}=\frac{8.26-0.6}{0.51+7.5}=0.96(mA)$$

$$I_{B2}=\frac{I_{C2}}{\beta_2}=\frac{0.96}{50}=19.2(\mu A)$$

$$U_{CE2} = U_{CC} - I_{C2}(R_{C2} + R_{E21} + R_{E22})$$
$$= 24 - 0.96 \times (10 + 0.51 + 7.5) = 6.71(\mathrm{V})$$

直接耦合多级放大电路静态工作点的计算过程比较复杂。由于前后级之间存在直流通路,因此它们的静态工作点互相影响,因而不能各级独立进行计算。在分析具体的电路时,为了简化计算过程,常常先找出最容易确定的环节,然后计算其他各处的静态电位和电流。

(二)动态分析

图 4-9 所示为多级放大电路的框图。由该框图可知,在多级放大电路中,前级放大器对后级来说是信号源,它的输出电阻 r_o 就是信号源的内阻;而后级放大器对前级来说是负载,它的输入电阻 r_i 就是信号源(前级放大器)的负载电阻。若不计耦合电路上的电压损失,则各信号电压在传输上的关系为:$u_i = u_{i1}, u_{o1} = u_{i2}, \cdots, u_{o(n-1)} = u_{in}, u_o = u_{o2n}$。具体求解多级放大器性能指标时仍采用交流通路和微变等效电路的方法。

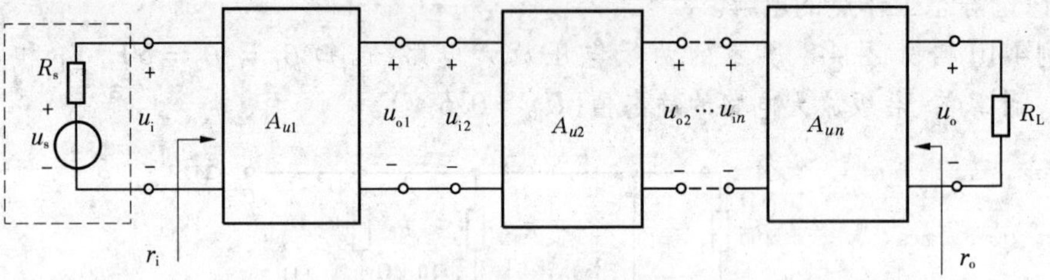

图 4-9　多级放大电路的组成框图

1. 电压放大倍数

在多级放大电路中,由于各级串联起来的,上一级的输出,就是下一级的输入,所以总的电压放大倍数为各级电压放大倍数的乘积,即

$$A_u = A_{u1} \cdot A_{u2} \cdot A_{u3} \cdot \cdots \cdot A_{un} \tag{4-1}$$

式中,n 为多级放大电路的级数。

下面以两级放大电路为例,简单讨论式(4-1)的推导过程。

两级放大电路的等效框图如图 4-10 所示。从图中可看出多级放大器的电压放大倍数与各单级放大器电压放大倍数之间的关系如下:

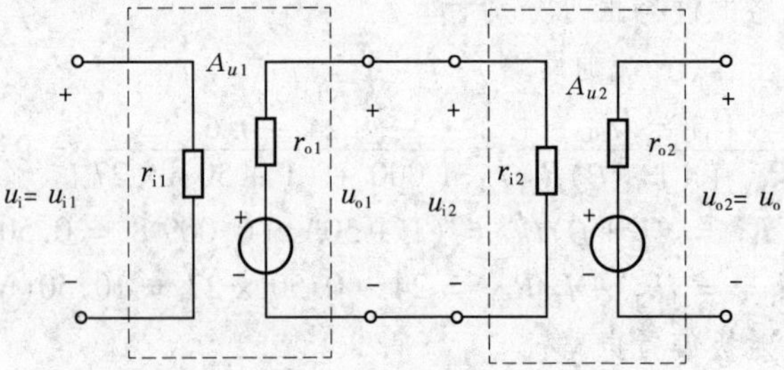

图 4-10　两级放大电路的等效框图

第一级放大器的电压放大倍数为

$$A_{u1} = \frac{u_{o1}}{u_{i1}}$$

第二级放大器的电压放大倍数为

$$A_{u2}=\frac{u_{o2}}{u_{i2}}$$

两级放大器总的电压放大倍数为

$$A_u=\frac{u_o}{u_i}$$

在电路中，因为 $u_i=u_{i1}$，$u_{o1}=u_{i2}$，$u_o=u_{o2}$，所以

$$A_u=\frac{u_o}{u_i}=\frac{u_{o2}}{u_{i1}}=\frac{u_{o1}}{u_{i1}}\cdot\frac{u_{o2}}{u_{o1}}=\frac{u_{o1}}{u_{i1}}\cdot\frac{u_{o2}}{u_{i2}}=A_{u1}\cdot A_{u2}$$

即

$$A_u=A_{u1}\cdot A_{u2} \tag{4-2}$$

式(4-2)说明，两级放大器总的电压放大倍数等于每一个单级放大器的电压放大倍数的乘积。

由此可得结论：多级放大器总的电压放大倍数为各级放大器电压放大倍数的乘积。

2. 输入电阻和输出电阻

由图 4-9 可得到以下结论：

(1)多级放大电路的输入电阻等于第一级的输入电阻，即

$$r_i=r_{i1} \tag{4-3}$$

(2)多级放大电路的输出电阻等于最后一级的输出电阻，即

$$r_o=r_{on} \tag{4-4}$$

在具体计算输入、输出电阻的时候，仍可利用已有的公式。不过，有时它们不仅和本级的参数有关，也和中间级的参数有关。例如，输入级为射极输出电路时，它的输入电阻还和下一级的输入电阻有关，计算时应当全面考虑。

必须指出，这种近似估算是假设各级放大电路在相互耦合过程中，几乎没有信号损失，并采取了近似的方法给出来的。放大电路的级数越多，估算的误差越大，因此多级放大电路的级数并不是越多越好。考虑到反馈等因素的存在，为保证电路的稳定性，实际的多级放大电路一般不超过 3 级。

【例 4-2】 计算图 4-11 所示的两级阻容耦合放大电路的总电压放大倍数 A_u、输入电阻 r_i 和输出电阻 r_o($\beta_1=\beta_2=50$，$U_{BE}=0.7$ V)。

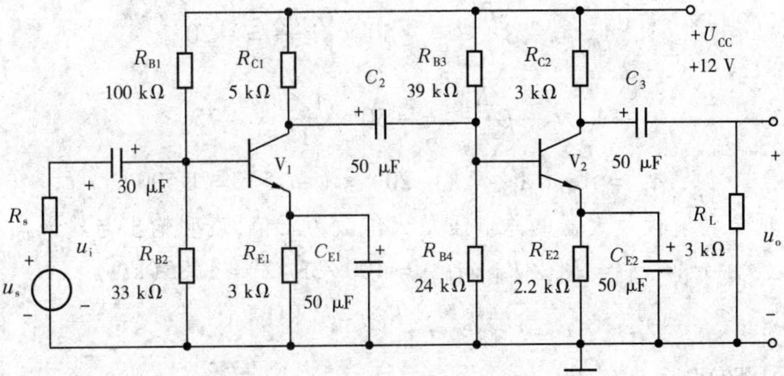

图 4-11　例 4-2 图

解 由图 4-11 所示电路的直流通路可知

$$U_{B1}=\frac{R_{B2}}{R_{B1}+R_{B2}}U_{CC}=\frac{33}{100+33}\times 12=2.98(\text{V})$$

$$U_{E1}=U_{B1}-U_{BE1}=2.98-0.7=2.28(\text{V})$$

$$I_{E1}=\frac{U_{E1}}{R_{E1}}=\frac{2.28}{3}=0.76(\text{mA})$$

$$r_{be1}=300+(1+\beta)\frac{26}{I_{E1}}=300+51\times\frac{26}{0.76}=2\ 044.7(\Omega)\approx 2\ \text{k}\Omega$$

$$U_{B2}=\frac{R_{B4}}{R_{B3}+R_{B4}}U_{CC}=\frac{24}{39+24}\times 12=4.6(\text{V})$$

$$U_{E2}=U_{B2}-U_{BE2}=4.6-0.7=3.9(\text{V})$$

$$I_{E2}=\frac{U_{E2}}{R_{E2}}=\frac{3.9}{2.2}=1.77(\text{mA})$$

$$r_{be2}=300+(1+\beta)\frac{26}{I_{E2}}=300+51\times\frac{26}{1.77}=1\ 049.2(\Omega)\approx 1\ \text{k}\Omega$$

画出图 4-11 所示放大电路的微变等效电路，如图 4-12 所示。

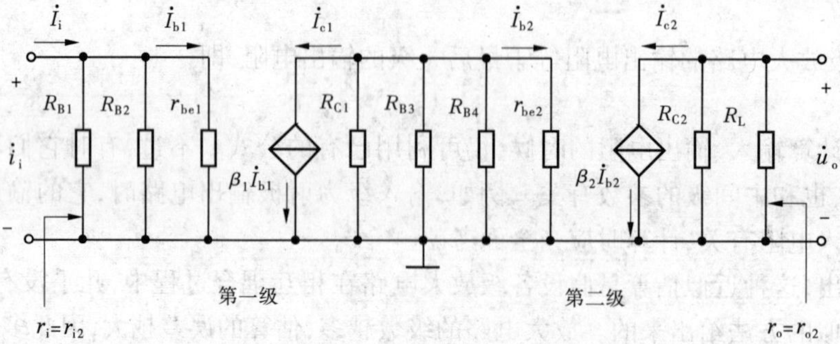

图 4-12 两级阻容耦合放大器的微变等效电路

从图 4-12 中可知：

$$R'_{L1}=R_{C1}/\!/R_{B3}/\!/R_{B4}/\!/r_{be2}\approx 5/\!/39/\!/24/\!/1\approx 0.79(\text{k}\Omega)$$

$$R'_{L2}=R_{C2}/\!/R_{L}=3/\!/3=1.5(\text{k}\Omega)$$

$$A_{u1}=-\beta\frac{R'_{L1}}{r_{be1}}=-50\times\frac{0.79}{2}=-20$$

$$A_{u2}=-\beta\frac{R'_{L2}}{r_{be2}}=-50\times\frac{1.5}{1}=-75$$

$$A_u=A_{u1}\cdot A_{u2}=(-20)\times(-75)=1\ 500$$

两级阻容耦合共射极放大器的总电压放大倍数为正值，表明输出与输入同相。

$$r_i=r_{i1}=R_{B1}/\!/R_{B2}/\!/r_{be1}=100/\!/33/\!/2\approx 1.85(\text{k}\Omega)$$

$$r_o=r_{o2}=R_{C2}=3\ \text{k}\Omega$$

三、放大电路的频率特性

前面分析和计算的放大电路，都是以输入一个单一频率的正弦波来分析的，而且在此频率下,电容的容抗为零,三极管的 β 为常量。但是,在实际应用中,放大器的输入信号往往不是单一频率的量,而是包含了多种频率成分的非正弦波信号,如音乐、语言信号的频率范围是20 Hz ~ 20 kHz,图像信号频率范围是 0 ~ 6 MHz,工业控制系统中信号频率为 0 ~ 1 MHz,还有其他信号都有特定的频率范围。这些信号都是非正弦波,由电工理论可知,非正弦波是由不同频率的正弦波叠加而成的,即我们所研究的实际信号含有多种不同频率的正弦波。放大器对不同频率的量是否都具有相同的放大倍数呢?大家都有这样的感觉:高质量的音响在播放音乐时,不论高音、低音都能比较逼真地再现原音乐的效果,说明音响内部放大器对音乐所包含的各种频率信号都等同而良好地放大了。但劣质的音响播放音乐时,明显地出现高音及低音部分不丰富的情况,效果不佳,说明放大器对音乐中的高、低频率信号未能等同放大。为什么好、坏两种音响播放音乐时产生两种不同效果呢?要了解这一问题,就需要讨论放大器的频率特性。

频率特性包括两个方面:一是放大器的放大倍数与频率之间的关系,称为幅(度)频(率)特性;二是放大器输出电压和输入电压的相位差与频率之间的关系,称为相(位)频(率)特性。

先以图 4-13(a)所示电路为例,来分析图 4-13(b)所示的单级放大器的幅频特性曲线。在图 4-13(a)中,C_1 和 C_2 为耦合电容,C_E 为旁路电容,它们的容量较大,一般为几微法到几百微法,分别串联在输入回路和输出回路中。另外,还有虚线画的电容 C_I、C_0 与 C_L。C_I 为输入电容,C_0 为输出电容,它们包括三极管的极间电容(结电容)和导线的分布电容。C_L 为负载电容或下级电路的输入电容。这些电容不是故意接入的,而是客观存在的,可以看成是并联在回路中的。它们的容量很小,一般只有几皮法到几百皮法。

为了方便分析,把图 4-13(b)所示的曲线分为三个区,即中频区、低频区和高频区。下面讨论幅频特性曲线。

当放大器工作在中频区时,电容 C_1、C_2 和 C_E 呈现的容抗很小,可视为短路,而 C_I、C_0 和 C_L 呈现的容抗很大,可视为开路。这些电容的存在对放大倍数基本无影响,故此时的放大倍数的数值基本不变,称做中频电压放大倍数,用 A_{uo} 表示。它的对数表示即 $20\lg|A_{uo}|$ 称中频电压增益,单位是分贝(dB)。

当放大器输入信号的频率降低时,C_1、C_2 和 C_E 呈现的容抗就变大。因为它们串联在回路中,对信号有衰减作用,使输出信号减小,导致电压放大倍数下降。工作频率越低,放大倍数越小。

当放大器输入信号的频率升得很高时,C_I、C_0 和 C_L 呈现的容抗减小,对信号的分流作用不能忽略。信号频率越高,分流越严重,使得输出信号减小也越严重。此外,随着工作频率的升高,三极管的电流放大系数 β 也会随之降低,频率越高,β 值越小。这两点都说明放大器的电压放大倍数随着频率的升高而减小。

可见,放大器的工作频率过高或过低都会造成电压放大倍数的下降。我们把由于频率降低使得放大倍数下降且降到 $0.707A_{uo}$ 时所对应的频率,称为下限频率,用 f_L 表示。把由于频率升高使得放大倍数下降且降到 $0.707A_{uo}$ 时所对应的频率,称为上限频率,用 f_H 表示。低于 f_L 的频率范围称为低频区,高于 f_H 的频率范围称为高频区,在 f_H 和 f_L 之间的频率范围称为中频区,这就是图 4-13(b)所示的共射极放大器的幅频特性曲线。

放大器的上限频率 f_H 和下限频率 f_L 之间的频率范围又称为放大器的通频带,用 BW 表示。

$$BW = f_H - f_L \tag{4-5}$$

放大器的相频特性如图 4-13(c)所示,这里不作详细分析,只作以下说明:单级共射极放大器工作在 $10f_L$ 至 $0.1f_H$ 之间的频率范围,其输出电压与输入电压反相,即它们之间的相位差 φ 为 180°;$f<0.1f_L$ 时,$\varphi=-90°$;$f>10f_H$ 时,$\varphi=-270°$;在 $0.1f_L$ 至 $10f_L$ 之间和 $0.1f_H$ 至 $10f_H$ 之间,相位差的变化是频率每升高 10 倍,φ 减小 45°。

图 4-14(a)、(b)所示为两个相同的单级共射极放大器的幅频特性曲线。图 4-14(c)所示为这两个单级放大器组成的两级放大器的幅频特性曲线。

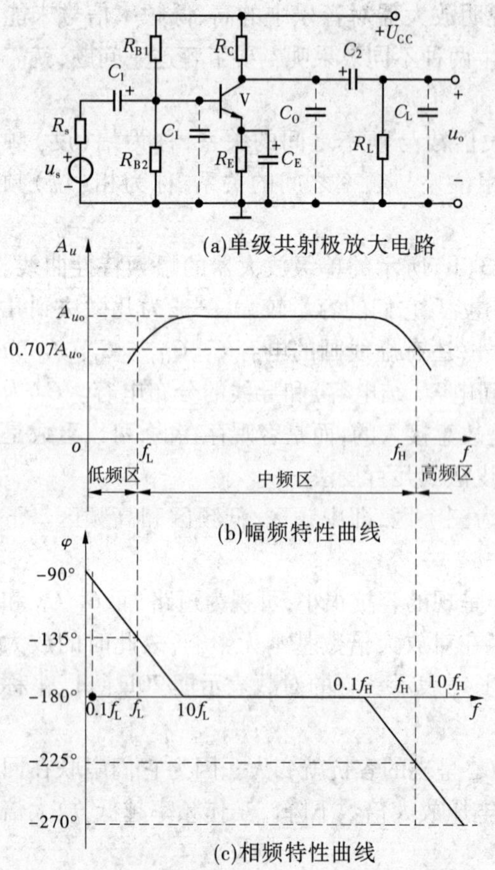

图 4-13　共射极放大电路及其频率特性

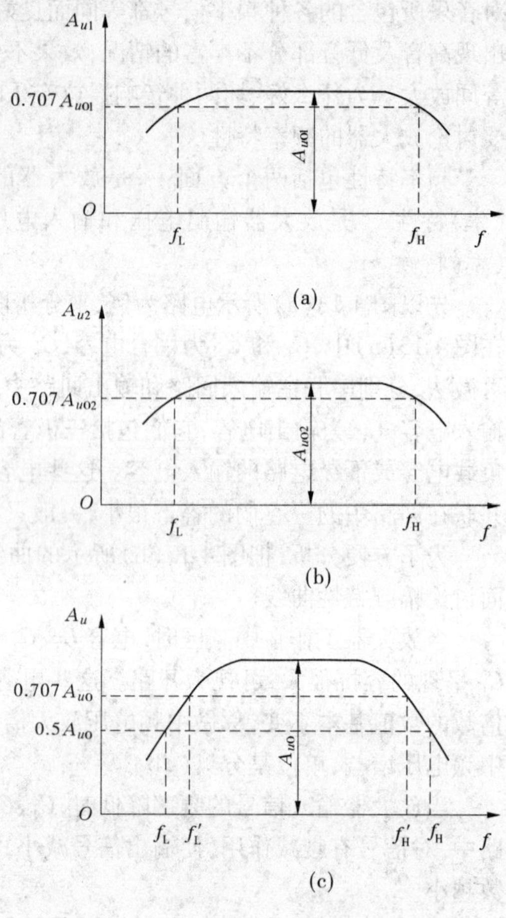

图 4-14　单级和两级共射极放大器的幅频特性

两级放大器总的放大倍数为

$$A_{uo} = A_{uo1} \cdot A_{uo2}$$

在单级放大器上、下限频率处,总的放大倍数为

$$\begin{aligned} A_u &= 0.707A_{uo1} \cdot 0.707A_{uo2} = 0.5A_{uo1} \cdot A_{uo2} \\ &= 0.5A_{uo} \end{aligned}$$

这说明,总的幅频特性曲线在低频段和高频段下降更快,对应于 0.707 A_{uo} 的上、下限频率间的范围变小了,即通频带变窄了。

由此可见,多级放大器的通频带比单级放大器的通频带要窄。

第二节　差动放大电路

差动放大电路又称差分放大电路,因其输出电压与两个输入电压之差成正比而得名。差动放大电路是另一类基本放大电路,由于它在性能方面具有很多优点,因而广泛应用于集成电路中。

一、零点漂移的概念

一个理想的直流放大器,当输入信号为零时,其输出电压应保持不变。但直接耦合的直流放大器除使得各级的静态工作点 Q 相互影响外,同时还带来级间相互影响而导致的严重的零点漂移问题。所谓零点漂移,是指输入电压为零时,输出电压偏离零值,出现时大时小、时快时慢的不规则变化现象,如图 4-15 所示。零点漂移简称零漂。在放大器输入信号后,这种漂移伴随信号共存于放大电路中,两者都在缓慢变化着,很难分辨。若输入信号和漂移量处于同一数量级(例如几毫伏),将难以区分放大器输出电压究竟是有用信号还是零点漂移电压。换言之,输入信号被漂移电压所淹没,放大器失去作用。

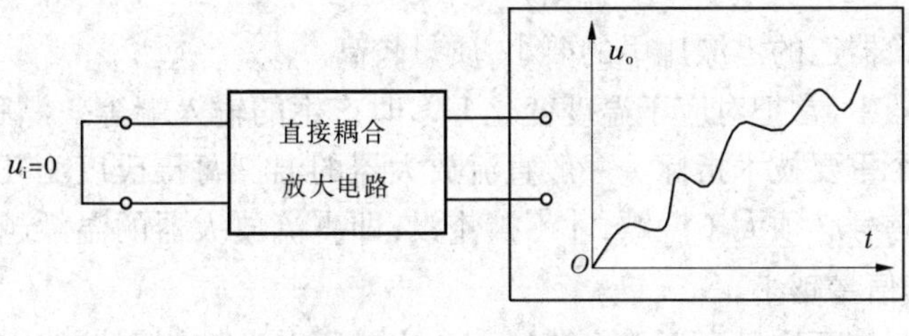

图 4-15　零点漂移

引起零漂的原因有很多,如温度的变化、电源电压的波动、电路元件参数的变化等。其中温度的影响最主要,我们知道,环境温度的变化使晶体管的 I_{CEO}、β 及 U_{BE} 都发生变化,进而使 I_{CQ} 变化,即引起输出电压漂移,所以零漂又称为温漂。

前述的交流放大器虽然也存在着工作点的漂移,但因电容、变压器等耦合元件的隔断,它只局限在本级范围内,不会被逐级放大,所以对输出不会带来影响。而直流放大器因采用直接耦合方式,这种漂移向后逐级传递放大,给输出带来严重的影响。级数越多,最终输出信号电压的漂移量就离起始值越远。例如一个三级放大器,其方框图如图 4-16 所示,每级的电压放大倍数为 $A_u = 10$,假如由于温度的变化,使每级输出的漂移电压为 0.01 V,这个漂移电压经三级放大后,输出的总漂移电压为

$$(0.01 + 0.01 \times 10) \times 10 + 0.01 = 1.11\ (\text{V})$$

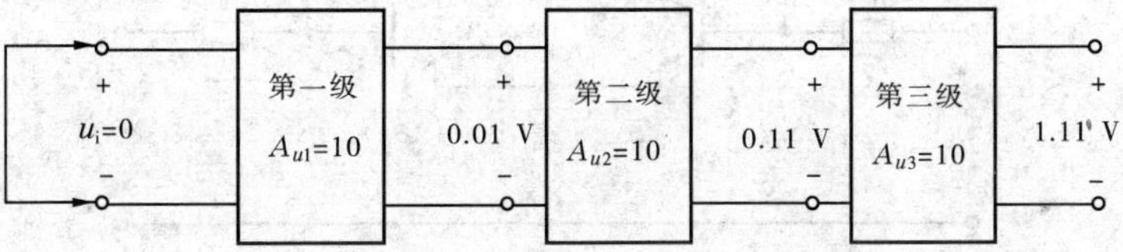

图 4-16　三级放大器的漂移输出电压

这么大的漂移电压将使放大电路无法正常工作。若不事先指出放大器的输入信号为零,就无法辨认结果是真正的输出信号还是干扰信号。

由上述分析可知,第一级放大电路的漂移影响是最主要的,要减小电路零漂,必须减小多级放大器的第一级的零漂;级数越多,总的放大倍数越大,零漂越严重。

衡量一个直流放大器零漂大小的程度,是通过把输出零漂电压的绝对值,折合成输入端的等效漂移电压来进行的。输入端等效漂移电压用 U_{IC} 表示,它定义为输出端总的漂移电压 U_{OC} 与总的电压放大倍数 A_u 之比

$$U_{IC} = \frac{U_{OC}}{A_u} \tag{4-6}$$

例如,某放大电路甲的输出零漂电压 $U_{OC1}=5\ V$,其放大倍数 $A_{u1}=500$;另一放大器乙的输出零漂电压 $U_{OC2}=10\ V$,其放大倍数 $A_{u2}=5\ 000$。它们折合到输入端等效漂移电压分别为

$$U_{IC1} = \frac{U_{OC1}}{A_{u1}} = \frac{5}{500} = 10(\text{mV})$$

$$U_{IC2} = \frac{U_{OC2}}{A_{u2}} = \frac{10}{5\ 000} = 2(\text{mV})$$

由此可见放大器乙的零漂比甲的要小,质量较高。

在直流放大器中,常把对应于温度变化 1 ℃时产生的输入端等效漂移电压的大小作为衡量放大器的一个重要技术指标。一般直流放大器的温漂每摄氏度为几个微伏。所以,直流放大器的输入信号必须大于温漂,才不被淹没,即直流放大器的温漂越小,它的灵敏度越高,允许被放大的信号越小。

抑制零漂是制作高质量直流放大器的一个主要问题。抑制零漂的方法有很多,如为了抑制零漂可采用热敏元件进行温度补偿、电流负反馈等措施。目前应用最广泛的、最能有效抑制零漂的方法是利用两只特性相同的三极管组成在电路结构上对称的差动放大电路,又称差动放大器(简称差放)。

二、差动放大电路

(一)基本差动放大电路

1. 电路组成及特点

如图 4-17 所示为基本差动放大电路,它由两个完全对称的共射极电路组成,分别以晶

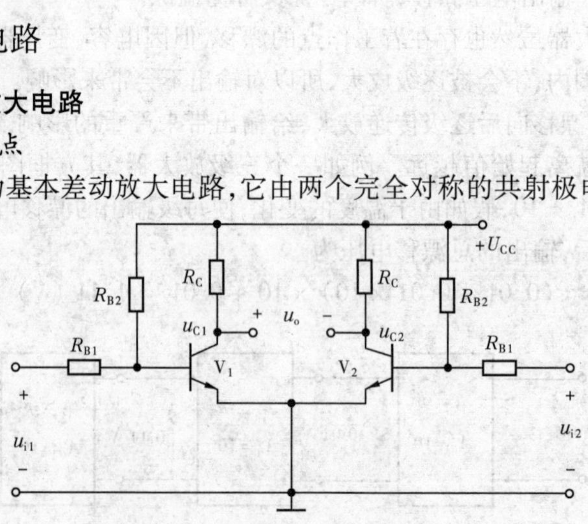

图 4-17　基本差动放大电路

体管 V_1 和 V_2 为核心,组成左、右两部分电路。这左、右两部分电路不仅在电路结构上完全对称,而且要求 V_1、V_2 的特性和参数相同,对应电阻的阻值相等。电源 U_{CC} 给电路提供合适的静态工作点。因电路对称,所以两管的静态工作点相同。

输入信号 u_{i1}、u_{i2} 分别在 V_1、V_2 的基极与地之间加入放大电路。这种输入方式称为双端输入。输出信号 u_o 从 V_1、V_2 的集电极之间取出,这种输出方式称为双端输出。由电路图可知:$u_o = u_{C1} - u_{C2}$。

2. 抑制零漂的原理

在静态时,输入信号等于零,由于两管对称,电流相等、集电极电位也相等,V_1、V_2 的 Q_1、Q_2 相同,即:$I_{C1} = I_{C2}$,$U_{C1} = U_{C2}$,故输出电压 $u_o = U_{C1} - U_{C2} = 0$,即静态时输出电压为零。当温度或电源电压升高时,两管都产生零漂,两管的集电极电流都增大,集电极电位都下降,并且两管的变化量相等,即:$\Delta I_{C1} = \Delta I_{C2}$,$\Delta U_{C1} = \Delta U_{C2}$,输出电压 $u_o = (U_{C1} + \Delta U_{C1}) - (U_{C2} + \Delta U_{C2}) = 0$(抑制零漂),由温度或电源电压变化引起的零漂被有效地抑制了。实际上这种对称差动放大电路对两管所产生的同向漂移(不管是什么原因引起的)都具有抑制作用,这是它的优点。

以上的基本差放电路是不可能被用做实用电路的,原因如下:第一,在实际中,电路要做到完全对称是十分困难的,或者说是不可能的,既然电路不可能完全对称,则两管输出端的零点漂移就不能很有效地被抵消;第二,若电路由双端输出换作单端输出(即输出信号 u_o 从 V_1 或者 V_2 的集电极与地之间取出),输出端的零点漂移就无法被抑制,所以必须要改进电路。

(二)典型差动放大电路(也称长尾式差放)

1. 电路组成及特点

图 4-18 所示就是一种常用的典型差放电路,这个电路在图 4-17 的基础上多加了电位器 R_P、辅助电源 U_{EE} 和发射极电阻 R_E,采用正负双电源供电,且仍然采用双端输入、双端输出方式。

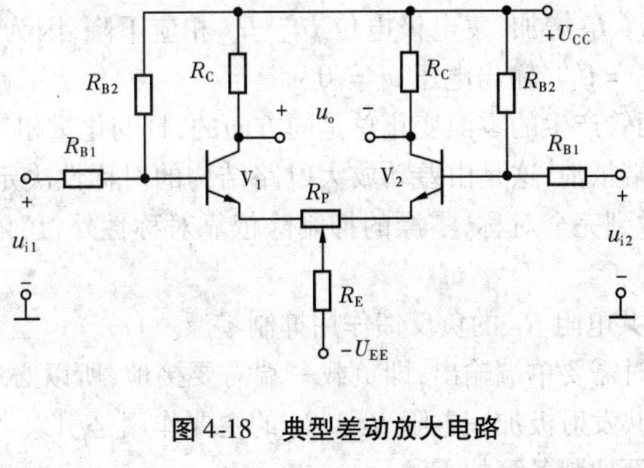

图 4-18 典型差动放大电路

所加入元件的作用如下。

(1)电位器 R_P:称为调零电位器,是调电路平衡用的。因为电路不会完全对称,在晶体管 V_1、V_2 的发射极电路中接入电位器 R_P,这样,在放大电路静态工作的条件下,先调节 R_P,使 $U_{C1} = U_{C2}$,输出电压 $u_o = 0$。因 R_P 阻值很小,仅为数十欧至一二百欧,对电路的动态影响不大，所以在后面的电路分析中，我们就暂且将 R_P 忽略不提。

(2) 负电源 U_{EE}：为 V_1、V_2 提供静态基极电流，设置静态工作点。静态基极电流流通路径是：U_{EE} 正极→地→晶体管基极输入端（静态时输入信号 $u_{i1}=u_{i2}=0$，两输入端与地之间短路）→电阻 R_{B1}→晶体管发射结→发射极公共电阻 R_E→U_{EE} 负极。有了负电源 U_{EE}，则可以相应取消左右两边的 R_{B1}、R_{B2} 四个电阻。电路如图 4-19 所示，也就是我们将要着重分析的电路。

(3) 电阻 R_E：发射极公共电阻，引入直流电流负反馈，阻值比较大。

2. 抑制零漂的原理及静态分析

1) 抑制零漂的原理

图 4-19 所示电路采用了两种措施抑制零漂。其直流通路如图 4-20 所示。

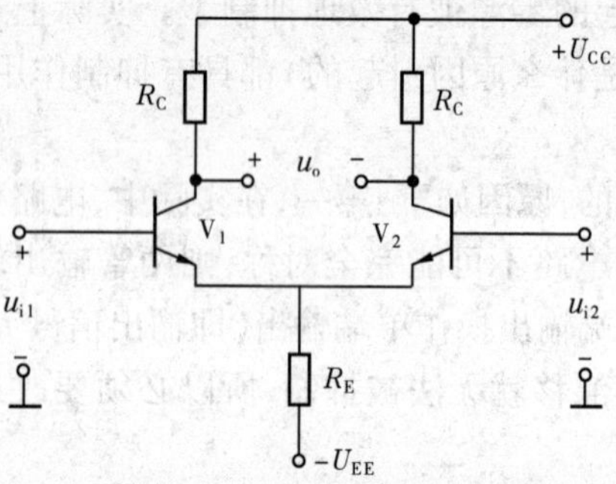

图 4-19　简单差动放大电路

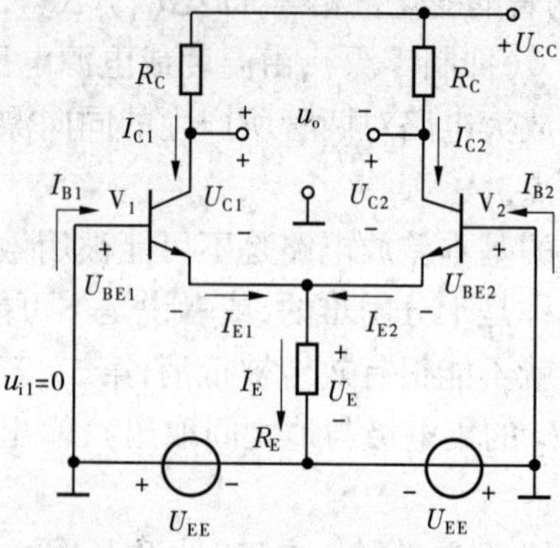

图 4-20　图 4-19 直流通路

(1) 依靠电路的对称性抑制零漂。

由图 4-20 可知，由于晶体管 V_1、V_2 组成的差动放大电路结构和参数对称，所以两者的静态工作点相同，集电极电位相等，$U_{C1}=U_{C2}$，双端输出电压 $u_o=U_{C1}-U_{C2}=0$。当温度升高时，产生零漂，表现为 I_{C1}、I_{C2} 增加，集电极电位 U_{C1}、U_{C2} 相应下降，因为电路对称，U_{C1}、U_{C2} 下降量相等，仍然保持 $U_{C1}=U_{C2}$，输出电压 $u_o=0$。

由于温度变化使两管产生的零漂变化总是同方向的，且变化量相等，只要采用双端输出方式，两者总会在输出端抵消，这是由差动放大电路结构的对称性决定的。在实际应用中，差动放大电路不可能做到完全对称，零漂的抑制除依靠对称性外，还依靠调零电位器 R_P 的补偿作用。

(2) 依靠发射极公共电阻 R_E 的负反馈作用抑制零漂。

在实际应用中，有时需要单端输出，即负载一端需要接地，所以必须使每一个晶体管的零漂都减小，为此在公共发射极加一电阻 R_E。R_E 的主要作用是引入直流电流负反馈，稳定电路的静态工作点，从而抑制各管的零漂。

例如温度(T)升高，产生零漂，表现为晶体管的集电极电流和发射极电流增加。由于电路对称，两管电流的增量相等。如果发射极电流增量 $\Delta I_{E1}=\Delta I_{E2}$，流过公共发射极电阻 R_E 的电流增量 ΔI_E 则有更明显的增加，$\Delta I_E=\Delta I_{E1}+\Delta I_{E2}=2\Delta I_E$，其端电压产生的增量 $\Delta U_E=2\Delta I_E R_E$，并使 V_1、V_2 公共发射极电位 U_E 提高了同样的数值。两管的发射结电压 $U_{BE1}=U_{BE2}$

$= U_B - U_E$,此时基极电位 U_B 基本不变,而 U_E 增加,故 U_{BE1}、U_{BE2} 下降,使基极电流 I_{B1}、I_{B2} 减小,集电极电流 I_{C1}、I_{C2} 相应减小。从而牵制了因温度升高引起的 I_{C1}、I_{C2} 的增加,使之大致保持恒定,静态工作点基本不变,达到了抑制零点漂移的目的。以上过程可表示为:

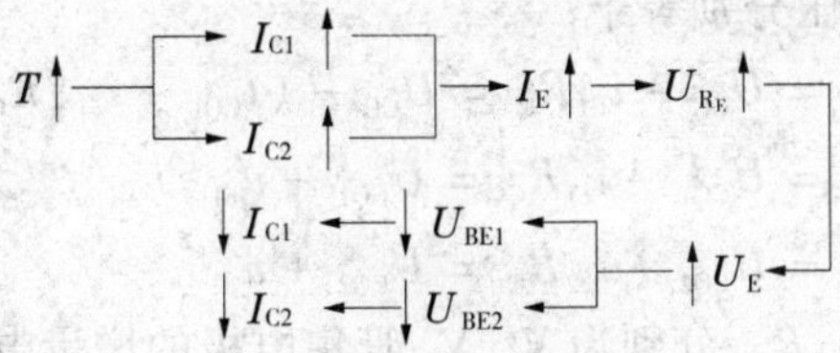

可以看出,依靠发射极公共电阻 R_E 引入负反馈作用,能够有效地减小每一个晶体管电路的零漂,且 R_E 的阻值大一些,抑制零漂的效果会更好。

2)差动放大电路的静态分析

由图 4-20 可知,静态时有

$$I_{BQ1} = I_{BQ2}, I_{CQ1} = I_{CQ2}, I_{EQ1} = I_{EQ2} = \frac{1}{2}I_E, U_{EE} = U_{BEQ1} + I_E R_E = U_{BEQ2} + I_E R_E$$

所以

$$I_E = \frac{U_{EE} - U_{BEQ1}}{R_E} = \frac{U_{EE} - U_{BEQ2}}{R_E} = \frac{U_{EE} - U_{BEQ}}{R_E} \tag{4-7}$$

因此两管的集电极电流均为

$$I_{CQ1} = I_{CQ2} \approx \frac{U_{EE} - U_{BEQ1}}{2R_E} = \frac{U_{EE} - U_{BEQ2}}{2R_E} = \frac{U_{EE} - U_{BEQ}}{2R_E} \tag{4-8}$$

两管集电极对地电压为

$$U_{CQ1} = U_{CC} - I_{CQ1}R_C, U_{CQ2} = U_{CC} - I_{CQ2}R_C \tag{4-9}$$

两管的基极电流为

$$I_{BQ1} = \frac{I_{CQ1}}{\beta_1}, I_{BQ2} = \frac{I_{CQ2}}{\beta_2} \tag{4-10}$$

即

$$I_{BQ} = \frac{I_{CQ}}{\beta} \tag{4-11}$$

可见,静态时两管集电极之间的输出电压为零,即

$$u_o = U_{CQ1} - U_{CQ2} = 0$$

3)典型差动放大电路的动态分析(差模信号、共模信号和共模抑制比)

直接耦合放大电路的输入信号可以是交流信号(包括缓慢变化的交流信号),也可以是直流信号。以下为叙述方便,仍以输入交流信号为例进行分析。

(1)差模信号输入及对差模信号的放大作用。

差模信号就是指在差动放大管 V_1、V_2 的基极与地之间分别加入两个大小相等、极性相反的电信号,这种输入方式称为差模输入。如图 4-21(a)所示,此时 $u_{i1} = -u_{i2}$。

两个输入端之间的电压称为差模输入电压,用 u_{id} 表示,即

$$u_{id} = u_{i1} - u_{i2} = 2u_{i1} \tag{4-12}$$

u_{i1} 使 V_1 管产生增量集电极电流 i_{c1},u_{i2} 使 V_2 管产生增量集电极电流 i_{c2},由于差动对管

特性相同,所以 i_{c1} 和 i_{c2} 大小相等、极性相反,即 $i_{c2}=-i_{c1}$。因此,V_1、V_2 管的集电极电流分别为

$$i_{C1}=I_{CQ1}+i_{c1},\quad i_{C2}=I_{CQ2}+i_{c2}=I_{CQ2}-i_{c1} \tag{4-13}$$

此时,两管的集电极电压分别等于

$$\left.\begin{aligned} u_{C1}&=U_{CC}-i_{C1}R_C=U_{CC}-(I_{CQ1}+i_{c1})R_C\\ &=U_{CQ1}-i_{c1}R_C=U_{CQ1}+u_{o1}\\ u_{C2}&=U_{CQ2}-i_{c2}R_C=U_{CQ2}+u_{o2}\end{aligned}\right\} \tag{4-14}$$

式中,$u_{o1}=-i_{c1}R_C$、$u_{o2}=-i_{c2}R_C$,分别为 V_1、V_2 管集电极的增量电压,而且 $u_{o2}=-u_{o1}$。两管集电极之间的差模输出电压 u_{od} 为

$$u_{od}=u_{C1}-u_{C2}=u_{o1}-u_{o2}=2u_{o1} \tag{4-15}$$

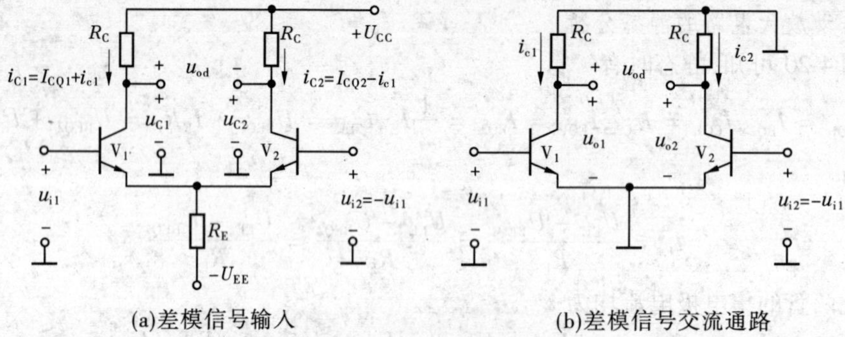

图 4-21 差动放大电路差模信号输入

由以上分析可知,由于电路对称,差模信号引起两管集电极电流增量大小相等、方向相反,流过发射极电阻 R_E 时互相抵消,所以流经 R_E 的电流不变,仍等于静态电流 I_E。也就是说,在差模信号的作用下,R_E 两端压降几乎不变,即 R_E 对于差模信号来说相当于短路,故可将发射极电位视为地电位,此处地称为虚地,所以输入差模信号时,R_E 对电路不产生任何影响。由此可画出差动放大电路的差模信号交流通路如图 4-21(b)所示。

双端差模输出电压 u_{od} 与双端差模输入电压 u_{id} 之比称为差动放大电路的差模电压放大倍数 A_{ud},即

$$A_{ud}=\frac{u_{od}}{u_{id}} \tag{4-16}$$

设每一个管子的差模电压放大倍数为

$$A_{ud1}=A_{ud2}=\frac{u_{o1}}{u_{i1}}=\frac{u_{o2}}{u_{i2}}$$

两个输入端之间的电压 u_{id} 为

$$u_{id}=u_{i1}-u_{i2}=2u_{i1}$$

两个输出端之间的电压 u_{od} 为

$$u_{od}=u_{o1}-u_{o2}=2u_{o1}$$

所以差模电压放大倍数 A_{ud} 为

$$A_{ud}=\frac{u_{od}}{u_{id}}=\frac{2u_{o1}}{2u_{i1}}=\frac{u_{o1}}{u_{i1}}=A_{ud1}\approx-\frac{\beta R_C}{r_{be}} \tag{4-17}$$

式(4-17)表明,差动放大电路双端输出时的差模电压放大倍数 A_{ud} 等于共射极单管的差模电压放大倍数 A_{ud1}。可见,差动放大电路通过多用一个管子来抑制零点漂移。上式为差放两输出端未接负载时的差模电压放大倍数的求解公式。

若图 4-21(b)所示电路中两集电极之间接有负载电阻 R_L,V_1、V_2 管的集电极电位一增一减,且变化量相等,负载电阻 R_L 的中点电位始终不变,为交流零电位,因此每边电路的交流等效负载电阻 $R'_L = R_C /\!/ (R_L/2)$。这时差模电压放大倍数为

$$A_{ud} = -\frac{\beta R'_L}{r_{be}} \tag{4-18}$$

从差动放大电路两个输入端看进去所呈现的等效电阻,称为差动放大电路的差模输入电阻 r_{id},由图 4-21(b)可得

$$r_{id} = 2r_{be} \tag{4-19}$$

差动放大电路两管集电极之间对差模信号所呈现的电阻称为差模输出电阻 r_o,由图 4-21(b)可知

$$r_o \approx 2R_C \tag{4-20}$$

(2)共模信号输入及对共模信号的抑制作用。

共模信号是指在差动放大管 V_1 和 V_2 的基极输入端接入大小相等、极性相同的信号,即 $u_{i1} = u_{i2} = u_{ic}$,这种输入方式为共模输入,如图 4-22(a)所示。共模信号对每一个管子引起的电流相同,即每一管子的集电极电流和发射极电流同时增加或减小,由于电路是对称的,所以电流的变化量相等,即 $i_{c1} = i_{c2}$、$i_{e1} = i_{e2}$,则流过 R_E 的电流增加了 $2i_{e1}$(或 $2i_{e2}$),R_E 两端压降的变化量为 $u_e = 2i_{e1}R_E = i_{e1}(2R_E)$。这就是说,$R_E$ 对每个晶体管的共模信号有 $2R_E$ 的负反馈效果,由此可以得到图 4-22(b)所示的共模信号交流通路。

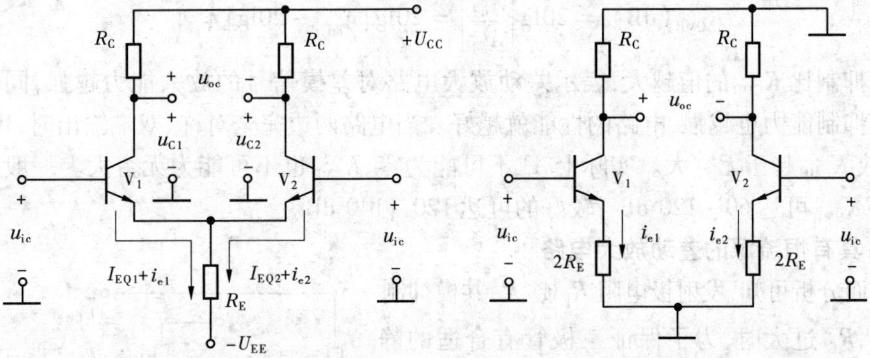

图 4-22 差动放大电路共模输入

由于差动放大电路两管电路对称,对于共模输入信号,两管集电极电位的变化相同,即 $u_{C1} = u_{C2}$,因此双端共模输出电压

$$u_{oc} = u_{C1} - u_{C2} = 0 \tag{4-21}$$

在实际电路中,两管电路不可能完全相同,因此 u_{oc} 不会等于零,但我们要求 u_{oc} 越小越好。双端共模输出电压 u_{oc} 与共模输入电压 u_{ic} 之比定义为差动放大电路的共模电压放大倍数,用 A_{uc} 表示,即

$$A_{uc}=\frac{u_{oc}}{u_{ic}} \tag{4-22}$$

显然,完全对称的差动放大电路,$A_{uc}=0$。

由上可以看出只要差动放大电路完全对称,对于共模信号,双端输出为零,即差动放大电路对共模信号没有放大能力。

由于温度变化或电源电压波动引起两管集电极电流的变化是相同的,因此可以把它们的影响等效地看做差动放大电路输入端加入共模信号的结果,所以差动放大电路对温度的影响具有很强的抑制作用。另外,伴随输入信号一起引入到两管基极的相同的外界干扰信号也都可以看作共模输入信号而被抑制。

(3)比较输入。

若两管基极输入的信号既非差模,又非共模,即它们的大小和极性是任意的,差动放大器将对这样的信号进行比较放大。

(4)共模抑制比。

实际应用中,差动放大电路两输入信号中既有有用的差模信号成分,又有无用的共模信号成分。差动放大电路的主要任务是放大有用的差模信号,抑制无用的共模信号。一个差动放大电路质量的好坏,不但要看它对差模信号的放大能力,还要看它对共模信号的抑制能力。因此,通常用共模抑制比来衡量差动放大电路性能的优劣。所谓共模抑制比是指差模电压放大倍数 A_{ud} 与共模电压放大倍数 A_{uc} 的比值的绝对值,用 K_{CMR} 来表示,定义如下

$$K_{CMR}=\left|\frac{A_{ud}}{A_{uc}}\right| \tag{4-23}$$

用分贝数表示,则为

$$K_{CMR}(\mathrm{dB})=20\lg\left|\frac{A_{ud}}{A_{uc}}\right|=20\lg|A_{ud}|-20\lg|A_{uc}| \tag{4-24}$$

共模抑制比 K_{CMR} 的值越大,表示差动放大电路对差模信号的放大能力越强,同时对共模信号的抑制能力也越强,电路的性能就越好。当电路两边完全对称、双端输出时,由于 A_{uc} 等于零,故 K_{CMR} 趋于无穷大。实际上 A_{uc} 不可能为零,K_{CMR} 也不可能为无穷大。一般差动放大电路的 K_{CMR} 可达 60 ~ 120 dB ,较好的可达 120 ~ 140 dB。

(三)具有恒流源的差动放大电路

由前面分析可知,发射极电阻 R_E 越大,共模抑制比就越高,R_E 过大时,为了保证三极管有合适的静态工作点,必须加大负电源 U_{EE} 的值,但这样做是有一定限度的。在实际中为了既能够用较低的电源电压来维持合适的三极管工作电流,又要有很强的共模抑制比,常用恒流源代替公共负反馈电阻 R_E。

1. 电流源电路

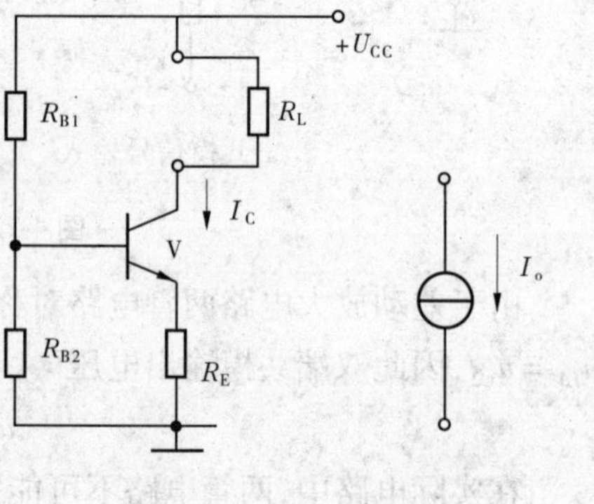

图 4-23 三极管电流源

电路如图 4-23(a)所示,该图为由三极管构成的电流源基本电路,它实际上就是我们前面讨论过的分压式偏置共射极电路。当选择合适的 R_{B1}、R_{B2}、R_E,使三极管工作在放大区时,集电极电流 I_C 为一

恒定值而与负载 R_L 的大小无关。因此，常把该电路作为输出恒定电流的电流源来使用，用图 4-23(b)所示符号表示。I_o 即为 I_C，其动态电阻很大，可视为开路。

2. 具有恒流源的差动放大电路

图 4-24 是具有恒流源的差动放大电路。电路中用三极管恒流源来代替射极公共电阻 R_E，因为三极管工作在放大区内，集电极电流是由基极电流决定的，如果基极电流一定，集电极电流也一定，具有恒流特性。图 4-24 中用恒流管 V_3 作为 V_1 和 V_2 管的射极公共电阻，V_3 管基极电位由电源经 R_1、R_2 分压固定，当温度升高时，这个电路抑制零点漂移的作用可描述如下：

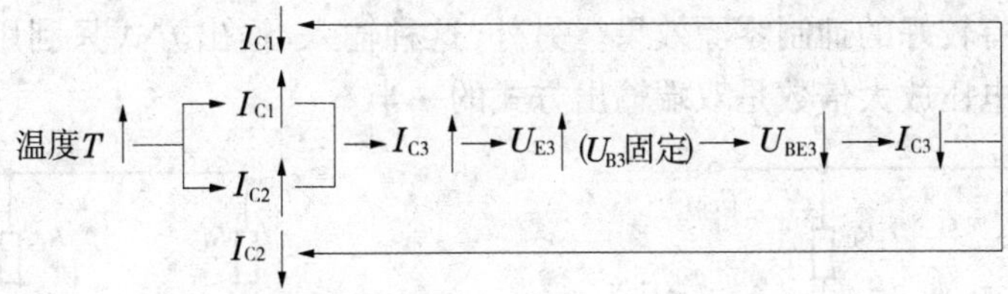

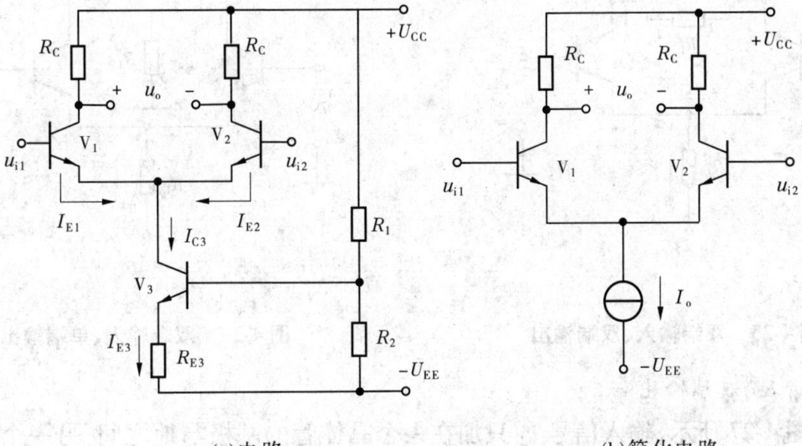

(a)电路　　　　(b)简化电路

图 4-24　具有恒流源的差动放大电路

只要适当选择 R_1、R_2 和 R_{E3} 的值，可以使温度变化时，保持 I_{C1} 和 I_{C2} 几乎不变，保持了 V_1 和 V_2 管工作点的稳定，从而达到自动抑制零点漂移的目的，所以它在差动放大电路中应用最多。

(四)差动放大电路的输入、输出方式

差动放大电路的基本形式是用两个晶体管组成对称电路，它们的基极形成两个输入端，集电极形成两个输出端。以上所讨论的差动放大电路采用双端输入和双端输出方式。在实际应用中，有时需要单端输入或单端输出方式。信号从一只三极管的集电极输出，负载电阻 R_L 的一端接地，称为单端输出方式；两个输入端中有一个端子直接接地，称为单端输入方式。因此，差动放大电路共有四种不同的输入、输出方式：双入双出、双入单出、单入双出、单入单出。输入、输出方式不同导致差动放大电路的特性也不相同。

1. 双端输入、双端输出

电路如图 4-25 所示。前面介绍的差动放大电路即为双端输入、双端输出方式。这种方式的特点是由于充分利用了两个晶体管的放大作用，差模电压放大倍数 A_{ud} 较高，共模抑制

比 K_{CMR} 高,抑制零点漂移的效果好。它的缺点是输入信号源的两个输入端及负载的两个输出端均不能接地;否则,差动放大电路不能正常工作。

2. 双端输入、单端输出

电路如图 4-26 所示。输入信号仍为双端输入方式。单端信号有两个输出端:一是在晶体管 V_1 的集电极与地之间接负载,取出输出信号 u_{o1};二是在 V_2 的集电极与地之间接负载,取出输出信号 u_{o2}。图 4-26 所示为从 V_1 的集电极输出。这种方式可以把双端输入信号转换为允许一端接地的单端输出信号,以便于后级放大电路处于共地状态。它的缺点是抑制零漂不如双端输出效果好,未利用电路的对称性抑制零漂。不过由于射极公共电阻 R_E 的强负反馈作用,仍有较好的抑制零漂效果。另外,这种输入、输出方式只利用了一个晶体管的放大作用,差模电压放大倍数是双端输出方式的一半。

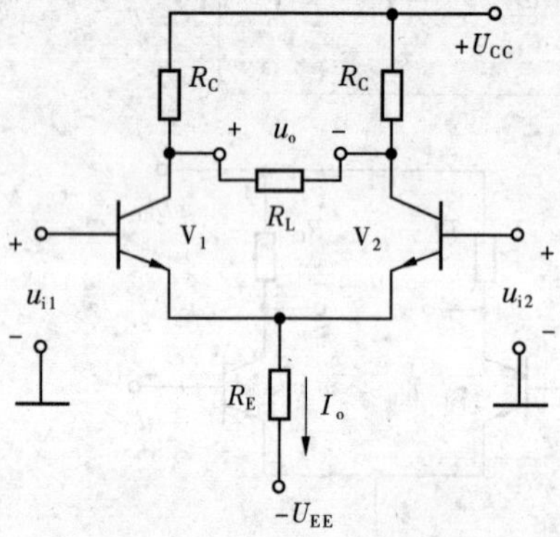

图 4-25 双端输入、双端输出

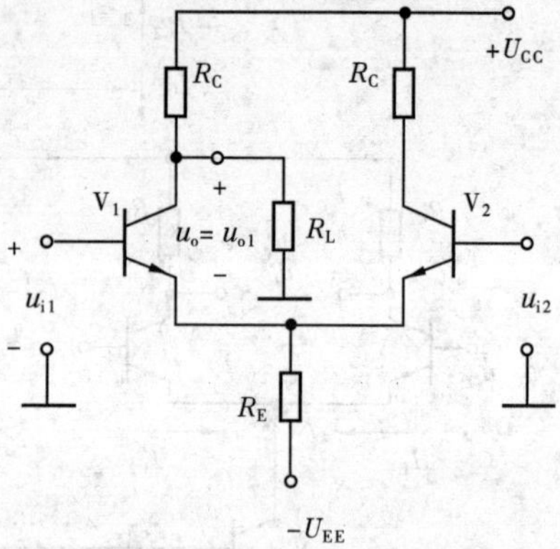

图 4-26 双端输入、单端输出

3. 单端输入、双端输出

电路如图 4-27 所示,输入信号 u_i 只加在一个晶体管的基极与地之间,另一个晶体管的基极则经过电阻 R_B 接地,这种输入方式称为单端输入。输出仍为双端输出方式。

图 4-27 所示电路中,输入信号 u_i 虽然只加在一个晶体管的基极输入端,但是经过射极公共电阻 R_E 的耦合作用(R_E 的阻值要足够大),仍可形成差模输入信号分别加入两晶体管的基极输入端。因此,单端输入、双端输出方式的特点与双端输入、双端输出方式基本相同,不同之处在于输入信号源的一端可以接地。

4. 单端输入、单端输出

电路如图 4-28 所示,因为单端输入与双端输入产生的效果基本相同,其性能特点与双端输入、单端输出方式电路基本相同。可允许输入信号源、负载一端接地。放大倍数为双端输入、双端输出的一半。

总之,差动放大电路不论采用何种接法,差模电压放大倍数只取决于输出方式,与输入方式无关。

由以上分析可知,直接耦合的放大电路由于不采用电容和变压器,因此很容易集成化,而且这种放大电路不只用来放大直流信号,也用来放大低频特性要求较高的交流信号。下面介绍的集成运算放大器内部级间都是直接耦合的,而且输入级都是具有恒流源的差动放大电路。

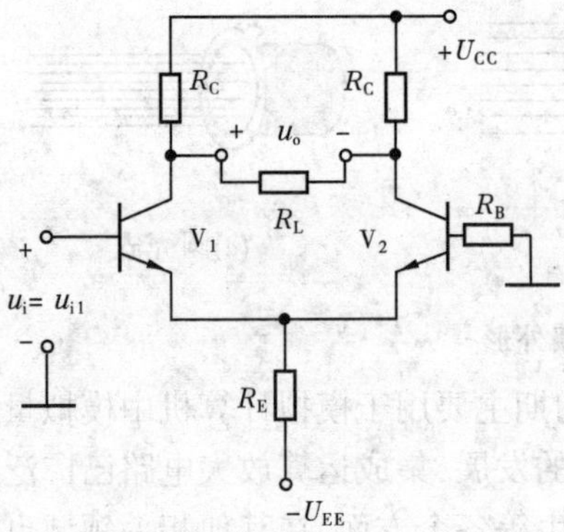

图 4-27　单端输入、双端输出

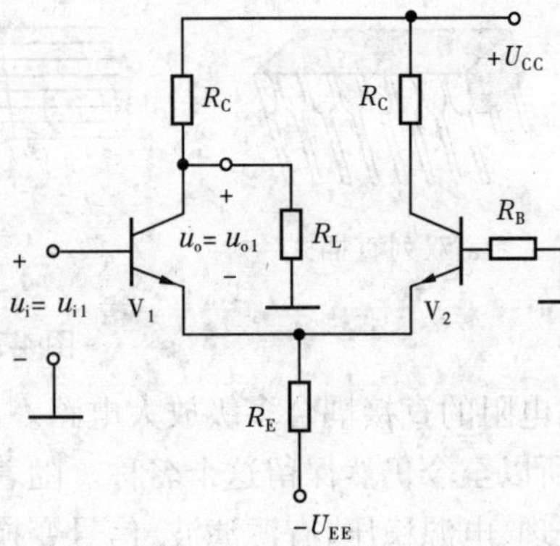

图 4-28　单端输入、单端输出

第三节　集成运算放大电路

集成电路(Integrated Circuits,缩写为IC)是20世纪60年代初期发展起来的一种新型的半导体器件。它是利用半导体的制造工艺,将整个电路中的各个元器件(二极管、三极管、小电阻、小电容及它们间的连接导线等)均制作在一块半导体芯片(称为基片)上,经封装后构成的具有某种特定功能的电路块。集成电路实现了元件、电路和系统的三结合,因此它的密度高、引线短,外部接线大为减少,从而提高了电子设备的可靠性和灵活性,并且降低了成本。集成电路的问世是电子技术的一个新飞跃,为电子技术的发展及应用开辟了一个新的时代。

前面介绍的电子电路多为分立元器件构成的,称为分立元件电路。集成电路与分立元件电路相比,体积更小、质量更轻、功耗更低,并减少了组装和调整的工作量,现已被广泛使用。

集成电路的种类很多,按集成度来分有小规模(SSI,一个集成块内一般只包含十到几十个元器件)、中规模(MSI,一个集成块内一般包含一百到几百个元器件)、大规模(LSI,其内一般包含一千个以上元器件)、超大规模(VLSI,每块芯片上制有上百万个元器件,芯片面积仅几十平方毫米)集成电路。

集成电路按功能来分有模拟集成电路和数字集成电路两大类。模拟集成电路主要是对信号进行放大和变换,其输入或输出端通常为连续变化的电压或电流信号;数字集成电路主要用于处理各种数字信息。本书中主要讨论模拟集成电路。模拟集成电路按电路的类型可分为:集成运算放大器、集成功率放大器、集成高频/中频/低频放大器、集成比较器和集成稳压器等。下面主要介绍应用比较广泛的集成运算放大器。

集成电路的外形通常有三种:双列直插式、扁平式和圆壳式,如图4-29所示。可以通过查阅生产厂家提供的产品说明资料或元器件手册来了解每个引脚在电路中的位置、功能和用途。

一、集成运算放大电路的类型和型号

集成运算放大电路简称集成运放或运放。它实际上是一个高电压增益、高输入电阻和

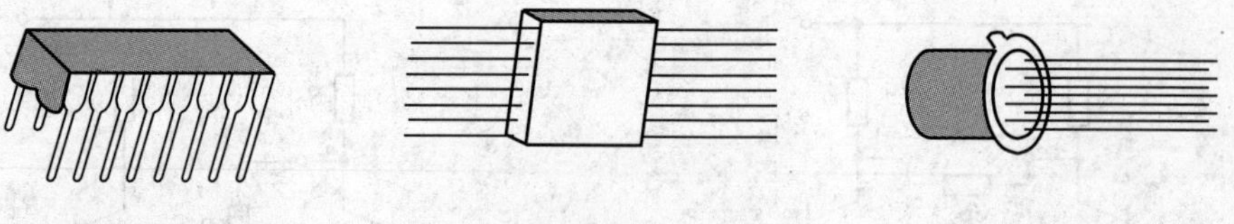

(a)双列直插式　(b)扁平式　(c)圆壳式

图 4-29　集成电路外形

低输出电阻的直接耦合多级放大电路。由于发展初期主要用于模拟计算机中模拟量的数学运算,所以至今仍然保留这个名称。随着电子技术的发展,集成运算放大电路已广泛应用于信号处理、电源稳压、有源滤波、信号变换及信号发生等各个方面,在其他相关领域也占有重要地位,发展前景非常广阔。

现代集成运算放大器均由集成电路构成,它有许多类型,为了方便常将其分为以下两类:一类是通用型运算放大器,如 F741 等;另一类是专用型运算放大器。反映集成运放性能好坏的参数有几十种,一种运放要想在各种指标上都达到很高的性能是不容易的,也是不必要的。通用型运放,各种参数指标都不算太高,但比较均衡,适用于量大面广,没有特殊要求的场合。专用型的集成运放,在某一个或几个参数上有很高的性能,而其他参数一般。用户可以从专用型集成运放的系类中进行选择,以满足某些方面的特殊要求。集成运放的各种类型如图 4-30 所示。

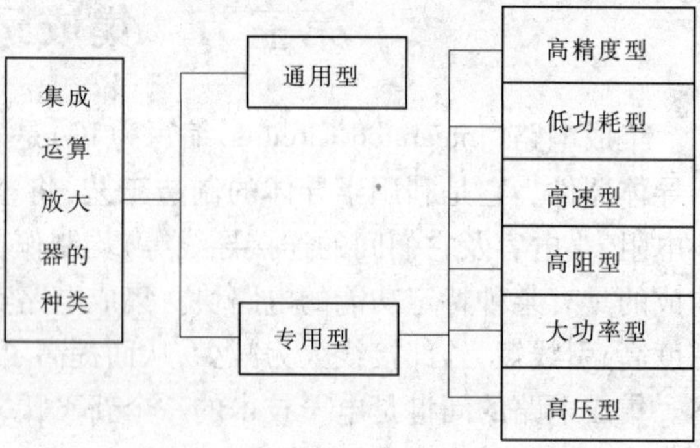

图 4-30　集成运放的类型

我国集成运放器件型号是根据国家标准 GB 3430—89 命名的,由四部分组成,其符号和意义可查看附录 2。

二、集成运算放大器的组成和电路符号

(一)集成运算放大器的组成

集成运算放大器的种类很多,内部电路也不尽一致,但是在电路结构上却有相同之处。通用型集成运算放大器的电路通常有输入级、中间级、输出级和偏置电路四个基本组成部分,每一级电路一般由某一种基本放大电路组成,如图 4-31 所示。

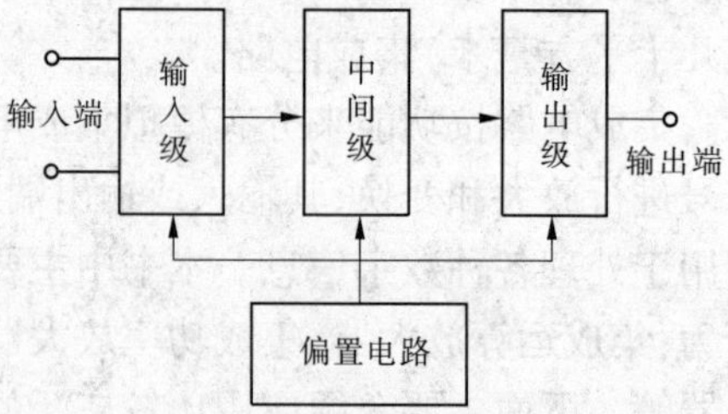

图 4-31　集成运算放大器组成框图

输入级:集成运放的输入级几乎毫无例外地都采用高性能的差动放大电路,利用差动电路的对称性减小温度漂移的影响,从而提高整个电路的共模抑制比。它是决定整个集成运放性能最关键的一级。输入级的好坏影响着集成运放的大多数参数。对输入级的要求与信号源的性质有关,例如,当输入信号源为高阻电压源时,则要求输入级也必须有高的输入电阻,以减小信号在内阻上的损失。如果输入信号源为电流源,为了充分利用信号电流,则要求输入级有

较低的输入电阻。

中间级：是整个电路的主放大器，其作用是提供较高的电压增益，一般采用共射极放大电路。集成运放的电压放大倍数主要取决于中间级。

输出级：提供较高的输出电压和较大的输出电流。输出级输出电阻小，有较强的带负载能力，而且非线性失真小。大多数集成运放的输出级采用互补对称功率放大电路。

偏置电路：为上述各级电路提供稳定和合适的偏置电流，即决定各级合适的静态工作点，一般由各种恒流源电路组成。

另外，还有一些辅助电路，如过流保护电路等。

图 4-32 所示电路为通用型集成运算放大器 741 的简化电路。这里主要将电路中的偏置电流源和有源负载电路分别用单独的电流源符号代替。图中，V_1、V_3 和 V_2、V_4 组成共集－共基组合差动电路。V_5、V_6 组成有源负载，构成双端变单端电路。V_7、V_8 组成复合管共射极放大电路中间级，由于采用有源负载，故该级可获得很高的电压增益。输出级由 V_9 ~ V_{13}组成典型的甲乙类互补对称功率放大电路，V_{11}构成推动级，V_{12}、V_{13}构成互补对称输出级。

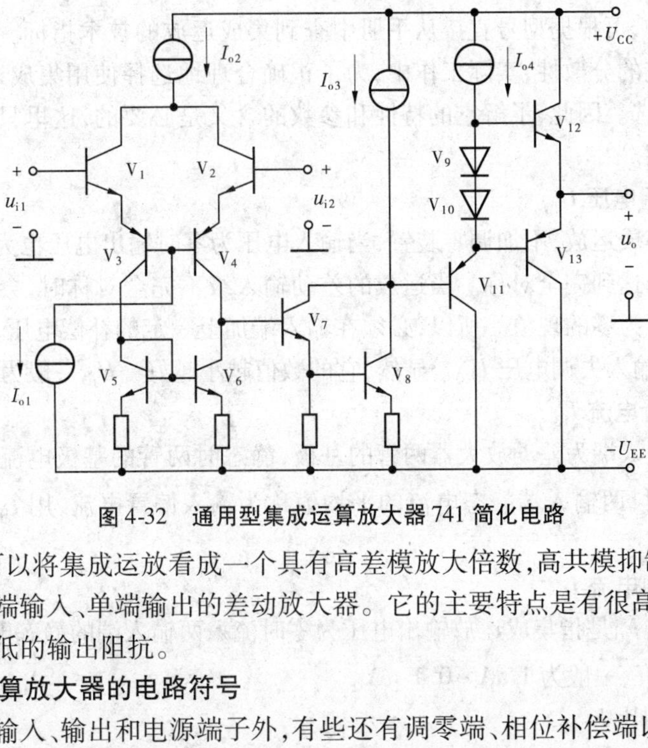

图 4-32　通用型集成运算放大器 741 简化电路

综上所述，可以将集成运放看成一个具有高差模放大倍数，高共模抑制比，高输入阻抗，低输出阻抗的双端输入、单端输出的差动放大器。它的主要特点是有很高的输入阻抗，很高的开环增益和很低的输出阻抗。

（二）集成运算放大器的电路符号

集成运放除输入、输出和电源端子外，有些还有调零端、相位补偿端以及其他一些特殊引出端子。但对分析应用电路来讲，运算放大器本身的具体电路结构一般无关紧要，在引出端子中，直接有关的也只是两个输入端和一个输出端，只有在特殊应用场合，才可能涉及到电源端等少数端子。因此，为了简化应用电路，常用图 4-33 所示符号代表运算放大器，只有在特殊需要时，才把有关引出端加以标注。

在图 4-33 中，"－"表示反相输入端，电位用 u_N 或者 u_- 表示，该反相输入端的含义是：如果输入信号加在反相输入端，则运放输出信号与输入信号相位相反；"＋"表示同相输入端，电位用 u_P 或者 u_+ 表示，该同相输入端的含义是：如果输入信号加在同相输入端，则运放

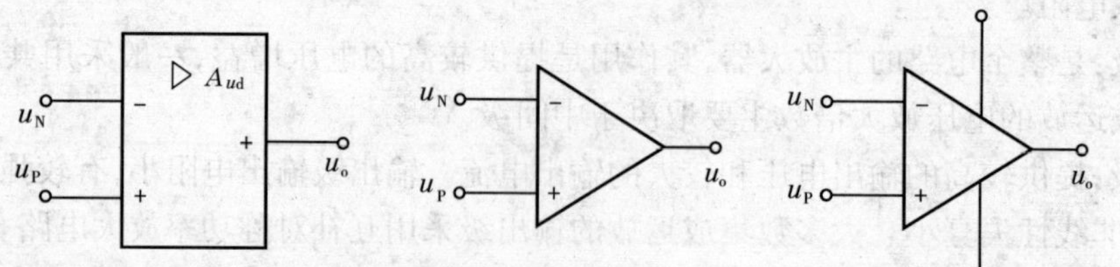

(a)国标符号　　(b)曾用符号　　(c)带电源引脚的符号

图 4-33　集成运放图形符号

输出信号与输入信号相位相同；"▷"表示信号的传输方向，A_{ud}是开环差模电压放大倍数；u_o是输出电压，且 $u_o = A_{ud}(u_P - u_N)$ 或者 $u_o = A_{ud}(u_+ - u_-)$。图 4-33(a)所示为国标符号，图 4-33(b)所示为曾用符号，图 4-33(c)所示为带电源引脚的符号，本书采用图 4-33(a)所示的国标符号。

三、集成运算放大器的主要性能技术指标

在实际应用中，可根据型号直接从手册中查到集成运放的技术指标。但由于同一型号在性能上存在一定的分散性，实际工作中，为了正确合理地选择使用集成运算放大器，往往需要进行测试、筛选。因此，了解它的特性和参数的含义是必要的，这里只对集成运放的主要参数作简单介绍。

(一)输入失调电压 U_{IO}

一个理想的集成运放，不加调零装置，当输入电压为零时输出电压也为零。实际上输入级的差动放大很难达到完全对称。当运放的差动输入级不完全对称时，会出现输入电压为零时而输出电压不为零的现象。所以，必须在输入端加上一定的补偿电压，才能使输出电压为零，该电压就叫输入失调电压 U_{IO}。显然，它的数值越小越好。U_{IO}一般为 $\pm(1\sim10)$ mV。

(二)输入偏置电流 I_{IB}

集成运放的输入端为差动放大器两管的基极，静态时两管的基极电流为 I_{BN}、I_{BP}。当集成运放输出为零时，两输入端静态电流的平均值称为输入偏置电流，用 I_{IB}表示，一般为 10 nA ~ 1 μA。

(三)输入失调电流 I_{IO}

输入失调电流 I_{IO}是指集成运放输出电压为零时流入两输入端的静态电流之差，用 I_{IO}表示，希望它越小越好，一般为 1 nA ~ 0.1 μA。

(四)共模抑制比 K_{CMR}

$K_{CMR} = \left|\dfrac{A_{ud}}{A_{uc}}\right|$，它是运放的差模电压增益与共模电压增益之比的绝对值，也常用分贝值表示。K_{CMR}的值越大表示运放分辨差模信号的能力越强，抑制共模信号的能力也越强。一般为 60 ~ 120 dB，理想运放的 K_{CMR}为无穷大。

(五)最大差模输入电压 U_{idmax}

该参数表示运放两个输入端之间所能承受的最大差模电压值，输入电压超过该值时，运放输入级某一侧的三极管发射结会出现反向击穿，使运放性能显著恶化甚至造成永久性损

坏。利用平面制造的管子 U_{idmax} 约为 ±5 V,而横向制造的三极管可达 ±30 V。

(六)最大共模输入电压 U_{icmax}

这是指运算放大器输入端能承受的最大共模输入电压。当运放输入端所加的共模电压超过一定幅度时,放大管将退出放大区,使运放失去差模放大的能力,共模抑制比明显下降。一般把集成运放接成电压跟随器,取其输出电压产生 1% 的跟随误差时的共模输入电压的幅值,作为最大共模输入电压。

(七)开环差模电压放大倍数(也叫电压增益)A_{ud}

开环是指集成运放未加反馈回路时的状态,开环状态下的差模电压增益叫开环差模电压增益 A_{ud}。它是集成运放在开环工作条件下对差模输入信号的电压放大倍数。$A_{ud}=u_{od}/u_{id}$。用分贝表示则是 $A_{ud}=20\lg|A_{ud}|$(dB)。高增益的运算放大器的 A_{ud} 可达 140 dB 以上。

(八)差模输入电阻 r_{id}

差模输入电阻 r_{id} 是指运放在输入差模信号时输入端所呈现的电阻,实际就是它的输入级的输入电阻,通常为 1 MΩ 以上,对于高输入阻抗的特殊运放可达 100 MΩ,理想运放的 r_{id} 为无穷大。

(九)开环输出电阻 r_o

开环输出电阻 r_o 是指运放在开环状态且负载开路时的输出电阻。其数值越小,带负载的能力越强,理想运放的 $r_o=0$。

(十)最大输出电压 U_{opp}

运算放大器输出的最大不失真电压的峰值叫最大输出电压。一般情况下该值略小于电源电压。

(十一)转换速率 SR

它是集成运放在闭环状态下,当输入为大信号情况下工作时的重要参数,它定义为集成运放在大信号条件下输出电压的最大变化率,即

$$SR=\left|\frac{\mathrm{d}u_o}{\mathrm{d}t}\right|_{max}$$

它表示运放在输入信号变化过快时,输出电压的变化率受到一定的限制。

转换速率又称摆率,只有当输入信号的变化率小于运放的转换速率 SR 时,集成运放的输出电压才能随输入信号按线性变化,波形不失真。SR 越大表示运放的高频性能越好。一般运放的 SR 在 100 V/μs 以下,高速的可达 1 000 V/μs 以上。

除上述指标外,集成运放还有失调电压温漂和失调电流温漂、电源电压抑制比、带宽等参数。

四、集成运算放大器的电压传输特性

集成运放输出电压 u_o 与输入电压 u_{id}(即同相输入端与反相输入端之间的电压,$u_{id}=u_P-u_N$)之间的关系特性称为电压传输特性,即 $u_o=f(u_{id})$,如图 4-34(a)所示。在 u_{id} 很小的范围内为线性区,$u_o=A_{ud}u_{id}$,输出电压的最大值为 $\pm U_{om}$。当 $|U_{id}|>|U_{om}|/A_{ud}$ 时,输出信号 u_o 不再跟随 u_{id} 线性变化,进入非线性工作区。由于集成运放的开环差模电压放大倍数 A_{ud} 非常高,一般为 $10^4\sim10^7$,即 80 ~ 140 dB,所以它的线性区非常窄。如果输出电压最

大值 $U_{om}=\pm12$ V,$A_{ud}=5\times10^5$,那么只有当输入信号 $u_{id}<24$ pV 时,电路才会工作在线性区。否则输出级就会工作在正向饱和或负向饱和状态,输出电压 U_o 不是 $+U_{om}$ 就是 $-U_{om}$,其饱和值 $\pm U_{om}$ 接近正、负电源电压值。为使运放工作在线性区,通常引入深度负反馈。

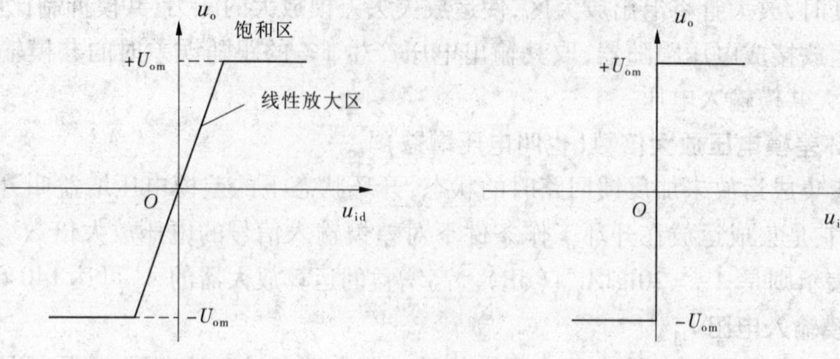

(a)实际传输特性　　(b)理想传输特性

图 4-34　集成运放的电压传输特性

五、理想集成运算放大器

理想集成运算放大器简称为理想运放,是将各项技术指标理想化的集成运放。理想化的技术指标对实际运算放大器来说是不可能达到的,但在分析运算放大器电路时,根据实际情况,采用理想化指标来分析,可简化分析的过程,得到的结果与实际测量的结果之间误差不大。所以,实际分析运算放大器电路时,常把运算放大器当成理想运算放大器来进行。

(一)理想运放的主要性能指标及符号

为了表征集成运放各方面的性能,用了几十种技术指标来描述,这里我们只讲主要的几种。理想情况下:

(1)开环差模电压放大倍数 $A_{ud}=\infty$;

(2)差模输入电阻 $r_{id}=\infty$;

(3)开环输出电阻 $r_o=0$;

(4)共模抑制比 $K_{CMR}=\infty$;

(5)输入偏置电流 $I_{IB}=0$。

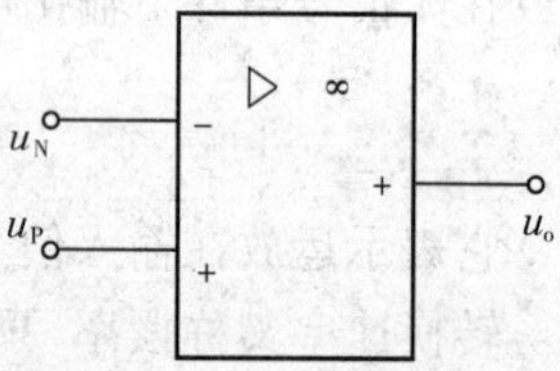

图 4-35　理想运放图形符号

理想运放的图形符号如图 4-35 所示。图中"▷"表示信号的传输方向,"∞"表示理想运放。

本书如无特殊说明,所指运放均为理想运放,图形符号统一采用图 4-35 所示形式。

理想运放的电压传输特性如图 4-34(b)所示。

(二)理想运放的应用

理想运放的应用分为线性应用和非线性应用。

1. 线性应用(运放工作在线性区)

线性应用是指运算放大器工作在线性区域,作为一个线性放大器件,输出信号 u_o 与输入信号 u_i 之间为线性正比的放大关系,即 $u_o=A_{ud}\,u_{id}=A_{ud}(u_P-u_N)$。

1)理想运放工作在线性区的条件

通常集成运放的 A_{ud} 非常大,为了使集成运放工作在线性放大区,最常用的方法是在电路中引入深度负反馈，减小运放的净输入电压 u_{id}，保证输出电压不超出线性范围。具体应用电路将在第六章重点讲述。

运算放大器的线性特性，如图 4-34(a) 中曲线的倾斜部分。在式 $u_o = A_{ud}u_{id} = A_{ud}(u_P - u_N)$ 中，A_{ud} 是运放的开环差模电压放大倍数，决定了电压传输特性中线性部分的倾斜程度。A_{ud} 越大，线性部分越陡直，线性区越狭窄。图 4-34(b) 即为理想运放的电压传输特性，此时的 $A_{ud} = \infty$。

2) 理想运放在线性区工作的两个重要特点

(1) 虚短，即理想运放净输入电压 $u_{id} \approx 0$，也就是说反相输入端电位与同相输入端电位近似相等，即

$$u_P \approx u_N \text{ 或 } u_+ \approx u_-$$

这是因为对于理想运放有 $A_{ud} = \infty$，当输出 u_o 为有限值时，必有净输入电压 $u_{id} = u_P - u_N \approx 0$。此时，称这两个输入端虚短路，简称虚短。所谓虚短，是指集成运放的两个输入端电位无穷接近，但又不是真正短路。

(2) 虚断，即理想运放的净输入电流为零，也就是说反相输入端与同相输入端的输入电流均为零，即

$$i_P = i_N \approx 0 \text{ 或 } i_+ = i_- \approx 0$$

这是因为对于理想运放有 $r_{id} = \infty$，而净输入电压 $u_{id} \approx 0$，所以必有 $i_{id} = i_P = i_N \approx 0$。换言之，从集成运放两个输入端看进去，都相当于断路。此时，称这两个输入端虚断路，简称虚断。所谓虚断，是指集成运放的两个输入端电流趋于零，但又不是真正断路。

虚短和虚断是理想运算放大器工作在线性区的两个重要特点，是分析集成运放工作在线性区的两个重要出发点。当然，实际上 A_{ud} 和 R_{id} 并不是无穷大，因此 u_{id} 和 i_{id} 并不等于零。但是对于实际运放，当 A_{ud} 足够大时，净输入电压和净输入电流与电路中其他电压、电流相比确实很小，完全可以忽略不计。当 u_o 为确定的值时，集成运放 A_{ud} 和 r_{id} 的值越大，则 u_{id} 和 i_{id} 越小，忽略后所带来的误差也越小。图 4-36 给出了通用集成运算放大器 μA741 的结构及管脚功能。

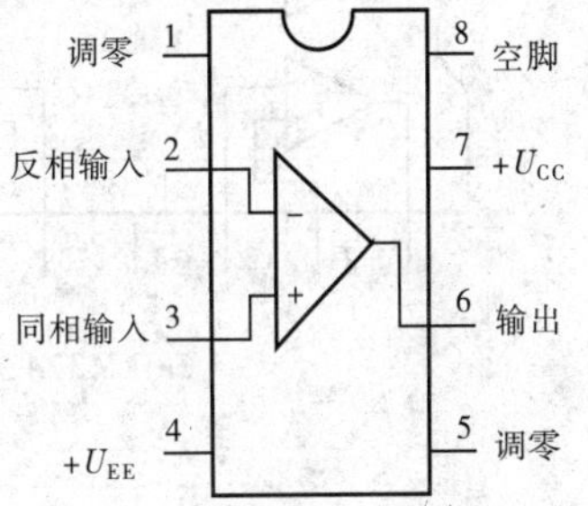

图 4-36　μA741 的结构及管脚功能

2. 非线性应用（运放工作在非线性区）

非线性应用是指理想运放工作在非线性区域，即集成运放的工作范围超出了线性区，作为一个非线性开关器件，输出信号 u_o 与输入信号 u_{id} 之间不再满足 $u_o = A_{ud}u_{id} = A_{ud}(u_P - u_N)$，即 $u_o \neq A_{ud}u_{id} = A_{ud}(u_P - u_N)$。

1) 理想运放工作在非线性区的条件

当集成运放处于开环状态，即不加任何反馈，或者引入了正反馈，同相输入端通过反馈网络连接起来时，运放就会工作在非线性区。

理想运算放大器的非线性特性，如图 4-34(a) 中曲线平行于横轴的部分，说明了在运放的非线性区域，输出电压 u_o 不随输入电压 u_{id} 而变化。由于 A_{ud} 很大，若运放处在开环工作

状态(无反馈)或接入正反馈时,只要输入端加上很小的电压变化量,其输出电压立即超出线性放大范围,达到正向饱和电压 $+U_{om}$ 或负向饱和电压 $-U_{om}$,即输出端管子工作在饱和区域。$+U_{om}$ 和 $-U_{om}$ 在数值上接近于运放的正、负电源电压值。

2)理想运放工作在非线性区的两个重要特点

(1)当 $u_P > u_N$, $u_{id} > 0$ 时,$U_o = +U_{om}$;当 $u_P < u_N$, $u_{id} < 0$ 时,$U_o = -U_{om}$($\pm U_{om}$ 为输出电压的正负最大值)。

理想运放工作在非线性区时,输出电压 u_o 只有两种可能的数值: $\pm U_{om}$,即 $u_P \neq u_N$, 所以不再存在虚短。

(2)净输入电流为零,即 $i_P = i_N \approx 0$(或 $i_+ = i_- \approx 0$)。

这是因为理想运放的 r_{id} 为无穷大,而输入电压为有限值,所以必有 $i_{id} = i_P = i_N \approx 0$。

可见,理想运放工作在非线性区时,仍具有虚断的特点。但一般而言,其净输入电压不再为零,而是取决于输入信号的大小。图 4-37 给出了两种常用的四运放集成电路,供电方式可以是单电源,也可以是双电源。单电源供电时,可将负电源接地。其中 LM324 一般作放大器使用,LM339 一般作比较器使用。理想运放工作在非线性区的应用将在第六章讲述。

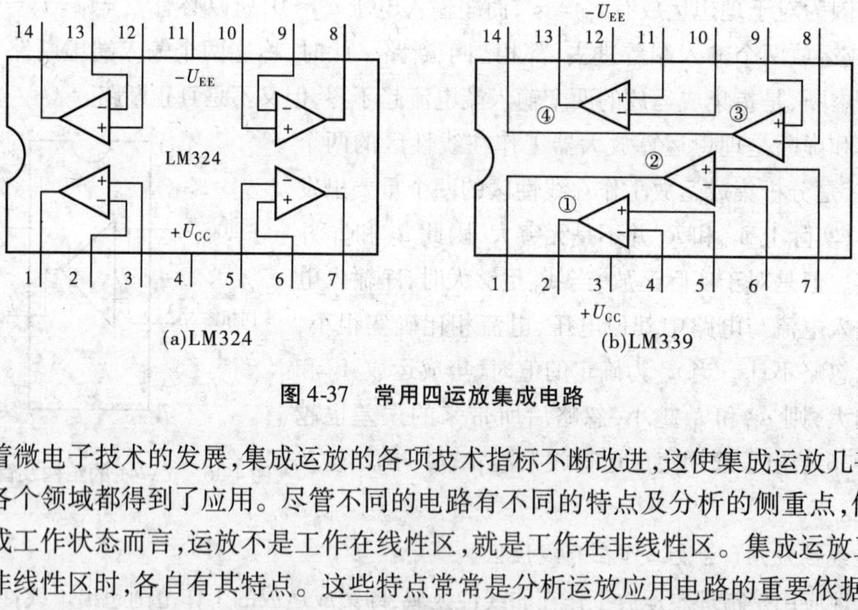

图 4-37 常用四运放集成电路

随着微电子技术的发展,集成运放的各项技术指标不断改进,这使集成运放几乎在电子技术的各个领域都得到了应用。尽管不同的电路有不同的特点及分析的侧重点,但就其工作区域或工作状态而言,运放不是工作在线性区,就是工作在非线性区。集成运放工作在线性区或非线性区时,各自有其特点。这些特点常常是分析运放应用电路的重要依据。

需要说明的是,尽管集成运放的内部结构非常复杂,但就具体应用而言,可以将其看做是一个理想的电子器件。工作在线性区时等效为放大器件,工作在非线性区时等效为开关器件。

小 结

本章主要讲述了以下内容。

(1)多级放大电路有阻容耦合、变压器耦合、直接耦合和光电耦合四种耦合方式。

阻容耦合方式简单,各级静态工作点独立,调节方便。其不足之处是由于采用大容量的电解电容,低频响应性能差,不易集成。

变压器耦合方式各级静态工作点独立,有利于实现阻抗匹配,提高传输效率。其不足之处是变压器体积大,价格高,低频响应性能差,容易产生自激,不能集成。

直接耦合方式结构简单,低频响应性能好,易于集成,不足之处是各级静态工作点相互影响,零点漂移现象严重,需采取相应的补救措施。

光电耦合方式实现了前后级电路之间完全的电气隔离,免受各种电干扰,安全可靠,易于集成,并可实现远距离传输,是很有发展前途的一种耦合方式。

(2)多级放大电路的分析方法多采用等效电路法,其输入电阻为第一级的输入电阻,输出电阻为最末一级的输出电阻,放大倍数为各级放大倍数的乘积。在计算各级放大倍数时,应考虑前后级的相互影响,即将后一级电路的输入电阻作为前级电路的负载。

(3)放大电路对不同信号频率具有不同的放大能力,用频率响应来表示这种特征,频率响应是衡量放大电路放大性能的重要指标。

(4)差动放大电路主要利用特性相同的两个三极管进行补偿,以减小零漂。

(5)集成电路是利用半导体制造工艺将整个电路中的元器件制作在一块基片上的器件,目前应用最为广泛的模拟集成电路是集成运算放大器。

集成运算放大器实质上是一个高增益的直接耦合多级放大电路,一般包括三级。第一级(输入级)由差动放大电路组成,主要用于抑制零漂;第二级(中间级)一般由共射极基本放大电路组成,主要用于电压放大;第三级(输出级)由功率放大级组成,用于提高输出功率和转化效率,增强带负载能力。各级放大电路的偏置电路一般由恒流源电路组成,一方面有利于降低损耗,提高传输效率,另一方面有利于集成。

集成运算放大器有两种主要的应用状态:线性放大状态和非线性开关状态。

(6)集成运放除通用型以外,还有突出某种特殊功能的类型,如高速型、高阻型、高压型、大功率型、低功耗型和低漂移型等专用型运放。应根据使用时的具体情况合理选择。

实训六　差动放大电路的调整与测试

一、实训目的

(1)加深对差动放大器性能及特点的理解。

(2)学习差动放大器主要性能指标的测试方法。

二、实验原理

图4-38是差动放大器的基本电路。它由两个元件参数相同的基本共射放大电路组成。当开关K拨向左边时,构成典型的差动放大器。调零电位器 R_P 用来调节 V_1、V_2 管的静态工作点,使得输入信号 $U_i=0$ 时,双端输出电压 $U_o=0$。R_E 为两管共用的发射极电阻,它对差模信号无负反馈作用,因而不影响差模电压放大倍数,但对共模信号有较强的负反馈作用,故可以有效地抑制零点漂移,稳定静态工作点。

当开关K拨向右边时,构成具有恒流源的差动放大器。它用晶体管恒流源代替发射极

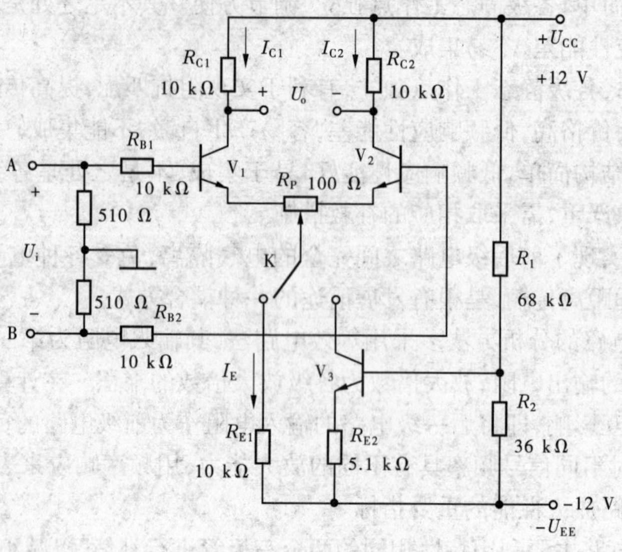

图 4-38　差动放大器实训电路

电阻 R_E,可以进一步提高差动放大器抑制共模信号的能力。

(1)静态工作点的估算。

典型电路

$$I_E \approx \frac{|U_{EE}| - U_{BE}}{R_E} \quad (认为\ U_{B1} = U_{B2} \approx 0)$$

$$I_{C1} = I_{C2} = \frac{1}{2} I_E$$

恒流源电路

$$I_{C3} \approx I_{E3} \approx \frac{\frac{R_2}{R_1 + R_2}(U_{CC} + |U_{EE}|) - U_{BE}}{R_{E3}}$$

$$I_{C1} = I_{C2} = \frac{1}{2} I_{C3}$$

(2)差模电压放大倍数和共模电压放大倍数。

当差动放大器的射极电阻 R_E 足够大,或采用恒流源电路时,差模电压放大倍数 A_{ud} 由输出端方式决定,与输入方式无关。

双端输出:$R_E = \infty$,R_P 在中心位置时,有

$$A_{ud} = \frac{\Delta U_o}{\Delta U_i} = -\frac{\beta R_C}{R_B + r_{be} + \frac{1}{2}(1 + \beta) R_P}$$

单端输出

$$A_{ud1} = \frac{\Delta U_{C1}}{\Delta U_i} = \frac{1}{2} A_{ud}$$

$$A_{ud2} = \frac{\Delta U_{C2}}{\Delta U_i} = -\frac{1}{2} A_{ud}$$

当输入共模信号时，若为单端输出，则有

$$A_{uc1}=A_{uc2}=\frac{\Delta U_{C1}}{\Delta U_i}=\frac{-\beta R_C}{R_B+r_{be}+(1+\beta)(\frac{1}{2}R_P+2R_E)}\approx-\frac{R_C}{2R_E}$$

若为双端输出，在理想情况下，有

$$A_{uc}=\frac{\Delta U_o}{\Delta U_i}=0$$

实际上由于元件不可能完全对称，A_{uc} 也不会绝对等于零。

(3)共模抑制比 K_{CMR}。

为了表征差动放大器对有用信号(差模信号)的放大作用和对共模信号的抑制能力，通常用一个综合指标来衡量，即共模抑制比

$$K_{CMR}=\left|\frac{A_{ud}}{A_{uc}}\right| \text{ 或 } K_{CMR}=20\lg\left|\frac{A_{ud}}{A_{uc}}\right|(\text{dB})$$

差动放大器的输入信号可采用直流信号也可采用交流信号。本实验由函数信号发生器提供频率 $f=1$ kHz 的正弦信号作为输入信号。

三、实训设备与器件

±12 V 直流电源、函数信号发生器、双踪示波器、交流毫伏表、直流电压表、晶体三极管 3DG6×3(或 9011×3)，要求 V_1、V_2 管特性参数一致；电阻器、电容器若干。

四、实训内容

(一)典型差动放大器性能测试

按图 4-38 连接实验电路，开关 K 拨向左边构成典型差动放大器。

1. 测量静态工作点

(1)调节放大器零点。

信号源不接入，将放大器输入端 A、B 与地短接，接通 ±12 V 直流电源，用直流电压表测量输出电压 U_o，调节调零电位器 R_P，使 $U_o=0$。

(2)测量静态工作点。

零点调好以后，用直流电压表测量 V_1、V_2 管各极电位及射极电阻 R_E 两端电压 U_{RE}，记入表 4-1。

表 4-1　静态工作点测试

<table>
<tr><td rowspan="2">测量值</td><td>U_{C1}(V)</td><td>U_{B1}(V)</td><td>U_{E1}(V)</td><td>U_{C2}(V)</td><td>U_{B2}(V)</td><td>U_{E2}(V)</td><td>U_{RE}(V)</td></tr>
<tr><td></td><td></td><td></td><td></td><td></td><td></td><td></td></tr>
<tr><td rowspan="2">计算值</td><td colspan="2">I_C(mA)</td><td colspan="3">I_B(mA)</td><td colspan="2">U_{CE}(V)</td></tr>
<tr><td colspan="2"></td><td colspan="3"></td><td colspan="2"></td></tr>
</table>

2. 测量差模电压放大倍数

断开直流电源，将函数信号发生器的输出端接放大器输入 A 端，地端接放大器输入 B 端，构成单端输入方式，调节输入信号为频率 $f=1$ kHz 的正弦信号，并使输出旋钮至零，用

示波器监视输出端（集电极 C_1 或 C_2 与地之间）。

接通 ±12 V 直流电源，逐渐增大输入电压 U_i（约 100 mV），在输出波形无失真的情况下，用交流毫伏表测量 U_i、U_{c1}、U_{c2}，记入表 4-2 中，并观察 u_i、u_{c1}、u_{c2}之间的相位关系及 U_{RE} 随 U_i 改变而变化的情况。

3. 测量共模电压放大倍数

将放大器 A、B 端短接，信号源接入 A 端与地之间，构成共模输入方式。调节输入信号 f =1 kHz，U_i =1 V，在输出电压无失真的情况下，测量 U_{c1}、U_{c2}的值，记入表 4-2，并观察 u_i、u_{c1}、u_{c2}之间的相位关系及 U_{RE}随 U_i改变而变化的情况。

表 4-2　共模电压放大倍数测试

	典型差动放大电路		具有恒流源的差动放大电路	
	单端输入	共模输入	单端输入	共模输入
U_i	100 mV	1 V	100 mV	1 V
U_{c1}(V)				
U_{c2}(V)				
$A_{ud1}=\dfrac{U_{c1}}{U_i}$		—		—
$A_{ud}=\dfrac{U_o}{U_i}$		—		—
$A_{uc1}=\dfrac{U_{c1}}{U_i}$	—		—	
$A_{uc}=\dfrac{U_o}{U_i}$	—		—	
$K_{CMR}=\left\lvert\dfrac{A_{ud1}}{A_{uc1}}\right\rvert$				

（二）具有恒流源的差动放大电路性能测试

将图 4-38 电路中开关拨向右边，构成具有恒流源的差动放大电路。重复以上实验步骤，将结果记入表 4-2。

五、实训总结

（1）整理实验数据，列表比较实验结果和理论估算值，分析误差原因。

①静态工作点和差模电压放大倍数；

②典型差动放大电路单端输出时的 K_{CMR}实测值与理论值比较；

③典型差动放大电路单端输出时 K_{CMR}实测值与具有恒流源的差动放大器 K_{CMR}实测值比较。

（2）比较 u_i、u_{c1}、u_{c2}之间的相位关系。

（3）根据实验结果，总结电阻 R_E 和恒流源的作用。

六、预习要求

（1）根据实验电路参数，估算典型差动放大器和具有恒流源的差动放大器的静态工作点及差模电压放大倍数（取 $\beta_1=\beta_2=100$）。

(2)测量静态工作点时，放大器输入端 A、B 与地应如何连接？

(3)实验中怎么样获得双端和单端输入差模信号？怎么样获得共模信号？画出 A、B 端与信号源之间的连接图。

(4)怎样进行静态调零点？用什么仪表测 U_o？

(5)怎样用交流毫伏表测双端输出电压 U_o？

习 题

4-1 多级放大电路有哪几种耦合方式？各有什么特点？

4-2 多级放大电路总的电压放大倍数、输入电阻和输出电阻与组成它的各级电路的电压放大倍数、输入电阻和输出电阻之间有什么关系？

4-3 定性说明基本放大电路的电压放大倍数为什么在低频和高频时下降。

4-4 试解释以下名词：共模输入信号、差模输入信号、共模抑制比。

4-5 集成运放通常包括哪几个基本组成部分？对各部分的要求是什么？

4-6 什么是理想运算放大器？理想运放工作在线性区和非线性区时各有什么特点？

4-7 判断题

(1)直接耦合多级放大电路各级的静态工作点相互独立。 ( )

(2)阻容耦合多级放大电路各级的静态工作点相互影响。 ( )

(3)直接耦合多级放大电路只能放大直流信号。 ( )

(4)测得两个共射放大电路的空载电压放大倍数均为 -100，将它们连成两级放大电路后，空载放大倍数为 10 000。 ( )

(5)直接耦合放大电路存在零点漂移的主要原因是晶体管参数受温度影响。 ( )

(6)多级放大电路的第一级采用差动放大电路主要是为了克服温度导致的零点漂移。 ( )

4-8 设图 4-39 所示电路中三极管的 β 均为 100，且 $r_{be1}=6\ \text{k}\Omega$，$r_{be2}=1.5\ \text{k}\Omega$。试求：

(1)两级的静态工作点 Q_1 和 Q_2；

(2)总的电压放大倍数 A_u；

(3)输入电阻 r_i 和输出电阻 r_o。

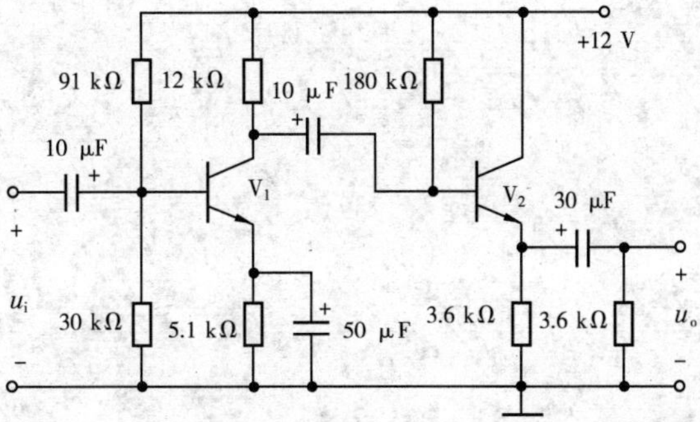

图 4-39

4-9 电路如图 4-40 所示，已知 V_1、V_2 的 $\beta_1=\beta_2=80$，$U_{BEQ1}=U_{BEQ2}=0.7\ \text{V}$，$r'_{bb}=200\ \Omega$。

试求：

(1) V_1、V_2 的静态工作点 I_{CQ} 及 U_{CEQ}；

(2) 差模电压放大倍数 $A_{ud}=\frac{u_o}{u_i}$；

(3) 差模输入电阻 r_{id} 和输出电阻 r_o。

4-10　电路如图 4-41 所示，已知三极管的 $\beta=60$，$U_{BEQ}=0.7\ V$，$r'_{bb}=200\ \Omega$。试求：

(1) 静态工作点 I_{CQ1} 及 U_{CEQ1}；

(2) 差模电压放大倍数 A_{ud}；

(3) 差模输入电阻 r_{id} 和输出电阻 r_o。

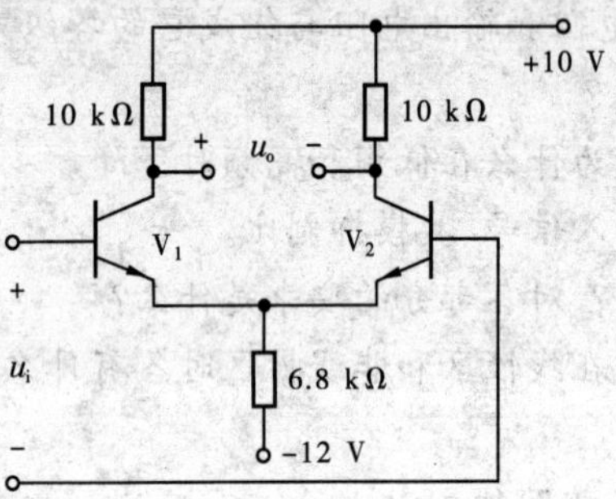

图 4-40

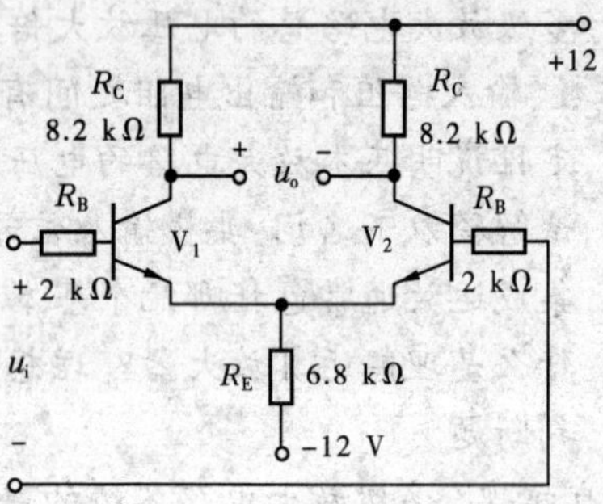

图 4-41

第五章　负反馈放大电路

在电子电路中，反馈的现象普遍存在，直接影响着电子电路的工作状态和性能。在放大电路中引入合适的负反馈，可以稳定放大电路的电压放大倍数，改变输入、输出电阻，展宽通频带、减小非线性失真等。各种信号产生电路实际上是在放大电路中引入合适的正反馈构成的。掌握反馈的基本概念和判断方法是研究实用电路的基础。

本章首先着重阐述反馈的基本概念、反馈的类型以及反馈的判断方法，然后简要地介绍负反馈对放大器性能的影响以及深度负反馈的简单计算。

第一节　反馈的基本概念

反馈作为一种控制手段，早已在电子技术、自动控制、管理系统及生物工程等众多技术领域得到广泛应用。在电子技术中，反馈放大器占有重要的位置。甚至可以说，几乎所有的实用电子电路都包含不同程度的反馈。

一、反馈的概念

所谓反馈，就是把放大电路的输出信号（电压或电流）的一部分或全部通过一定的电路（反馈电路或称反馈网络）送回到放大电路的输入端，并与输入信号（电压或电流）相合成（或叠加），从而影响输入信号的过程。由输出端送回输入端的信号称为反馈信号。

在本书第二章中讨论的分压式射极偏置放大电路稳定静态工作点的原理就是利用输出量 I_{CQ} 的变化，经电阻 R_E 转换成电压 U_{EQ} 的变化，送回到输入回路，使净输入电压 U_{BEQ} 减小，使净输入电流 I_{BQ} 减小，从而使输出电流 I_{CQ} 的变化减小，实现了工作点 Q 的稳定。

二、反馈放大电路的组成

具有反馈的放大电路称为反馈放大电路。

一般可将反馈放大电路分为两部分：一部分为原先不带反馈的电路，称为基本放大电路，也称开环电路（或系统），在这个电路中，只存在信号自输入端向输出端的单方向传输——正向传输。如图 5-1（a）就是没有反馈的基本放大电路

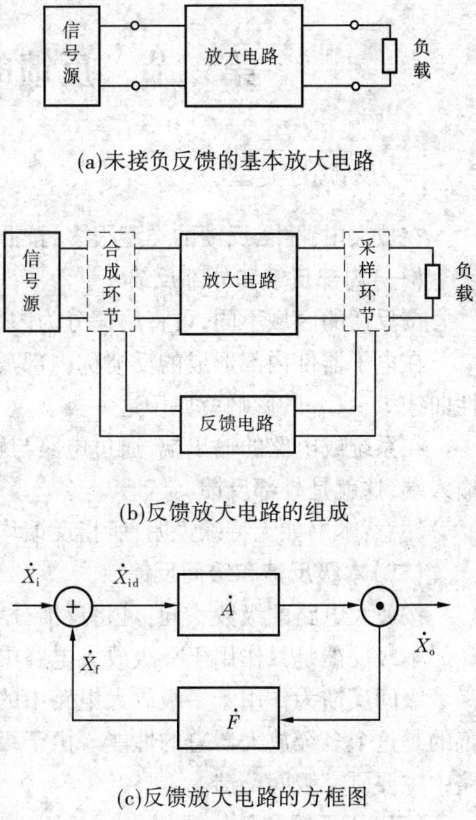

(a)未接负反馈的基本放大电路

(b)反馈放大电路的组成

(c)反馈放大电路的方框图

图 5-1　反馈放大电路的示意图

的组成图。另一部分为将输出信号反送回输入端的电路,称为反馈电路或反馈网络。该部分电路通常由外接电阻或电容器等元件组成。如图5-1(b)中所示反馈电路部分,该反馈电路是将输出信号由输出端送回输入端——反向传输。图5-1(b)就是反馈放大电路的组成图。在该图中,既存在信号的正向传输,又存在输出端向输入端的信号反向传输,从而构成了一个信号传输的闭合环路,称为闭环电路(系统)。由此可见,反馈放大电路就是由基本放大电路与传输反馈信号的反馈电路组成的。

在图5-1(b)中,取样环节表示反馈信号从放大电路的输出端取出,取出的方式不同,反映了反馈的类型不同。合成环节表示反馈信号送回到放大电路的输入端和原来的输入信号进行合成(叠加),同样,合成的方式不同,也反映了反馈的类型不同。反馈放大电路的框图一般如图5-1(c)所示,图中 $\dot{X}_i$ 为输入信号,$\dot{X}_o$ 为输出信号,$\dot{X}_f$ 为反馈信号,$\dot{X}_{id}$ 则是表示输入信号 $\dot{X}_i$ 和反馈信号 $\dot{X}_f$ 合成后的净输入信号(信号量均用复数表示),⊕表示反馈信号在输入端与原输入信号的叠加方式,⊙表示反馈信号从输出端取得信号的方式,带箭头的线段表示信号传输的参考方向。

$\dot{A}=\dot{X}_o/\dot{X}_{id}$,为基本放大电路的放大倍数,也称开环放大倍数,反映了基本放大器的放大能力。

$\dot{F}=\dot{X}_f/\dot{X}_o$,为反馈电路的反馈系数,表示放大电路引入反馈的强弱和深度。$\dot{F}$ 值越大,反馈越强,或者说反馈的深度越深。

第二节　反馈的类型及其判定方法

一、反馈的类型

在放大电路中,反馈的类型很多,按照不同的分类方法,可以分为不同的类型。

(一)内部反馈和外部反馈

按反馈的区域不同,可将反馈分为内部反馈和外部反馈。

在电子器件内部形成的反馈称内部反馈。例如,三极管的集-射极电压 U_{CE} 对输入特性曲线 I_B-U_{BE} 的影响就属于这一类。

在系统或电路的输出端,通过电路与输入端相连接,把输出信号的一部分或全部送回到输入端,这就是外部反馈。

注意:本书如无特殊说明,所指反馈均为外部反馈。

(二)本级反馈和级间反馈

按放大电路的级数不同,可将反馈分为本级反馈和级间反馈。

本级反馈是只作用于一级放大电路中的反馈,改善的是该级放大电路的性能。

级间反馈为作用于多级放大电路中的反馈,反馈电路连通于至少两级放大电路之间,改善的是这个多级放大器总的性能。由于级间反馈强度比本级反馈大得多,通常多级放大电路中主要研究级间反馈。

(三)正反馈和负反馈

按反馈信号的极性不同,可将反馈分为正反馈和负反馈。

如果放大电路引入的反馈信号与外加输入信号合成(叠加)后,净输入信号增加,从而使放大电路输出端的信号幅度增加,即使放大电路的放大倍数增大,称为正反馈。

如果放大电路引入的反馈信号与外加输入信号合成(叠加)后,净输入信号减小,从而使放大电路输出端的信号幅度减小,即使放大电路的放大倍数减小,称为负反馈。

正反馈和负反馈在电子电路中所起的作用完全不同。在放大电路中,广泛应用的是负反馈,它的作用是显著提升电路的性能,如提高电路工作的稳定性、减小波形失真、提高电路的抗干扰能力等。但同时负反馈会降低放大电路的放大倍数。

正反馈能提高放大倍数,但会使放大电路的工作稳定性、失真度、频率特性等性能显著变坏,在放大电路中一般很少使用,只是在某些振荡电路中会引入正反馈以构成自激振荡。有关这方面的内容,我们将在第七章作介绍。这里主要讨论的是负反馈。

(四)直流反馈和交流反馈

由于在放大电路中既含有直流分量,又含有交流分量,因此反馈放大电路按反馈信号的性质不同,可分为直流反馈和交流反馈。

直流反馈:反馈只对直流分量起作用,反馈元件只能传递直流信号。反馈元件存在于放大电路的直流通路中。

引入直流负反馈的目的是改善放大器的直流性能,常用来稳定静态工作点。

交流反馈:反馈只对交流分量起作用,反馈元件只能传递交流信号。反馈元件存在于放大电路的交流通路中。

引入交流负反馈的目的是改善放大电路的动态性能,如稳定放大器放大倍数,改变输入、输出电阻,展宽通频带等。

若某放大器的反馈电路既存在于它的直流通路,又存在于交流通路中,则该反馈既能引入直流反馈,又能引入交流反馈,属于交、直流共存的反馈。

直流负反馈在前面讨论稳定放大电路静态工作点的时候已作了介绍,本章主要讨论交流负反馈放大电路的结构以及负反馈对放大电路性能的影响。

(五)电压反馈和电流反馈

从放大电路的输出端看,按照反馈电路在输出端对输出信号采样方式的不同,可将反馈分为电压反馈和电流反馈。

在放大电路输出端,若反馈电路与基本放大电路负载 R_L 并联连接,反馈信号取样于输出电压,称为电压反馈,如图 5-2(a)所示。

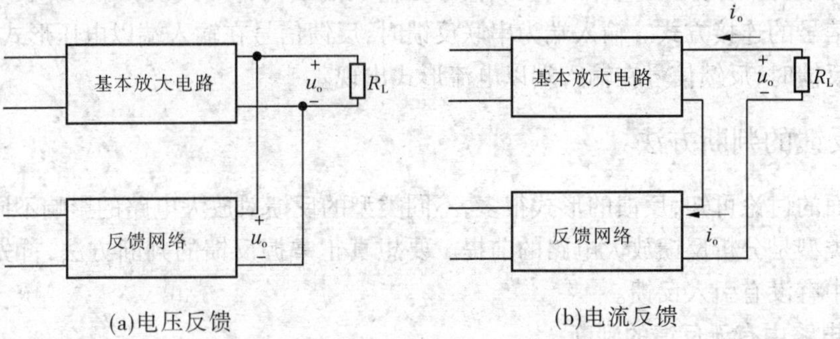

图 5-2　电压反馈和电流反馈框图

在放大电路输出端，若反馈电路与基本放大电路负载 R_L 串联连接，反馈信号取样于输出电流，称为电流反馈，如图 5-2(b) 所示。

通常情况下，电压反馈是反馈信号与输出电压成正比，电流反馈是反馈信号与输出电流成正比。

(六) 串联反馈和并联反馈

从放大电路的输入端看，按照反馈电路在输入端连接方式的不同，即反馈信号与输入信号叠加求和方式不同，可将反馈分为串联反馈与并联反馈。

若反馈信号在输入端与输入信号是以电压形式相减(或相加)叠加的，反馈信号必与净输入信号相串联，这种形式的反馈就是串联反馈。对于串联反馈，输入信号、净输入信号及反馈信号均在输入回路中，用电压形式表示($\dot{X}_i=\dot{U}_i,\dot{X}_{id}=\dot{U}_{id},\dot{X}_f=\dot{U}_f$)，如图 5-3(a) 所示。由于反馈电压 u_f 经过信号源内阻 R_s 反映到净输入电压 u_{id} 上，R_s 越小，对 u_f 的阻碍作用就越小，反馈效果就越好。所以，串联负反馈适宜采用低内阻的恒压源作为输入信号源。

若反馈信号在输入端与输入信号是以电流形式相减(或相加)叠加的，反馈信号必与净输入信号相并联，这种形式的反馈就是并联反馈。对于并联反馈，输入信号、净输入信号及反馈信号均应用电流表示($\dot{X}_i=\dot{I}_i,\dot{X}_{id}=\dot{I}_{id},\dot{X}_f=\dot{I}_f$)，如图 5-3(b) 所示。由于反馈电流 i_f 经过信号源内阻 R_s 的分流反映到净输入电流 i_{id} 上，R_s 越大，对 i_f 的分流就越小，反馈效果就越好。所以，并联负反馈适宜采用高内阻的恒流源作为输入信号源。

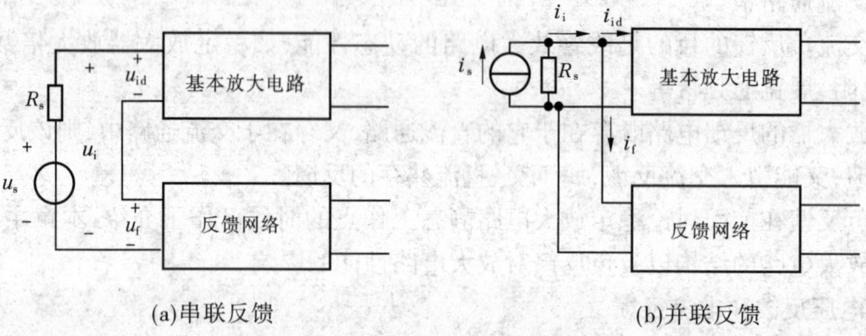

图 5-3　串联反馈和并联反馈框图

必须指出，电压反馈不应该理解为反馈到输入端的信号一定以电压的形式出现，电流反馈也不应该理解为反馈到输入端的信号一定以电流的形式出现，是电压反馈还是电流反馈只需看输出端的采样方式；同样的，反馈信号在输入端以何种形式反馈出来，取决于输入信号与反馈信号的连接方式。输入端为串联反馈时，反馈信号在输入端以电压形式出现；输入端为并联反馈时，反馈信号在输入端以电流形式出现。

二、反馈的判断方法

从上面的讨论可知，反馈的形式很多，不同类型的反馈对放大电路的影响不同。正确判断反馈的类型是分析反馈放大电路的前提。要想真正掌握反馈的判断方法，首先应该明确放大电路中有没有引入反馈。

(一) 电路中有无反馈的判断

要想判断一个放大电路中是否引入了反馈，通常用以下两种方法判断。

1. 看有无沟通元件

所谓沟通元件，是指将放大电路的输入端和输出端连接起来的元件。如果电路中有沟通元件，则存在反馈。如图 5-4(a)、(b)所示电路，两个电路图极其相似，如果不仔细查看，一定会认为两图中的 R_F 都是沟通元件，其实，对于(a)图，R_F 确实是连通放大器输入和输出端的沟通元件，该支路就是一条反馈支路，R_F 是反馈元件，所以该电路存在反馈。但在(b)图中，R_F 其实是与 V_2 的射极电阻 R_E 并联的，并不是沟通元件，所以 R_F 支路也就不是沟通支路，R_F 也不是反馈元件。同样的道理，如果将(a)图中 V_2 的发射极电阻 R_E 短路，R_F 同样构不成反馈，也就不再是反馈元件。

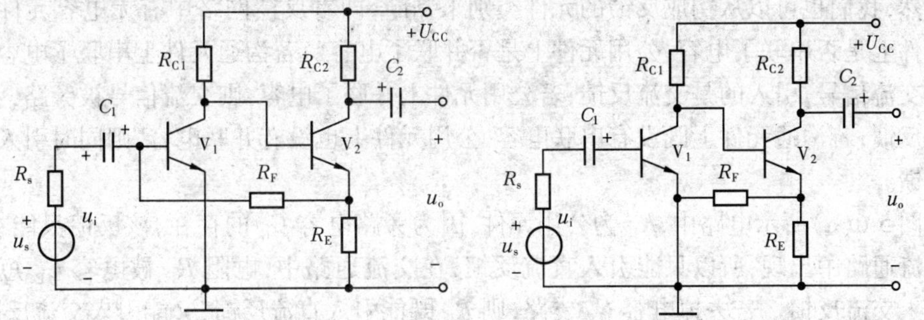

(a)有反馈　　　　(b)无反馈

图 5-4　反馈有无的判断

2. 看有无公用元件

所谓公用元件，就是指既属于输入回路又属于输出回路的元件。如果一个电路中存在公用元件，则该电路一定存在反馈。如图 5-5(a)所示电路中，发射极电阻 R_E 既在输入回路中，又在输出回路中，是公用元件，所以该电路存在反馈。

显然，当电路中有沟通元件或有公用元件时，电路中肯定存在反馈。只有当电路中既无沟通元件，又无公用元件时，电路中才不存在反馈。如图 5-4(b)中的 R_F 与图 5-5(b)中的 R，二者虽然都连接输出端和输入端，但由于二者均接地，所以它们既不是沟通元件，也不是公用元件，故二者构不成反馈。

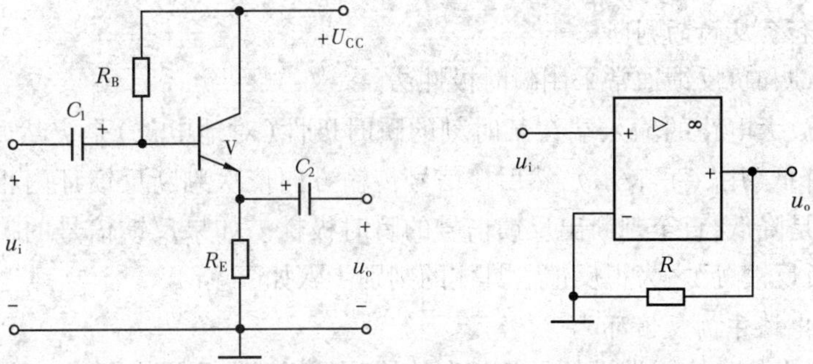

(a)有反馈　　　　(b)无反馈

图 5-5　反馈有无的判断

(二)反馈类型的判断

只有当判定一个电路中存在反馈后,才可进一步判断反馈的类型。

1. 直流反馈和交流反馈的判断

由二者定义可知,对直流量起反馈作用的是直流反馈;对交流量起反馈作用的是交流反馈。若一个反馈网络中的元件只存在于该放大电路的直流通路中,则该反馈一定对直流量起作用,它引入的一定是直流反馈;若一个反馈网络中的元件只存在于该放大电路的交流通路中,则该反馈一定对交流量起作用,它引入的一定是交流反馈;如果反馈元件既存在于直流通路中,又存在于交流通路中,则它引入的一定是交、直流并存的反馈。

当然,我们也可以从构成反馈的元件类别来判断,即看反馈网络中有无电容元件,例如沟通元件上是否串联了电容,公用元件上是否并联了电容。若沟通元件上串联了电容,则只能反馈交流信号,引入的是交流反馈;若公用元件上并联了电容,则交流信号被旁路,引入的是直流反馈;若沟通元件上既没有串联电容,公用元件上也没有并联电容,则同时引入了交、直流反馈。

如图 5-6(a)所示电路中,R_E 为公用元件,因为旁路电容 C_E 的存在,该反馈只能在该电路的直流通路中出现,所以只能引入直流反馈;在交流通路中,电阻 R_E 被电容 C_E 短路,故不能引入交流反馈。若去掉电容 C_E 支路,则 R_E 既能引入直流反馈,又能引入交流反馈。

在图 5-6(b)所示电路中,反馈元件既有电阻 R_F,又有电容 C_F,故只能引入交流反馈。

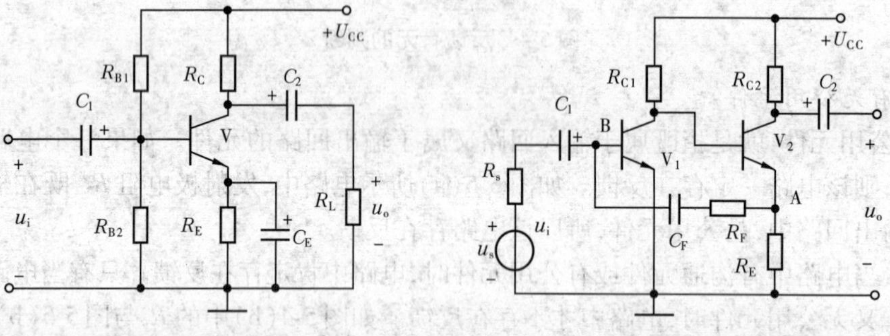

图 5-6　直流反馈和交流反馈的判断

2. 正反馈和负反馈的判断

判断正反馈和负反馈通常采用瞬时极性法。

首先假设放大电路的输入端在某时刻的瞬时极性(对地电位)是突然升高(用"⊕"表示)还是突然降低(用"⊖"表示),然后按信号传输方向依次判断反馈环内相关各点的瞬时极性是升高还是降低,直至判断出反馈信号的瞬时极性。如果反馈信号的瞬时极性使净输入减小,则为负反馈,反之为正反馈。具体的判别步骤如下。

1)先确定电路中的反馈环

反馈环:即由信号输入端沿信号的正向传输路径到反馈采样点所在的输出端,再由采样点经反馈电路回到反馈点所在的输入端,如图 5-7 中虚线所圈住的部分。

采样点:即反馈支路在信号输出端的连接点,也称取样点。图中的 A、C 两点均为反馈电路在输出端的可取样点。本图中的取样点为 A 点,即从 V_2 的输出端之一的发射极取样。

反馈点：即反馈电路在信号输入端的连接点，也称合成点、混合点，一般是基本放大电路两个输入端点中的一个，如图5-7中的B点。

在无反馈的电路中，两个输入（输出）端点中，必有一个是公共地端。而在反馈放大电路中，可能两个输入（输出）端点都是非地端点，习惯上将靠近地的端点称为近地端，另一端称为远地端。图5-7中，对输出端而言，A为近地端，C为远地端。

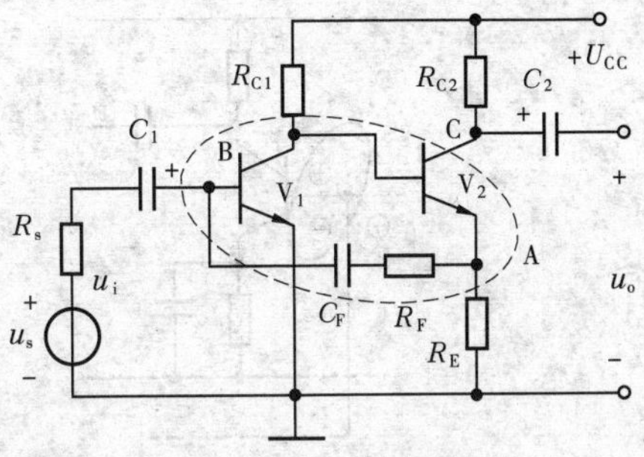

图5-7 反馈环的确定

2）假定输入信号的瞬时极性（对地电位）

理论上，输入信号的瞬时极性可任意假定，然而一旦确定之后就不能任意改变，其他相关点的瞬时极性都必须以此为参考。一般假定远地输入端点（远地端）在某时刻的瞬时极性突然升高，用“⊕”表示，如图5-8所示。

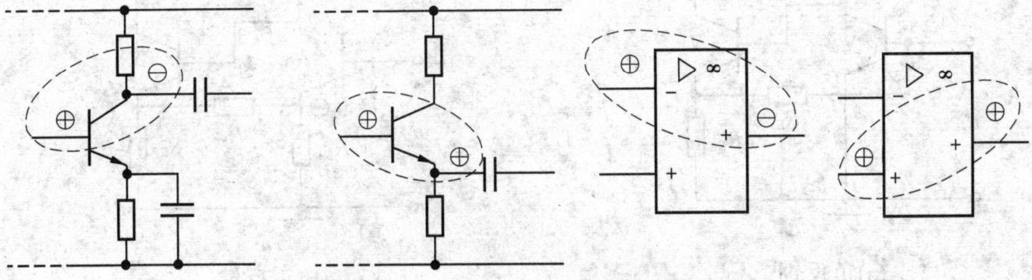
图5-8 各点瞬时极性标注图示

3）确定反馈环上相关各点在某时刻的瞬时极性

分立元件电路反馈环上相关各点在某时刻瞬时极性的确定：对共射极电路，输出信号与输入信号极性相反；对共集电极电路，输出信号与输入信号极性相同。集成运算放大器反馈环上相关各点在某时刻瞬时极性的确定：输出端与反相输入端极性相反，与同相输入端极性相同，如图5-8所示。

一般地，反馈网络（反馈电路）中不含放大元件（三极管或运放），通常由电阻、电容等元件构成，这些元件不会改变信号的极性。

4）判断反馈的正负

根据信号输入端假定的某一瞬时的极性与反馈信号在混合点（即在信号输入端的合成点）的瞬时极性，判断反馈的正负。

若反馈信号的极性与假定的输入信号极性在同一输入电极上合成，则两者极性相反为负反馈，极性相同为正反馈。

若反馈信号的极性与假定的输入信号极性在两个输入电极上合成，则两者极性相同为负反馈，极性相反为正反馈，如图5-9所示。

在同一点不同信号的极性可能不同，同一点同一个信号在不同时刻的极性也可能不同，但当假定输入信号某时刻的瞬时极性后，任何信号在电路中某一点的瞬时极性是唯一确定的。

例如，在图5-10（a）中，假设在V_1的基极输入一个电压信号，其某时刻的瞬时极性对地为正，则根据电路的工作原理可以推出V_2的发射极电位将降低，通过R_F的反馈电流增大，于是流入基极的电流将减小。由于反馈信号削弱了输入信号的作用，因此是负反馈。又如

图 5-9　合成端反馈极性判别图

在图 5-10(b)中，当输入电压为如图所示的瞬时极性时，从 V_2 发射极反馈到 V_1 发射极的电压瞬时极性为负，使 V_1 发射极电压降低，则 V_1 的净输入信号增大，因此是正反馈。

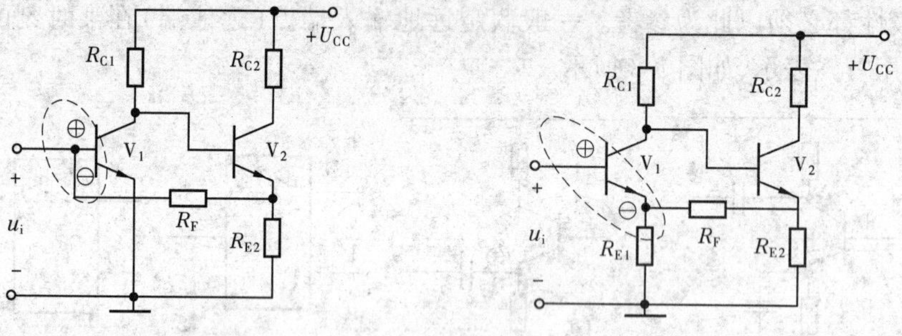

(a)负反馈　　　　(b)正反馈

图 5-10　合成端反馈极性判别图

3. 电压反馈和电流反馈的判断

在放大电路的输出端，根据反馈取样的对象来判断是电压反馈还是电流反馈。

方法：输出端短路法。假设输出端的负载短路($R_L=0$)，则输出电压 $u_o=0$，这时如果反馈消失，则为电压反馈；如果反馈不消失，则为电流反馈。

判断电压、电流反馈的直观方法：若反馈采样点在输出端的远地点，则为电压反馈，否则为电流反馈，如图 5-11 所示。

在图 5-12 中，假设输出端短路，即 $u_o=0$，则从图中可明显地看出，反馈元件 R_F、C_F 就并联在了 V_1 的发射极电阻 R_{E1} 的两端，这时它们引入的反馈消失，所以根据定义可知，该反馈为电压反馈。从反馈的采样点在输出的远地端也可以判断该反馈为电压反馈，这两点是一致的。

4. 串联反馈和并联反馈的判断

在放大电路的输入端，根据反馈电路在输入端的连接方式的不同来判断是串联反馈还是并联反馈。

方法：输入端短路法。假设放大电路的输入端短路，则 $u_i=0$，如果此时反馈信号同样被短路，则反馈消失，那该反馈即为并联反馈，此时的反馈信号为电流 i_f，反馈信号是以电流的形式影响净输入的。如果此时反馈信号没有消失，则为串联反馈，此时的反馈信号为电压 u_f，反馈信号是以电压的形式影响净输入的。

判断串联反馈、并联反馈的直观方法：若反馈合成点在输入端的远地点，则为并联反馈，

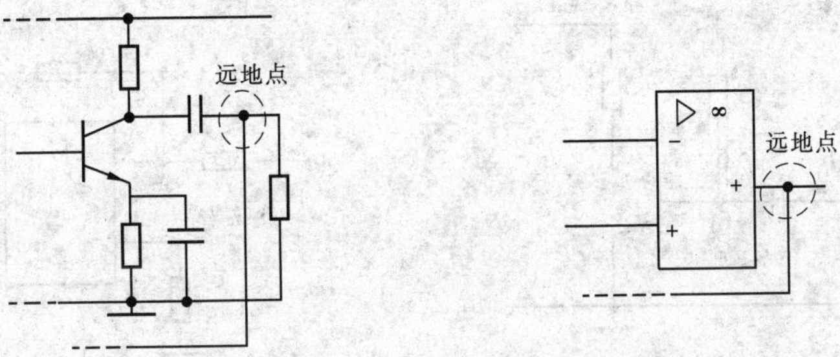

(a)电压反馈

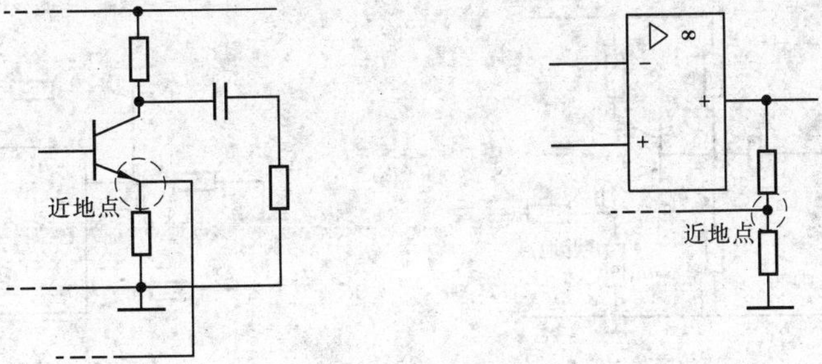

(b)电流反馈

图 5-11　电压反馈、电流反馈简易判断图

否则为串联反馈,如图 5-13 所示。

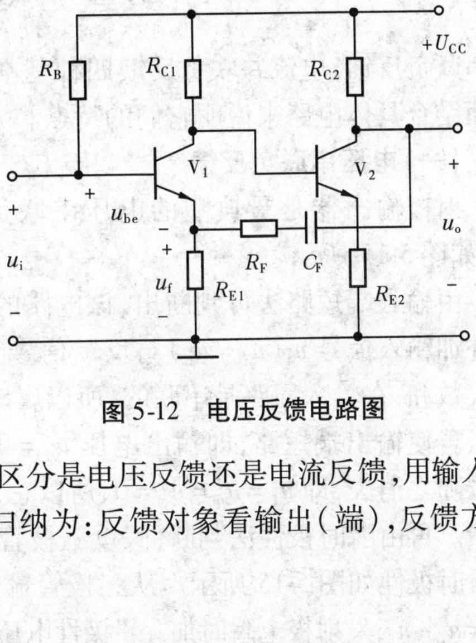

图 5-12　电压反馈电路图

在图 5-14 中,假设输入端短路,即 $u_i=0$,则从图中可明显地看出,反馈元件 R_F、C_F 所引入的反馈并没有消失,并且还将从输出端采样来的信号以电阻 R_{E1} 上的电压 u_f 的形式来影响净输入电压 u_{be},所以根据定义可知,该反馈为串联反馈。另外,从反馈的合成点在输入的近地端也可以判断该反馈为串联反馈,这两点是一致的。

综上所述,我们可用瞬时极性判别法来分析放大器是正反馈还是负反馈,用输出端短路法来区分是电压反馈还是电流反馈,用输入端短路法来区分是串联反馈还是并联反馈。这样可归纳为:反馈对象看输出(端),反馈方式看输入(端),反馈性质看极性。

三、交流负反馈的四种基本形式

由图 5-12 和图 5-14 可知,这两个电路图其实是一个电路,只是其中包含了反馈的好几种类型。由此可知,在实际的反馈电路中,电压负反馈不仅可以以串联的形式出现,也可以以并联的形式出现;电流负反馈不仅可以以并联的形式出现,也可以以串联的形式出现。这就是我们要讨论的电压并联负反馈、电压串联负反馈、电流并联负反馈、电流串联负反馈等四种基本形式。

在放大电路中,一般只讨论外部交流负反馈中的电压串联负反馈、电压并联负反馈、电

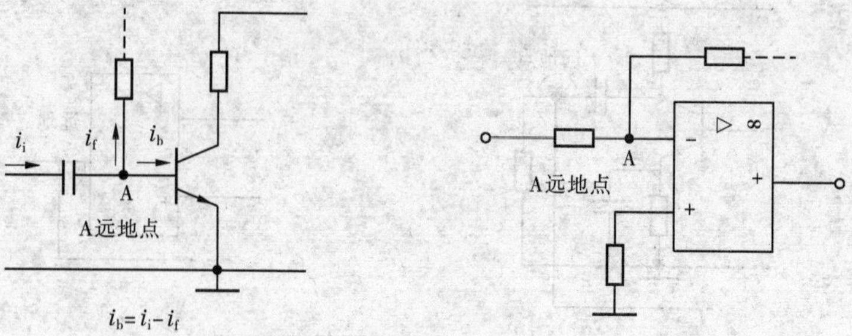

(a)并联反馈

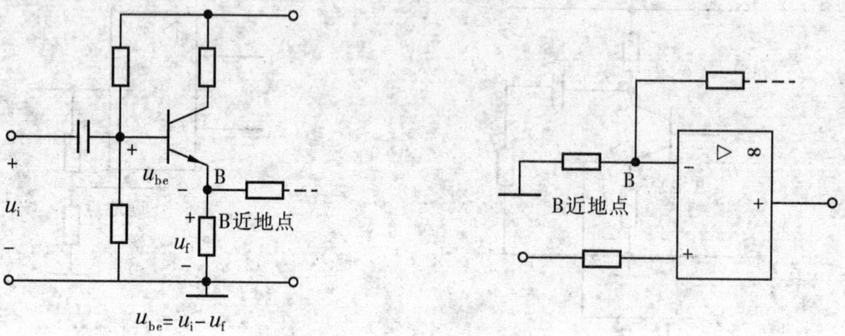

(b)串联反馈

图 5-13　并联反馈、串联反馈简易判断图

流串联负反馈、电流并联负反馈四种基本组合类型。下面结合具体电路来说明它们的特点。

（一）电压串联负反馈

射极输出器是最典型的电压串联负反馈放大器，如图 5-15 所示。

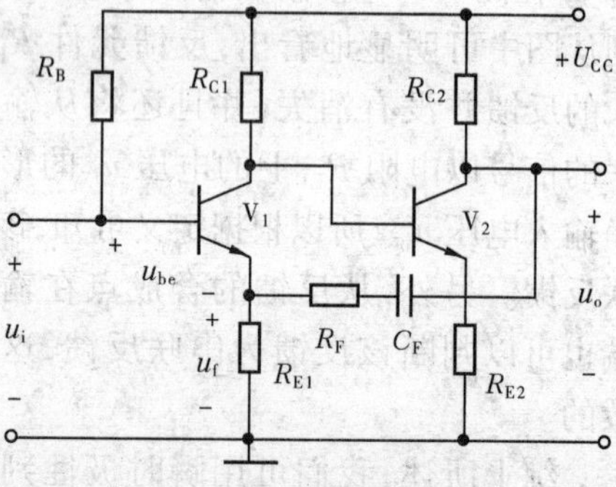

图 5-14　串联反馈电路图

由输入端短路法可判断出，该电路的净输入 u_{be} 是外加输入信号 u_i（$u_i=u_b$）与反馈信号 u_f（$u_f=u_e$）的代数和，在输入回路是串联的，所以属串联反馈。

若使输出端短路，即输出电压 $u_o=0$，那么反馈信号随之消失，即 $u_f=u_e=u_o=0$，所以它又属于电压反馈。再由瞬时极性法判断，假设三极管的基极瞬时极性为“⊕”，其余反馈环内相关各点的瞬时极性如图 5-15 所示。从三极管输入端来看，反馈信号起着削弱输入信号的作用，即 $u_{be}=u_i-u_f$，发射极上瞬时加“⊕”极性电压，相当于向基极反馈加“⊖”极性电压。所以图 5-15 是负反馈电路，这种电路称为电压串联负反馈放大器。

电压负反馈的特点是使输出电压稳定，它本身有自动调节的作用。例如，当 $u_i=u_b$ 一定时，由于负载 R_L 或电源电压 U_{CC} 的变化，使输出电压 u_o 增大，那么就会产生如下过程：

$$u_o\uparrow\rightarrow u_f(u_f=u_o)\uparrow\rightarrow u_{be}(u_{be}=u_i-u_f)\downarrow\rightarrow i_b\downarrow\rightarrow i_c\downarrow\rightarrow i_e\downarrow\rightarrow u_o(u_o=i_eR_e)\downarrow$$

该过程最终使输出电压 u_o 稳定。它相当于一个电压源，内阻很小（例如射极输出器的输出电阻就很小）。在串联反馈中，希望信号源 u_s 的内阻 R_s 尽量小些，这样可使负反馈的作用更显著。因为 R_s 的存在对反馈信号 u_f 有分压作用，使反馈到放大器的信号减小。若

$R_s = \infty$，虽有 u_f 存在，也不能将 u_f 送到输入端去影响 u_{be}。而 $R_s = 0$ 时，u_f 就对放大器的净输入 u_{be} 直接产生影响，即

$$u_b = u_i = u_s - i_i R_s$$

$$u_{be} = u_b - u_f = u_s - i_i R_s - u_f$$

当 $R_s = 0$ 时，则

$$u_{be} = u_s - u_f$$

(二)电压并联负反馈

图 5-16 所示的基本放大电路部分是一个发射极带有 R_E 和 C_E（直流负反馈）的共射单管放大电路。接在 c、b 之间的电阻 R_F 将输出电压反馈到输入回路中。根据输出端短路法可知，当输出端短路后，输出电压 u_o 将消失，反馈信号也消失，因此是电压反馈。从输入端看，净输入信号电流 i_b 是由输入信号电流 i_i 和反馈电流 i_f 并联合成的，即 $i_b = i_i - i_f$，所以是并联反馈。同样可以用瞬时极性法来判别反馈的极性。当输入电压的瞬时极性为"⊕"时，产生的输入电流 i_i 方向如图 5-16 中所示。输入电压经三极管反相后，集电极电位将降低为"⊖"，于是流过 R_F 的反馈电流 i_f 增大，因而净输入电流 i_b 将减小，因此是负反馈。反馈环（图 5-16 中虚线圈）中相关各点的瞬时极性如图 5-16 中所示。

当 u_s 一定时，若 u_o 由于电路参数发生变化或负载发生变化而减小，i_f 将减小，在 $R_s \neq 0$ 的条件下，净输入电流 i_b 将增加，i_c 也将随之增大，结果输出电压 u_o 将上升，趋于原来的数值，故它有稳定输出电压的作用。其反馈过程可表示如下：

$$R_L \downarrow \rightarrow u_o \downarrow \rightarrow i_f \downarrow \rightarrow i_b \uparrow \rightarrow i_c \uparrow \rightarrow u_o \uparrow$$

必须注意的是，在采用并联负反馈方式时，要求信号源内阻 $R_s \neq 0$，才能有反馈效果。只有 $R_s \neq 0$，才能做到 i_f 减小时 i_b 增大，或 i_f 增大时 i_b 减小，实现负反馈作用，而且 R_s 越大，并联负反馈的效果也愈显著。反之，如 $R_s = 0$，则无论 i_f 多大，i_b 将只由 u_s 决定，反馈作用无从体现。

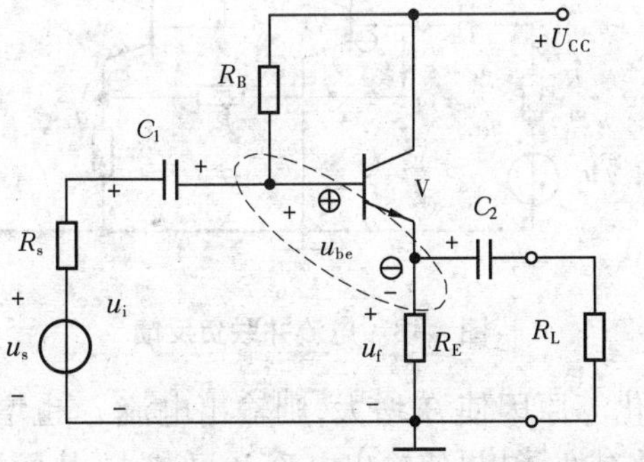

图 5-15　射极输出器——电压串联负反馈放大器

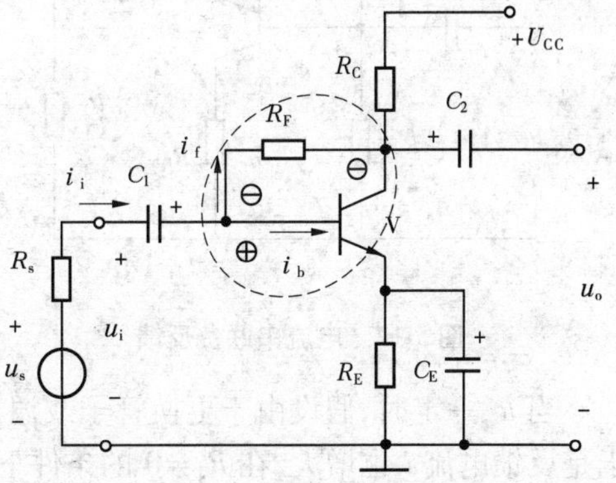

图 5-16　电压并联负反馈

(三)电流串联负反馈

如图 5-17 所示的电路，其中偏置电路就是我们讲过的分压式偏置电路，只是去除了与发射极电阻 R_E 并联的旁路电容器 C_E。这样，R_E 不仅通过直流电流，还通过交流电流，它既在输入回路，又在输出回路，所以 R_E 就是反馈元件，u_f 就是反馈电压。通过 R_E 将输出回路的电流 i_e（$i_e \approx i_c$）送回到输入回路中去，反馈电压 u_f 和输出电流成正比，即 $u_f = i_e R_E \approx i_c R_E$。

由该图可看出，即使将输出端短路（即 $u_o = 0$），仍有电流流过 R_E，u_f依然存在，所以是电流反馈。在输入回路中，电流流经 R_E，并在 R_E 上产生一个与输出电流成正比的电压。从输入回路来看，输入电压 u_i 和反馈电压 u_f串联后加到三极管的 b、e 端，即 $u_{be} = u_i - u_f$，因此属于串联反馈。至于反馈的极性，很容易用瞬时极性法判断出来。当输入电压的瞬时极性为正时，三极管的发射极电流将增大，则 R_E 上的反馈电压 u_f也升高，这个电压的极性将削弱输入电压的作用，使净输入电压 u_{be}减小，因此是负反馈。图 5-17 所示电路中的反馈类型是电流串联负反馈。

由于引入了电流负反馈，所以能够稳定输出电流。假设在 u_i 一定时，由于更换管子或温度变化等原因使 β 值增大，则输出电流 i_c 和 i_e 将增大，于是反馈电压 u_f 也随之增大，其结果使净输入电压 $u_{be} = u_i - u_f$减小，因而牵制输出电流，使之基本保持不变。上述过程可表示如下：

$$\beta\uparrow \rightarrow i_c\uparrow \rightarrow i_e\uparrow \rightarrow u_f\uparrow \rightarrow u_{be}\downarrow \rightarrow i_b\downarrow \rightarrow i_c\downarrow$$

（四）电流并联负反馈

图 5-18 所示的基本放大电路是两级直接耦合放大电路，通过电阻 R_F 将输出电流送回到输入回路中。由图可以看出，反馈信号取自输出电流，所以是电流反馈。另外，在输入回路中，输入信号和反馈信号以电流形式相减后送至管子 V_1 的基极，即 $i_{b1} = i_i - i_f$，因此属于并联反馈。再用瞬时极性法判断反馈的极性。当输入信号为如图所示的瞬时极性时，由于 V_1 的反相作用，其集电极电位将降低，则 V_2 的发射极电流减小，因此 V_2 的发射极电位也降低。由图可见，反馈电流将增大，于是净输入电流（即 V_1 的基极电流）减小，因此是负反馈。

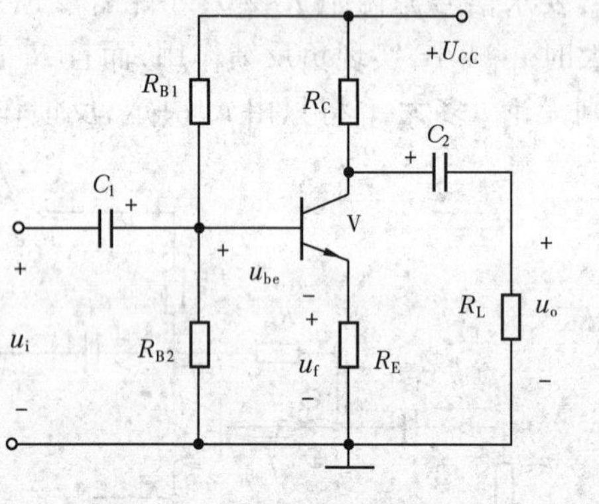

图 5-17　电流串联负反馈

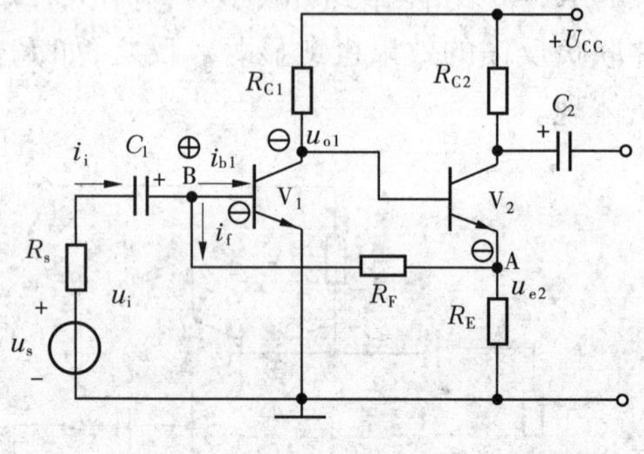

图 5-18　电流并联负反馈

当 u_s 一定时，假设由于更换管子或温度变化等原因使 β_2增大，则输出电流 i_{e2}也增大，于是反馈电流 i_f也增大，在 $R_s \neq 0$ 的条件下，i_{b1}将减小，结果使输出电流 i_{e2}又减小，从而稳定了输出电流。反馈过程可表示如下：

$$\beta_2\uparrow \rightarrow i_{e2}\uparrow \rightarrow i_f\uparrow \rightarrow i_{b1}\downarrow \rightarrow i_{e2}\downarrow$$

从上面分析可知，对于电压负反馈来说，无论反馈信号以何种方式送回到输入端，都是利用输出电压本身的变化，通过反馈电路自动调整净输入信号的大小，从而自动调整输出电压。因此，电压负反馈的特点是稳定放大电路的输出电压。同样，对于电流负反馈来说，都是利用输出电流本身的变化，最终自动调整输出电流。因此，电流负反馈的特点是稳定放大电路的输出电流。

第三节　负反馈对放大电路工作性能的影响

一、负反馈对放大电路性能的影响

四种基本负反馈放大电路都能实现把放大电路输出信号的一部分或全部送回到输入端,使合成后的净输入信号再放大。那么,这样对放大电路的工作性能是否会带来影响呢?下面我们来讨论这些问题。

(一)负反馈使放大倍数降低

在图 5-1 所示的负反馈放大电路方框图中,基本放大电路和反馈电路组成的放大电路称为反馈放大电路,也叫闭环,它具有的放大能力叫做闭环放大倍数。断开反馈电路的放大电路即为基本放大电路,也叫开环,这时基本放大电路的放大能力叫做开环放大倍数。

图 5-1 中,开环放大倍数的一般表达式为

$$\dot{A} = \frac{\dot{X}_o}{\dot{X}_{id}} \tag{5-1}$$

这个关系式与第二章第一节所讨论的基本放大电路的放大倍数在概念上没有什么差异。

当基本放大电路引入负反馈后,反馈信号 $\dot{X}_f$ 与放大电路的输出信号 $\dot{X}_o$ 之比,称为反馈系数 $\dot{F}$,且

$$\dot{F} = \frac{\dot{X}_f}{\dot{X}_o} \tag{5-2}$$

在负反馈放大电路中,放大电路的净输入信号 $\dot{X}_{id}$ 为

$$\dot{X}_{id} = \dot{X}_i - \dot{X}_f = \dot{X}_i - \dot{F}\dot{X}_o$$

或

$$\dot{X}_i = \dot{X}_{id} + \dot{F}\dot{X}_o \tag{5-3}$$

当放大电路引入负反馈后,其闭环放大倍数应该是

$$\dot{A}_f = \frac{\dot{X}_o}{\dot{X}_i} \tag{5-4}$$

将式(5-3)代入式(5-4),并且考虑到式(5-1),可求得

$$\dot{A}_f = \frac{\dot{X}_o}{\dot{X}_i} = \frac{\dot{X}_o}{\dot{X}_{id} + \dot{F}\dot{X}_o} = \frac{\dfrac{\dot{X}_o}{\dot{X}_{id}}}{1 + \dfrac{\dot{X}_o}{\dot{X}_{id}}\dot{F}} = \frac{\dot{A}}{1 + \dot{A}\dot{F}} \tag{5-5}$$

从式(5-5)可看出,$\dot{A}_f$ 为 $\dot{A}$ 的 $1/|(1+\dot{A}\dot{F})|$,$|(1+\dot{A}\dot{F})|$越大,$\dot{A}_f$ 比 $\dot{A}$ 就小得越多,因此$|(1+\dot{A}\dot{F})|$的值是衡量负反馈程度的一个重要指标,称为反馈深度。由此可见,放大电路引入负反馈后,放大倍数要下降。

（二）负反馈使放大倍数的稳定性得到提高

周围环境温度的变化、元器件的老化或者更换、电源电压 U_{CC} 的波动，以及负载的变化等，往往使放大器件的特性参数等发生变化，从而导致放大电路的放大倍数改变，使放大电路的性能不稳定。

放大电路引入负反馈的一个主要目的是提高放大电路的工作稳定性。例如，用电压负反馈可以稳定放大电路的输出电压，用电流负反馈可以稳定放大电路的输出电流，使放大电路在输入信号一定的情况下，它的输出受上述因素的影响减少，也就是说，提高了放大倍数的稳定性。为了定量地说明放大倍数（指广义的放大倍数）稳定性改善的程度，我们用放大倍数的相对变化量的大小来表示放大倍数稳定性的优劣，相对变化量越小，则稳定性越好。

由式

$$\dot{A}_f = \frac{\dot{A}}{1+\dot{A}\dot{F}}$$

可知：如果放大电路工作在中频范围，而且反馈网络又是纯阻性时，$\dot{A}$ 及 $\dot{F}$ 皆为实数，即 $\dot{A}=A, \dot{F}=F$，则

$$A_f = \frac{A}{1+AF} \tag{5-6}$$

对 A_f 求导数，可得

$$\frac{dA_f}{A_f} = \frac{1}{1+AF}\frac{dA}{A} \tag{5-7}$$

可见，引入负反馈后放大倍数的相对变化量 dA_f/A_f 为其基本放大电路放大倍数相对变化量 dA/A 的 $1/(1+AF)$，即放大倍数 A_f 的稳定性提高到了 A 的 $(1+AF)$ 倍。在高增益放大电路中，经常引入比较强的负反馈，使电路在保证正常放大的前提下具有很好的稳定性。

当反馈深度 $(1+AF) \gg 1$ 时，称为深度负反馈，这时 $A_f \approx 1/F$，说明深度负反馈时，放大倍数基本上由反馈网络决定，而反馈网络一般由电阻等性能稳定的无源线性元件组成，基本不受外界因素变化的影响，因此放大倍数比较稳定。

【例 5-1】 某一放大电路的放大倍数 $A=10^3$，引入负反馈后放大倍数稳定性提高到原来的 100 倍，求：

(1) 反馈系数；

(2) 闭环放大倍数；

(3) A 变化 $\pm 10\%$ 时的闭环放大倍数及其相对变化量。

解 (1) 由上面推导可知，引入负反馈后放大倍数的稳定性提高到原来的 $(1+AF)$ 倍，因此由题意可得

$$1 + AF = 100$$

反馈系数为

$$F = \frac{100-1}{A} = \frac{99}{10^3} = 0.099$$

(2) 闭环放大倍数为

$$A_f = \frac{A}{1+AF} = \frac{10^3}{100} = 10$$

(3) A 变化 ±10% 时，闭环放大倍数的相对变化量为

$$\frac{dA_f}{A_f} = \frac{1}{100}\frac{dA}{A} = \frac{1}{100} \times (\pm 10\%) = \pm 0.1\%$$

此时的闭环放大倍数为

$$A'_f = A_f\left(1 + \frac{dA_f}{A_f}\right) = 10 \times (1 \pm 0.1\%)$$

即 A 变化 +10% 时，A'_f 为 10.01；A 变化 −10% 时，A'_f 为 9.99。

可见，引入负反馈后放大电路的放大倍数受外界的影响程度明显减小。

（三）负反馈能减小非线性失真

对于一个理想放大器，它的输出波形应与输入波形的变化规律完全一致，即没有失真。若输入信号为正弦波，输出信号也应是与输入信号同频率、同相位的正弦波，而幅度得到了放大，即输出与输入成线性关系。

由于三极管是非线性器件，它的输入特性如图 5-19 所示。当输入信号较大时，工作点会进入非线性区而出现失真，即在其输出端得到正负两半周不对称的失真信号。放大器的输出与输入之间并不是线性关系。这种由于器件的非线性而造成的失真叫非线性失真。引入负反馈后这种失真将得到改善，如图 5-20(b) 所示。

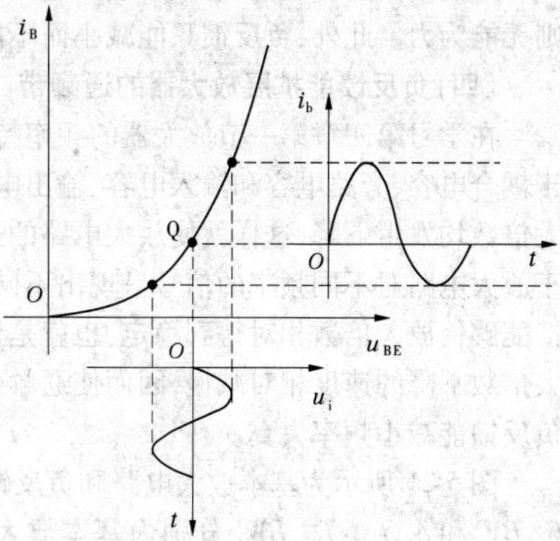

图 5-19　三极管输入特性的非线性引起的失真

图 5-20(a) 是没有负反馈的情况，由于三

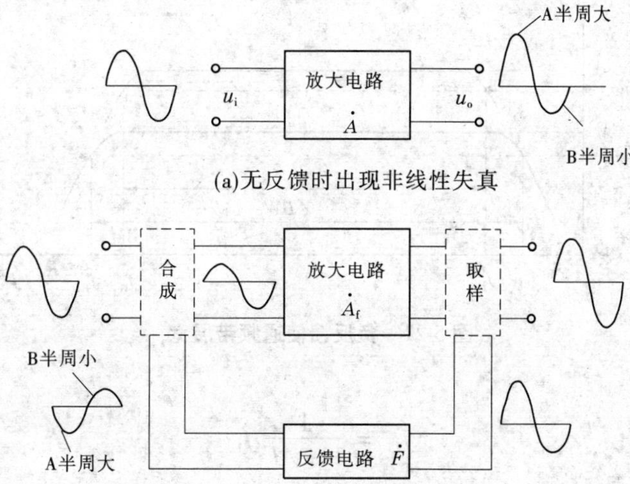

图 5-20　非线性失真的改善

极管的非线性，当输入信号较大时，在输出端得到正负半周不对称的波形，即 A 半周的波形大于 B 半周的波形，因而输出波形产生了失真。

图 5-20(b) 所示引入了负反馈，也就是在这种失真的输出信号中取出一部分信号送回

到输入端,那么相应地反馈信号 u_f 也是 A 半周的波形比 B 半周的波形要大。由于反馈信号 u_f 与原来的输入信号 u_i 是反相的,因此反馈信号对原来的输入信号起削弱作用,在 A 半周,削弱作用要强一些,在 B 半周,削弱作用要弱一些,这样使得净输入信号 u_{id} 变成 A 半周小而 B 半周大,再经过放大,就可使 A、B 两个半周的波形之间的差别比没有负反馈时要小,从而改善了输出波形的非线性失真。引入负反馈改善非线性失真的程度视反馈深度而定,负反馈越深,改善效果越好。

可以证明,引入负反馈后,放大电路的非线性失真减小为原来的 $1/(1+AF)$。

必须指出,负反馈只能减小放大电路内部引起的非线性失真,对于信号本身固有的失真则无能为力。此外,负反馈只能减小而不能消除非线性失真。

(四)负反馈能扩展放大器的通频带

在学习第四章第一节放大器的频率特性时已经知道,在阻容耦合的交流放大电路中,由于耦合电容、旁路电容和输入电容、输出电容及三极管参数等的影响使低频段和高频段的放大倍数均发生下降,这样就使放大电路的通频带受到限制。从本质上来说,通频带限制是由于放大电路对不同频率的信号呈现出不同的放大倍数而造成的。引入负反馈后,由于负反馈能够使放大倍数相对得到稳定,也就是说在高频段和低频段,随着频率的升高和降低,放大倍数下降的速度相对减慢,因而使通频带展宽。通频带的扩展意味着频率失真减小,因此负反馈能减小频率失真。

图 5-21 所示为基本放大电路和负反馈放大电路的幅频特性 $A(f)$ 和 $A_f(f)$,图中 A、f_L、f_H、BW 和 A_f、f_{Lf}、f_{Hf}、BW_f 分别为基本放大电路、负反馈放大电路的中频放大倍数、下限频率、上限频率和通频带宽度。可见,加入负反馈后电路的通频带展宽了。

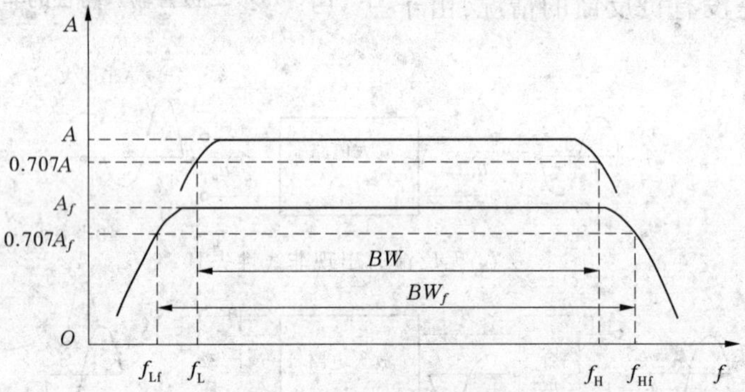

图 5-21　负反馈使通频带展宽

可以证明

$$f_{Lf} = \frac{1}{1+AF} f_L$$

$$f_{Hf} = (1+AF) f_H$$

$$BW_f = (1+AF) BW$$

从上式可知,通频带展宽的程度与负反馈的深度有关,负反馈越深,通频带展宽得越多。

(五)负反馈对输入电阻和输出电阻的影响

放大电路引入不同类型的负反馈后,对输入电阻和输出电阻将产生不同的影响。我们经常利用各种形式的负反馈来改变 r_i、r_o 的数值,以满足实际工作中特定的要求。

1. 负反馈对输入电阻的影响

负反馈对输入电阻的影响只取决于反馈信号与输入信号在输入端的连接方式，即取决于是串联反馈还是并联反馈，而与输出端所取的反馈对象（电压或电流）无关。

1）串联负反馈使输入电阻增加

串联负反馈放大器的方框图如图5-22所示。

由图5-22可知，串联负反馈是在原输入回路中串接了一部分电路。所以，串联负反馈使输入电阻增大。设原电路的输入电阻为r_i，引入反馈后的输入电阻为r_{if}，则可以证明二者关系为

$$r_{if}=(1+AF)r_i$$

由上式可得如下结论：无论输出采用电压负反馈，还是电流负反馈，只要输入端采用串联负反馈的方式，其输入电阻都要加大，与无反馈时的输入电阻比，增大的倍数就是反馈深度$(1+AF)$。

必须指出，引入串联负反馈后，只是将反馈环路内的输入电阻增大为原来的$(1+AF)$倍，而对反馈环外的电阻不产生影响。例如图5-23中的R_{B1}和R_{B2}并不包括在反馈环内，因此不受影响。该电路总的输入电阻为

$$r'_{if}=r_{if}/\!/R_{B1}/\!/R_{B2}$$

由于只是r_{if}增大了$(1+AF)$倍，若R_{B1}、R_{B2}不够大，则即使r_{if}增大很多，而r'_{if}增大并不多。

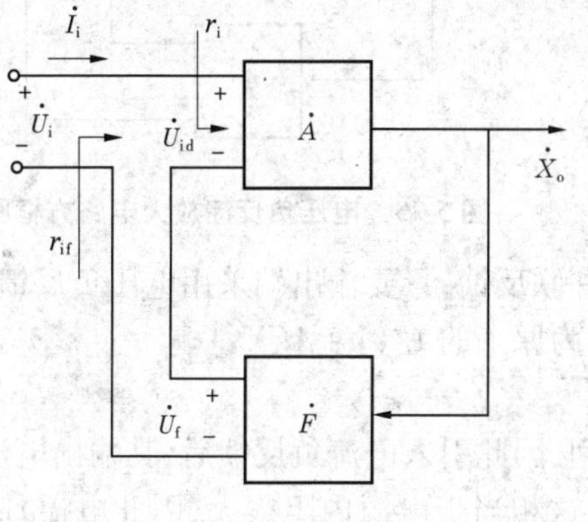

图5-22 串联负反馈方框图

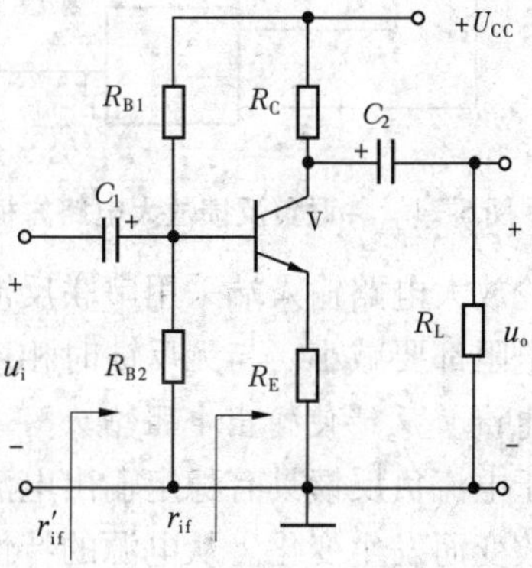

图5-23 分压式射极偏置放大电路

2）并联负反馈使输入电阻减小

并联负反馈放大电路的方框图如图5-24所示。由图可知，并联负反馈是在原输入电路两端并接了一部分电路。所以，并联负反馈使输入电阻减小。设原电路的输入电阻为r_i，引入反馈后的输入电阻为r_{if}，则可以证明二者的关系为

$$r_{if}=\frac{1}{1+AF}r_i$$

即引入并联负反馈后，输入电阻减小为无反馈时的$1/(1+AF)$。

从上面分析可知：无论放大电路输出端采用电压负反馈，还是电流负反馈，只要输入端采用并联负反馈的方式，其输入电阻都要减小，而与无反馈时的输入电阻相比，减小为原来的$1/(1+AF)$。

2. 负反馈对输出电阻的影响

负反馈对输出电阻的影响只取决于在输出端的采样对象,即取决于是电压反馈还是电流反馈,而与反馈信号在输入端的连接方式无关。

1)电压负反馈使输出电阻减小

由于电压负反馈具有稳定输出电压的作用,因此引入电压负反馈后,其输出电压随负载变化的程度要比无负反馈时小,说明引入了电压负反馈后,放大电路的输出电阻要减小。

由图 5-25 可知,电压负反馈是在原输出电路两端并联了一部分电路。从这一点上来说,电压负反馈使输出电阻减小。设原电路的输出电阻为 r_o,引入负反馈后的输出电阻为 r_{of},则可以证明二者的关系为

$$r_{of} = \frac{1}{1 + AF} r_o$$

上式说明,引入电压负反馈后,输出电阻减小为无反馈时的 $1/(1 + AF)$。

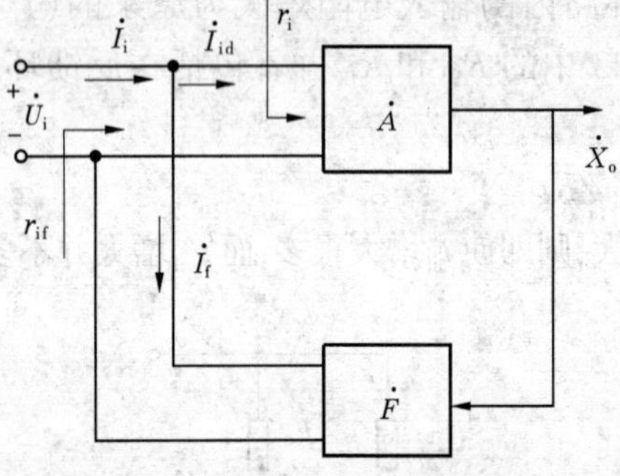

图 5-24　并联负反馈放大电路方框图

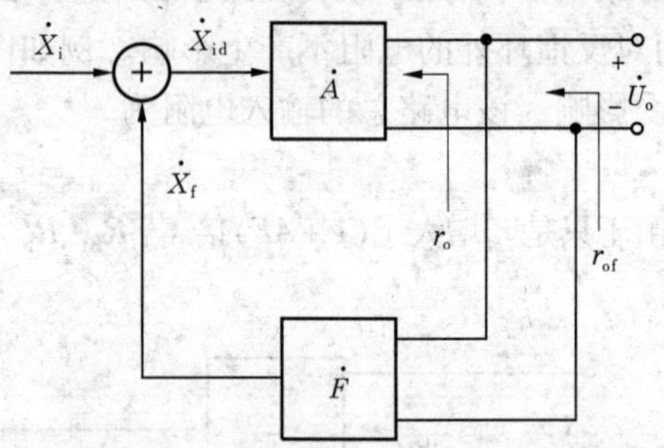

图 5-25　电压负反馈放大电路方框图

无论放大电路输入端采用串联反馈还是并联反馈,只要输出端采用电压负反馈的方式,其输出电阻都要减小。与无反馈时相比,减小为原来的 $1/(1 + AF)$。

2)电流负反馈使输出电阻增大

由于电流负反馈具有稳定输出电流的作用,因此引入电流负反馈后,其输出电流基本不随负载改变而发生变化。从电源的特性可知,这相当于电源内阻很大,因此电流基本恒定,说明引入了电流负反馈后,放大电路的输出电阻要增大。

由图 5-26 可知,电流负反馈是在原输出回路中串接了一部分电路。从这一点上来说,电流负反馈可使输出电阻增大。设原电路的输出电阻为 r_o,引入负反馈后的输出电阻为 r_{of},则可以证明二者的关系为

$$r_{of} = (1 + AF) r_o$$

上式说明,电流负反馈使输出电阻增大为原来的 $(1 + AF)$ 倍。

结论:无论放大电路输入端采用串联反馈还是并联反馈,只要输出端采用电流负反馈的方式,其输出电阻都要增大。与无反馈时相比,增大的倍数就是反馈深度 $(1 + AF)$。

还必须注意,电流负反馈只是将反馈环路内的输出电阻增大为原来的 $(1 + AF)$ 倍,而对反馈环路外的电阻不产生影响。如图 5-27 中的 R_C 并不包括在电流负反馈环路之内,因此不受影响。该电路总的输出电阻为

$$r'_{of} = r_{of} /\!/ R_C$$

一般情况下,因 $R_C \ll r_{of}$,所以即使 r_{of} 增大很多,而 r'_{of} 增大并不多。

综上所述,负反馈对放大电路的输入电阻和输出电阻的影响可以归纳为以下两点:

(1)放大电路引入负反馈后,如为串联负反馈则能提高输入电阻,如为并联负反馈则将降低输入电阻,其提高或降低的程度取决于反馈深度。

(2)放大电路引入负反馈后,如为电压负反馈则能使输出电阻减小,如为电流负反馈可使输出电阻增大,其减小或增大的程度取决于反馈深度。

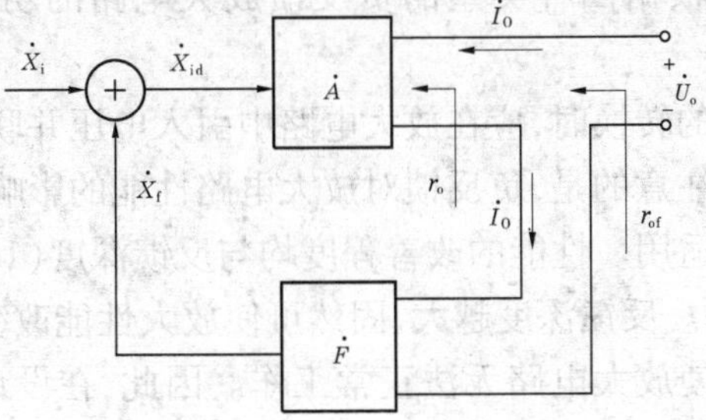

图 5-26　电流负反馈放大电路方框图

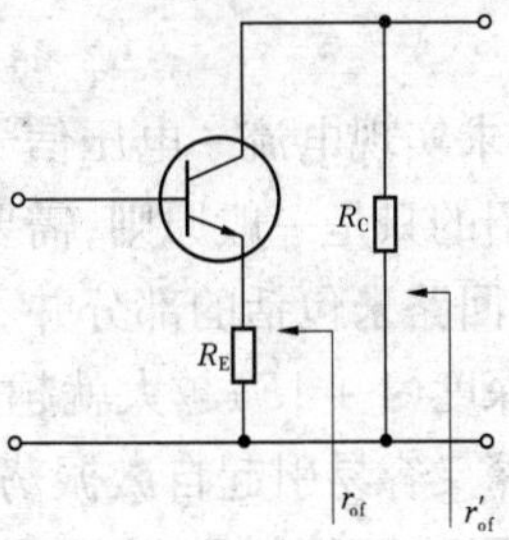

图 5-27　电流负反馈放大电路的输出电阻

此外,放大电路引入负反馈后,还能提高电路的抗干扰能力,降低噪声,改善放大电路的频率响应等,改善的程度也都与反馈深度 $(1+AF)$ 有关。由此可见,反馈深度是影响放大性能的一个很重要的参数,也是反馈放大电路的一个重要指标。因此,负反馈电路在电子电路中得到广泛的应用。

值得注意的是,引入负反馈后,放大电路的很多指标虽然得到了改善,但是它的放大倍数却降低了,也可以说,放大电路各项性能的改善是靠牺牲放大倍数换取的。

二、放大电路引入负反馈的一般原则

负反馈能够改善放大电路的多方面性能,是由于将电路的输出量(u_o 或 i_o)引回到输入端与输入量(u_i 或 i_i)进行比较,从而随时对净输入量(u_{id} 或 i_{id})及输出量进行调整。负反馈对放大倍数稳定性的提高、非线性失真的减小、通频带的扩展以及对输入电阻和输出电阻的影响,均是电路自动调整的结果。反馈越深,这种调整作用越强,对放大电路性能的改善越有效。另外,负反馈类型的不同,对放大电路所产生的影响也不同。

工程中往往要求根据实际需要在放大电路中引入适当的负反馈,以提高电路或电子系统的性能。根据不同形式的负反馈对放大电路的影响,引入负反馈时一般考虑以下几点:

(1)要稳定放大电路的某个量,就要采用某个量的负反馈方式。

例如,要想稳定直流量,就应引入直流负反馈;要想稳定交流量,就应引入交流负反馈;要想稳定输出电压,就应引入电压负反馈;要想稳定输出电流,就应引入电流负反馈。

(2)根据对输入、输出电阻的要求来选择反馈类型。

放大电路引入负反馈后,不管反馈类型如何都会使放大电路的放大倍数稳定性提高、非线性失真减小、通频带展宽,但不同类型的反馈对输入、输出电阻的影响却不同,所以实际放大电路中引入负反馈主要根据对输入、输出电阻的要求来确定反馈的类型。若要求减小输入电阻,则应引入并联负反馈,要求提高输入电阻,则应引入串联负反馈;若要求减小输出电阻，则应采用电压负反馈，要求提高输出电阻，则应采用电流负反馈。

(3)根据信号源及负载来确定反馈类型。

若放大电路输入信号源已确定，为了使反馈效果显著，就要根据输入信号源内阻的大小来确定输入端反馈的类型。例如，当输入信号源为恒压源时，应采用串联负反馈；当输入信号源为恒流源时，则应采用并联负反馈；当要求放大电路带负载能力强时，应采用电压负反馈；要求恒流源输出时，则应采用电流负反馈。

(4)在需要进行信号变换时，应根据四种类型的负反馈放大电路的功能选择合适的组合。

例如，要求实现电流-电压信号的转换时，应在放大电路中引入电压并联负反馈。

这里介绍的只是一般原则，需要注意的是，负反馈对放大电路性能的影响只局限于反馈环内，对反馈回路未包括的部分并不适用。性能的改善程度均与反馈深度$(1+AF)$有关，但并不是反馈深度$(1+AF)$越大就越好。反馈深度越大，固然可使放大性能改变的程度越大，但负反馈过深又容易引起自激振荡，使放大电路无法正常工作。因此，在设计放大电路时，其反馈深度要适当地选择，既要保证放大电路有良好的工作性能，也要保证不产生自激振荡。

三、负反馈放大电路的稳定性问题

(一)关于自激振荡

前面说过，负反馈的引入可使放大电路的许多性能得到改善，而且改善程度均与反馈深度$(1+AF)$有关，$(1+AF)$越大，反馈越深，性能改善的程度越显著。但是，任何事情都不是绝对的，都有一个限度，若超越了这个限度，就会发生质变，朝相反的方向变化，对于负反馈也是这样。在多级放大电路中引入负反馈，若反馈深度过大，可能使放大器发生质的变化，由放大器转变成振荡器，它起不到正常的放大作用反而出现了自激振荡，也就是放大器输入信号为零时，就有信号输出，用示波器可观察到输出信号的波形。

自激振荡有两种：一是高频自激振荡，二是低频自激振荡。

(二)高频自激振荡产生的原因及消除的办法

在第四章讨论过放大器的频率特性。单级共射极放大器输出电压与输入电压的相位差是180°，这是相对于中频区来说的。由于耦合电容、三极管的结电容、电路的输入电容、负载电容、连线分布电容等的影响，在高频区和低频区，它的输出与输入的相位差就不再是180°，其相位差视频率的不同而变化，这个变化的相位差称附加相移。附加相移的存在，使得多级反馈放大器对中频区的信号实现了负反馈；对于高频区的某一频率信号，可能已转化为正反馈，当正反馈量足够大时就会产生自激振荡。由于深度负反馈放大电路开环增益很大，因此在高频段很容易因附加相移变成正反馈而产生高频自激振荡。

发生在放大电路中的自激振荡是有害的，必须设法消除。

消除高频自激振荡的基本方法是：在基本放大电路中插入相位补偿网络(也叫消振电路)，改变基本放大电路高频段的频率特性，从而破坏它的自激振荡条件，使其不能振荡，以达到消除自激振荡的目的。

图5-28所示为几种补偿网络的接法。图(a)所示电路在级间接入电容C，称电容滞后补偿；图(b)所示电路在级间接入R和C，称RC滞后补偿；图(c)所示电路接入较小的电容

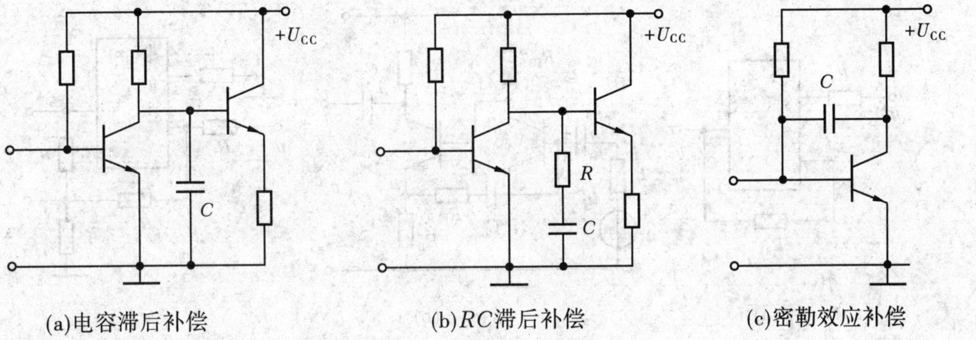

图 5-28　高频补偿网络

C(或 RC 串联网络),利用密勒效应可以起到增大电容(或增大 RC)的作用,获得与图(a)、图(b)电路相同的补偿效果,称为密勒效应补偿。

目前,不少集成运放已在内部接有补偿网络,使用中不需再外接补偿网络,而有些集成运放留有外接补偿网络端,应根据需要接入 C 或 RC 补偿网络。

(三)低频自激振荡产生的原因及消除的办法

在多级放大器中,往往共用同一个电源,任何电源都存在着内阻 r_o,每一级放大器的工作电流都从 r_o 上流过,它们在 r_o 上就会产生电压。这个电压中某一频率成分的信号对前级可能产生影响,一旦满足正反馈条件就会出现自激振荡。

消除这种低频自激振荡的方法有两种:一是采用低内阻(零点几欧以下)的稳压电源;二是在电路的电源进线处加去耦电路。例如图 5-29 所示,图中 R 一般选几百至几千欧的电阻;C 选几十至几百微法的电解电容,用来滤除低频信号,C′ 选小容量的无感电容,用来滤除高频信号。

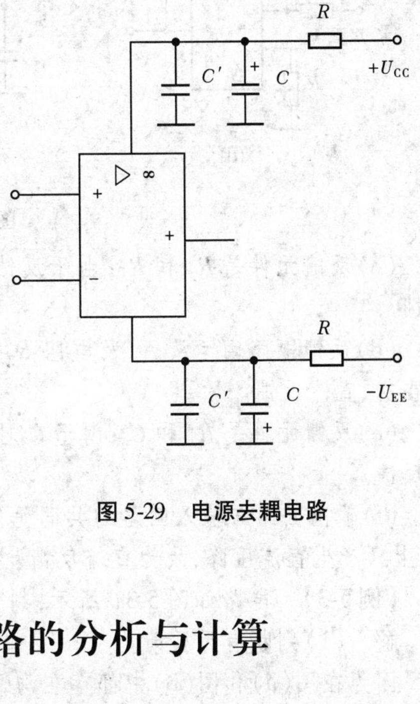

图 5-29　电源去耦电路

第四节　负反馈放大电路的分析与计算

一、负反馈放大电路的分析

下面通过一些例题来介绍几种常用的负反馈放大电路,并通过对这些电路的讨论介绍负反馈放大电路的基本分析方法。

【例 5-2】　反馈电路如图 5-30 所示,试指出各电路的反馈元件,并说明是交流反馈还是直流反馈(设图中所有电容对交流均可视为短路)。

解　(a)连接输出回路和输入回路的元件是 R_2,故反馈元件为 R_2,由于 R_2 既通直流又通交流,故电路同时存在交、直流反馈。

(b)反馈元件是 R_F、C_F、R_E;由于 C_F 的隔直作用,所以电路只能构成交流反馈。

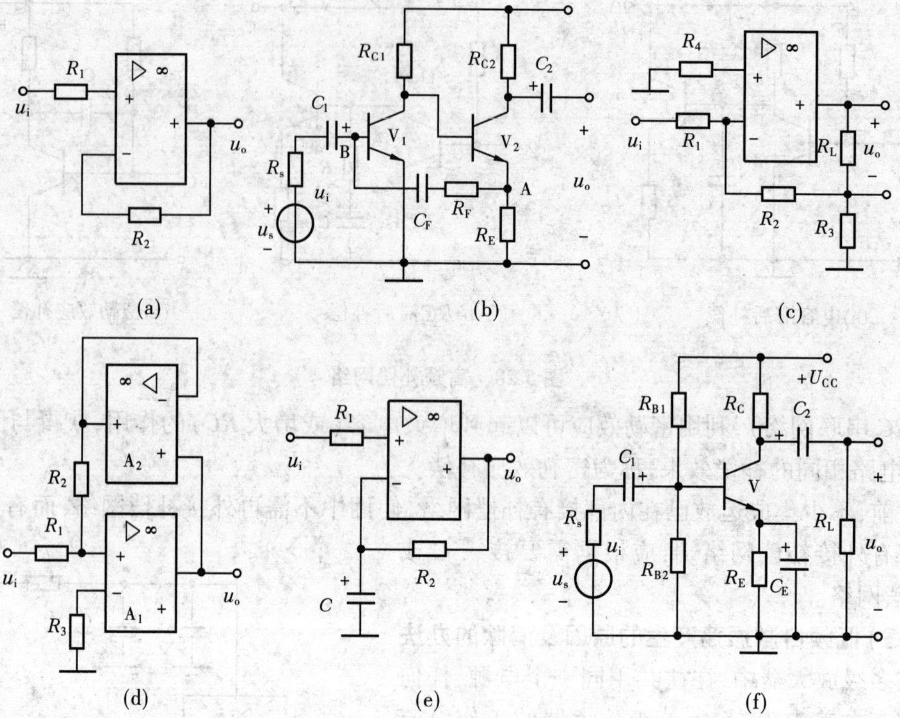

图 5-30　例 5-2 图

(c)反馈元件是 R_2 和 R_3；由于反馈电路既通直流又通交流，故电路同时存在交、直流反馈。

(d)反馈电路由运放 A_1 及电阻 R_2 组成；由于反馈电路直流、交流均通过，故电路同时存在交、直流反馈。

(e)反馈元件是 R_2 和 C；由于 C 对交流短路，交流反馈电压等于零，所以电路只构成直流反馈。

(f)输出回路与输入回路的共同元件为 R_E，所以 R_E 为反馈元件；由于 C_E 对交流短路，R_E 上只产生直流压降，故为直流反馈。

【例 5-3】　电路如图 5-31 所示，判断各电路中有无反馈。若有，试判断反馈的正负。

解　(1)判断有无反馈。

因为在图(a)和图(b)中都存在沟通元件 R_F，在图(c)中存在公用元件 R_E，在图(d)中存在反馈元件 R_F 和公用元件 R_{E2}，所以 4 个电路均存在反馈。

(2)判断反馈的正负。

①确定反馈环。很容易确定以上 4 个电路中的反馈环。

图(a)中，反馈环为：输入信号首先从同相输入端沿正向传输到信号的输出端，再由 R_F 组成的反馈支路反向传输至反相输入端。图中点 A 为输入的近地点，点 C 为输入的远地点，点 B 为输出的远地点。点 B 为采样点，点 A 为合成点(混合点)。同理，其他 3 个电路的反馈环均如图中所示。

②假设输入信号某时刻的瞬时极性(对地电位)为正，用“⊕”表示，如图 5-31 所示。

③确定反馈环上相关各点在某时刻的瞬时极性。

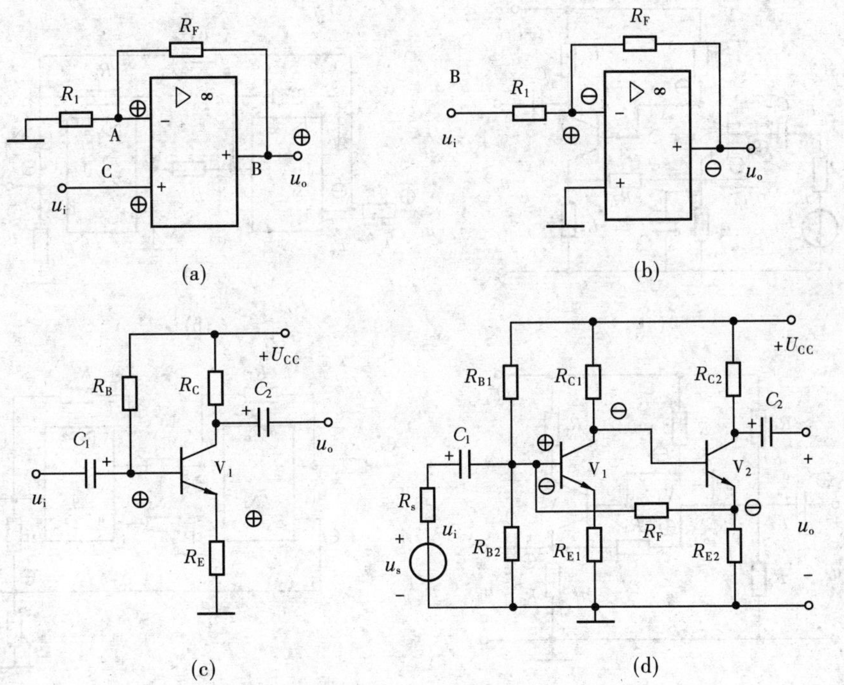

图 5-31　例 5-3 图

根据瞬时极性的标注原则将反馈环中相关各点的瞬时极性标在图中，如图 5-31 所示。

④在合成点（混合点）处判断反馈的正负。

比较反馈信号和输入信号在合成点处的瞬时极性，可判断出以上 4 个电路中反馈的正负，均为负反馈。

【例 5-4】　试分析图 5-32 所示几个电路中的交流反馈是正反馈还是负反馈？若是负反馈，指出反馈类型（设图中所有电容对交流均可视为短路）。

解　(a)电路通过 R_3 构成级间反馈，当输入电压 u_i 瞬时极性为"⊕"时，集电极电压瞬时极性为"⊖"，V_2 的发射极电压瞬时极性也为"⊖"，这样通过 R_3 的反馈电流 i_f 使净输入电流 i_{id} 减小，故为负反馈。令放大电路输出端短路，反馈信号 i_f 仍存在，所以为电流反馈，输入端基本放大器与反馈网络并联，实现了输入电流与反馈电流相减，故为并联负反馈。

(b)电路通过 R_3 构成级间反馈，当输入电压 u_i 瞬时极性为"⊕"时，运放 A_1 输出电压瞬时极性为"⊕"，运放 A_2 输出电压瞬时极性为"⊖"，则通过 R_5 的反馈电流 i_f，使净输入电流 $i_{id}=i_i-i_f$ 减小，故为负反馈。输出端反馈电流 i_f 与 u_o 成正比，故为电压反馈，输入端基本放大电路与反馈网络并联，实现了输入电流与反馈电流相减，故为并联负反馈。

(c)电路通过 R_5 构成级间反馈。假设输入电压 u_i 瞬时极性为"⊕"，V_1 管漏极电压瞬时极性为"⊖"，V_2 管集电极电压瞬时极性为"⊕"，所以反馈电压 u_f 与输入电压 u_i 相减，使净输入电压 u_{id} 减小，故为负反馈，由于 $u_f=u_o$ 与输出电压成正比，u_f 与 u_i、u_{id} 相串联，故为电压串联负反馈。

(d)电路通过 R_6 构成级间反馈。假设输入电压 u_i 瞬时极性为"⊕"，经 A_1 反相放大，输出电压瞬时极性为"⊖"，再经 A_2 的反相放大，集成运放 A_2 对地输出电压为"⊕"，由此可得反馈电压的瞬时极性为"⊕"，从而使净输入电压 u_{id} 减小，故为负反馈。在输出端令 R_L 短

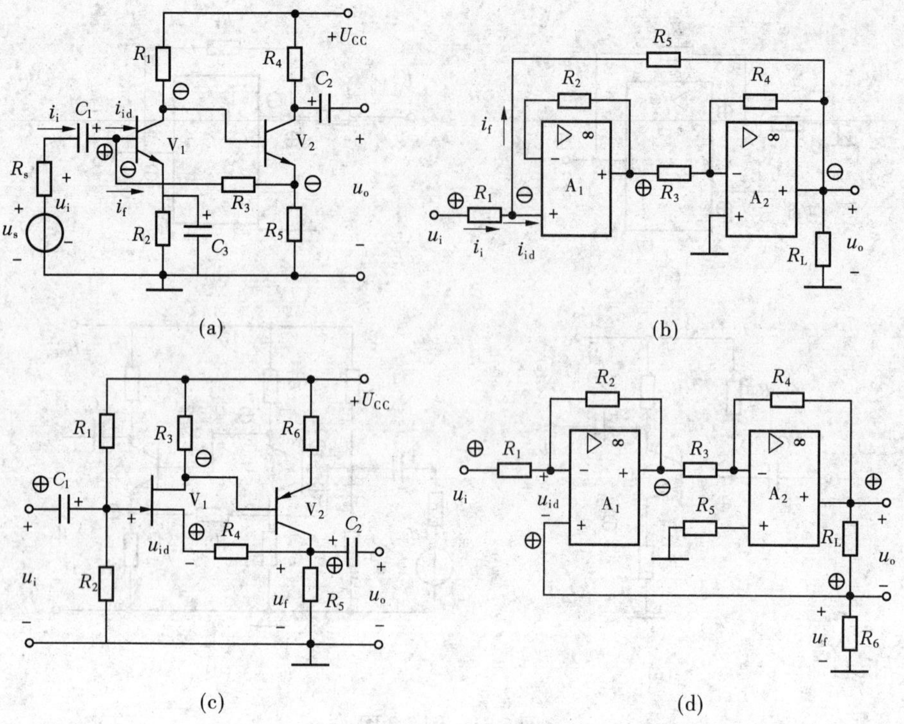

图 5-32　例 5-4 图

路，反馈信号 u_f 依然存在，所以为电流反馈；输入端 u_f 与 u_i、u_{id} 相串联，所以电路构成电压串联负反馈。

【例 5-5】 电路如图 5-31 中 4 个电路图所示，试判断各电路的反馈组态。

解 图(a)中，在输出端，反馈元件 R_F 和输出端远地点相连，所以是电压反馈。在输入端，反馈元件 R_F 没有和输入端远地点相连，而是与近地点相连，所以是串联反馈。又由瞬时极性法已判断出该电路为负反馈，所以该电路为电压串联负反馈。

图(b)中，在输出端，反馈元件 R_F 和输出端远地点相连，所以是电压反馈。在输入端，反馈元件 R_F 和输入端远地点相连，所以是并联反馈。又是负反馈，故该电路为电压并联负反馈。

图(c)中，在输出端，反馈元件 R_E 没有和输出端远地点相连，所以是电流反馈。在输入端，反馈元件 R_E 也没有和输入端远地点相连，所以是串联反馈。又是负反馈，故该电路为电流串联负反馈。

图(d)中，在输出端，反馈元件 R_F 没有和输出端远地点相连，所以是电流反馈。在输入端，反馈元件 R_F 和输入端远地点相连，所以是并联反馈。又是负反馈，故该电路为电流并联负反馈。

二、负反馈放大电路的计算

负反馈放大电路的分析计算，即求负反馈放大电路的输入、输出电阻和放大倍数等性能参数，可以采用的方法有等效电路法、方框图法和近似估算法。

(一)等效电路法

对于任何形式的反馈电路，都可以画出其微变等效电路，列方程求解。但对于多级反馈放大电路，在计算时，常常要列出多个方程联立求解，不仅计算量大，而且物理概念不够清晰。因此，等效电路法仅用来计算简单的负反馈放大电路。例如，图 5-33(a) 所示为射极输出器电路，由图 5-33(b) 所示的微变等效电路容易求出其输入、输出电阻及电压放大倍数分别为

$$r_{if} = R_B + r_{be} + (1+\beta)R_E$$

$$r_{of} = R_E /\!/ \frac{R_B + r_{be}}{1+\beta}$$

$$A_f = \frac{(1+\beta)R_E}{R_B + r_{be} + (1+\beta)R_E}$$

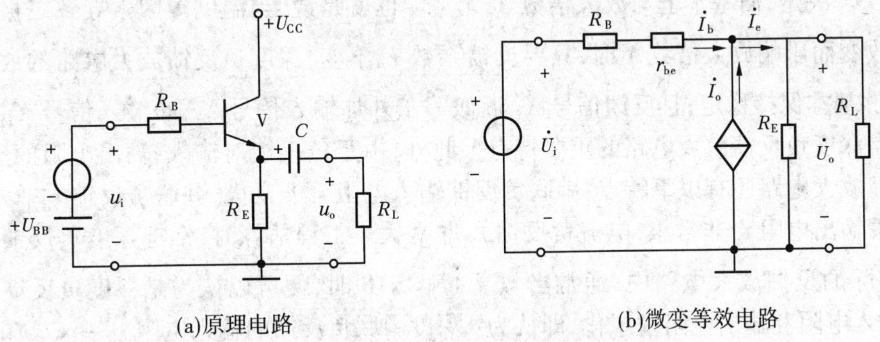

图 5-33　射极输出器电路

(二)方框图法

方框图法是将反馈放大电路分解为基本放大电路和反馈网络两部分，分别求出基本放大电路的放大倍数 A 和反馈系数 F，最后根据反馈的一般表达式求 A_f、r_{if}和 r_{of}等。方框图法的关键是如何从反馈放大电路中分解出基本放大电路和反馈网络。

从反馈放大电路中将基本放大电路分解出来，既要去掉反馈网络的反馈作用，同时又要保留反馈元件对输入、输出回路单纯的负载作用，具体做法如下。

1. 输入回路的画法

(1) 对于电压反馈，将输出端对地短路，反馈元件作为输入回路的负载画出来。

(2) 对于电流反馈，将输出端对地断路，反馈元件作为输入回路的负载画出来。

2. 输出回路的画法

(1) 对于串联反馈，将输入端对地断路，反馈元件作为输出回路的负载画出来。

(2) 对于并联反馈，将输入端对地短路，反馈元件作为输出回路的负载画出来。

由于用方框图法求解反馈放大器比较复杂，这里就不详细介绍了。

(三)深度负反馈放大电路的近似估算

1. 深度负反馈放大电路的特点

反馈深度$(1+AF)\gg 1$ 的负反馈，称为深度负反馈。此时的放大电路称为深度负反馈放大电路。通常，只要是多级负反馈放大电路，都可以认为是深度负反馈放大电路。由于$(1+AF)\gg 1$，所以

$$\dot A_f = \frac{\dot A}{1+\dot A\dot F} \approx \frac{\dot A}{\dot A\dot F} = \frac{1}{\dot F}$$

因为

$$\dot{A}_f = \frac{\dot{X}_o}{\dot{X}_i}, \quad \dot{F} = \frac{\dot{X}_f}{\dot{X}_c}$$

所以,深度负反馈放大电路中有

$$\dot{X}_f \approx \dot{X}_i$$

即

$$\dot{X}_{id} \approx 0$$

以上三式说明,在深度负反馈放大电路中,放大电路的闭环放大倍数主要由反馈网络的反馈系数 $\dot{F}$ 决定,而基本上与放大倍数 $\dot{A}$ 无关。也就是说,当温度等因素导致三极管的参数发生改变而影响放大倍数 $\dot{A}$ 时,只要反馈系数 $\dot{F}$ 不变,深度负反馈放大电路的放大倍数 $\dot{A}_f$ 就能够基本保持稳定;且反馈信号 $\dot{X}_f$ 近似等于外加输入信号 $\dot{X}_i$;净输入信号 $\dot{X}_{id}$近似为零。这是深度负反馈放大电路的重要特点。此外,由于负反馈对输入、输出电阻的影响,深度负反馈放大电路还有以下特点:串联负反馈输入电阻 r_{if}非常大,并联负反馈 r_{if}非常小;电压负反馈输出电阻 r_{of}非常小,电流负反馈 r_{of}非常大。工程估算时,常把深度负反馈放大电路(在实际的反馈放大电路中,通常当$|1+\dot{A}\dot{F}|\geqslant 10$ 时,便可以认为是深度负反馈放大电路)的输入电阻和输出电阻理想化,即认为:深度串联负反馈的输入电阻 $r_{if}\to\infty$,深度并联负反馈的输入电阻 $r_{if}\to 0$,深度电压负反馈的输出电阻 $r_{of}\to 0$,深度电流负反馈的输出电阻 $r_{of}\to\infty$。

根据上述特点,对深度负反馈放大电路可归纳有以下估算条件。

1)深度串联负反馈估算条件

(1)$u_i \approx u_f$——虚短。

对深度串联负反馈,由图 5-34(a)可得,净输入信号 u_{id} 近似为零,即基本放大电路两输入端 P、N 电位近似相等,两输入端间似乎短路但并没有真的短路,所以称为虚短。

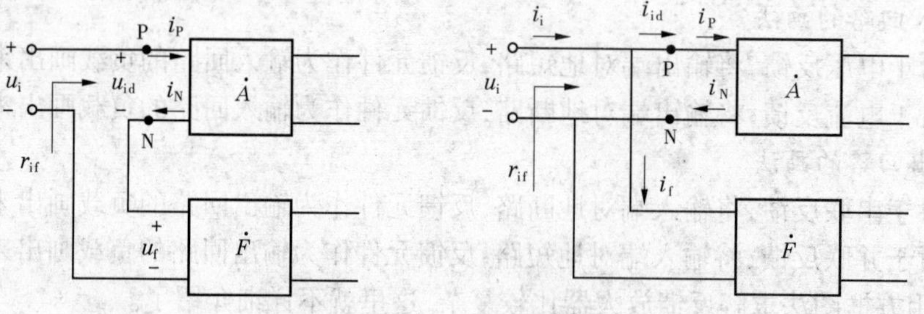

(a)深度串联负反馈放大电路简化框图　　(b)深度并联负反馈放大电路简化框图

图 5-34　深度负反馈放大电路中的虚短与虚断

(2)$i_i \approx 0$ —— 虚断。

由于串联负反馈的闭环输入电阻 $r_{if}\to\infty$,即闭环放大电路的输入电流近似为零,也即流过基本放大电路两输入端 P、N 的电流 $i_P \approx i_N \approx 0$,两输入端似乎断路但并没有真的断路,所以称为虚断。

2)深度并联负反馈估算条件

(1)$i_i \approx i_f$——虚断。

对于深度并联负反馈,由图5-34(b)可得,净输入信号 i_{id} 近似为零,即基本放大电路两输入端虚断。

(2)$u_i \approx 0$——虚短。

由于并联负反馈的闭环输入电阻 $r_{if} \to 0$,即放大电路两输入端也即基本放大电路两输入端虚短。

对于深度负反馈放大电路,由此得出两个重要结论:基本放大电路的两输入端满足“虚短”和“虚断”。

2. 深度负反馈放大电路的近似估算

利用上述“虚短”和“虚断”的概念可以很方便地估算深度负反馈放大电路的性能指标,下面通过几个具体电路来说明如何进行近似估算。假设各例均满足深度负反馈的条件。

【例5-6】 估算如图5-35所示电流串联负反馈放大电路的电压放大倍数 A_{uf}。

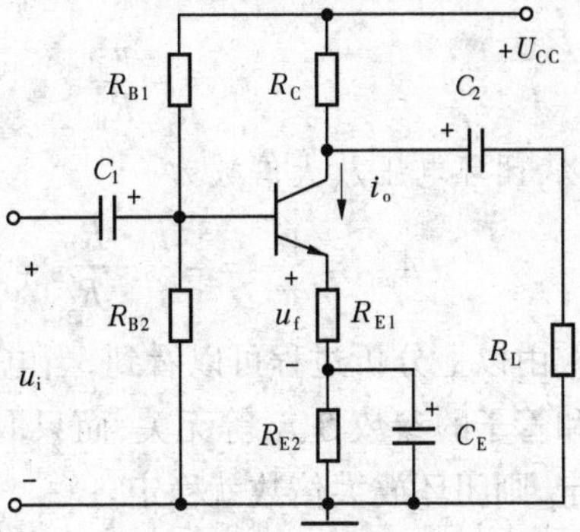

图5-35 电流串联负反馈

解 如图5-35所示,放大电路中,可以判断出 R_{E1} 构成电流串联负反馈。所以,在深度负反馈条件下,有 $u_i \approx u_f$。因为 $u_f \approx i_E \cdot R_{E1}$, $u_o = -i_o \cdot R_C \approx -i_E \cdot R_C$,所以其反馈系数为

$$F = \frac{u_f}{i_o} = \frac{i_E \cdot R_{E1}}{i_o} \approx R_{E1}$$

闭环电压放大倍数为

$$A_{uf} = \frac{u_o}{u_i} \approx \frac{u_o}{u_f} = \frac{-i_o \cdot R_C}{i_E \cdot R_{E1}} = -\frac{R_C}{R_{E1}}$$

【例5-7】 分析如图5-36所示深度负反馈放大电路(设图中所有电容对交流信号均可视为短路),判断反馈类型,并写出电压放大倍数 $A_{uf} = \frac{u_o}{u_i}$ 的表达式。

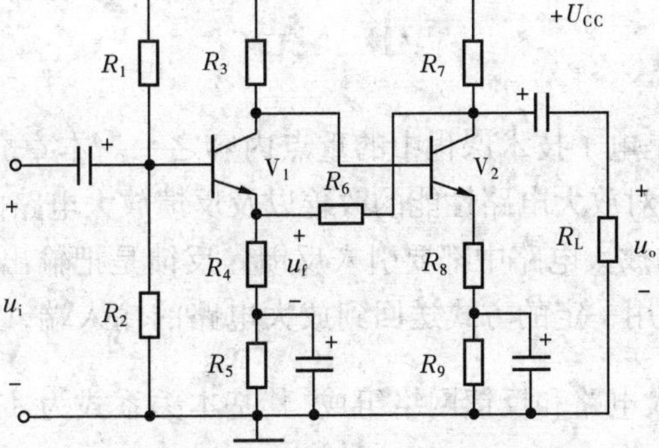

图5-36 例5-7电路图

解 由图可知,反馈元件为 R_6、R_4,令 $R_L = 0$,反馈电压 u_f 即消失,所以为电压反馈;令 $u_i = 0$ 后,反馈并不消失,故为串联反馈;由瞬时极性法,可判断出该反馈为负反馈。所以,该电路的反馈类型为电压串联负反馈。

在深度负反馈放大电路中，由 $u_f \approx u_i$，由图 5-36 可得

$$u_f \approx \frac{u_o R_4}{R_4 + R_6} \approx u_i$$

所以，可得电压放大倍数为

$$A_{uf} = \frac{u_o}{u_i} \approx \frac{u_o}{u_f} = \frac{R_4 + R_6}{R_4} = 1 + \frac{R_6}{R_4}$$

【例 5-8】 估算如图 5-37 所示反馈放大电路的源电压放大倍数 A_{usf}。

解 如图 5-37 所示放大电路中，R_B 构成电压并联负反馈。在深度负反馈条件下，可知 $i_i \approx i_f$，而且还有 $u_i \approx 0$。

由图 5-37 输入回路可得

$$i_i = \frac{u_s}{R_s + r_{if}} \approx \frac{u_s}{R_s}$$

$$i_f \approx -\frac{u_o}{R_B}$$

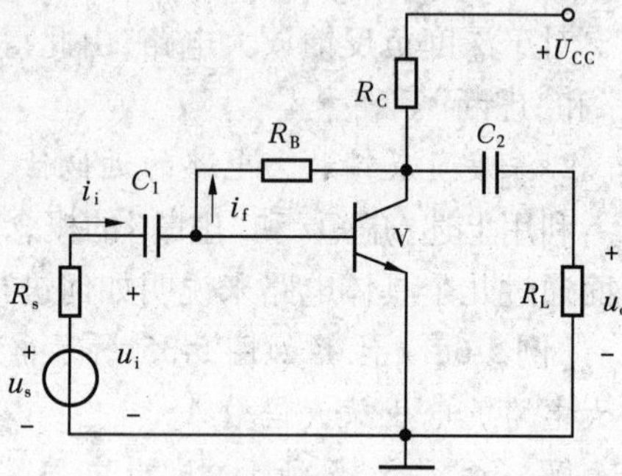

图 5-37 电压并联负反馈放大电路

所以，闭环电压放大倍数为

$$A_{usf} = \frac{u_o}{u_s} = -\frac{i_f \cdot R_B}{i_i \cdot R_s} = -\frac{R_B}{R_s}$$

由以上分析过程可以看到，当电路引入深度负反馈后，反馈放大器的闭环放大倍数基本上和管子的参数 β、r_{be} 等无关，而只取决于反馈网络的元件参数。只要反馈网络元件的参数稳定，则闭环放大倍数就稳定。

在深度负反馈条件下，闭环放大倍数的估算变得十分简单，既不需要画出微变等效电路，也不必采用方框图法，问题仅仅归结为计算电路的反馈系数 F。在各种精密电子设备中，多级反馈放大电路的应用十分广泛。由于其开环放大倍数一般来说比较大，容易满足 $(1 + AF) \gg 1$ 的条件，多数可以作为深度负反馈放大电路来处理，因此这种近似估算方法具有较大的实用意义。

小　结

放大电路中的反馈是电子技术课程中的重点内容之一。本章介绍了反馈的基本概念，反馈的判断方法，负反馈对放大电路性能的改善以及反馈放大电路的分析与计算等。

(1) 几乎所有实用的放大电路中都要引入反馈。反馈是把输出电压或输出电流的一部分或全部通过反馈网络，用一定的方式送回到放大电路的输入端，以影响输入电量的过程。反馈放大电路由基本放大电路和反馈网络组成，其基本关系式为 $\dot{A}_f = \dfrac{\dot{A}}{1 + \dot{A}\dot{F}}$。反馈网络是将输出回路与输入回路联系起来的电路。构成反馈网络的元件称为反馈元件。在各种放大电路中，人们经常利用反馈的方法来改善各项性能，使电路输出量（电压或电流）的变化反过来影响输入回路，从而控制输出端的变化，起到自动调节的作用。

(2) 放大电路有无反馈的判断方法：看放大电路的输出回路与输入回路之间是否存在

反馈网络,若有则存在反馈;否则就不存在反馈。

交、直流反馈的判断方法:存在于放大电路交流通路中的反馈为交流反馈,引入交流负反馈是为了改善放大电路的各项性能;存在于直流通路中的反馈为直流反馈,引入直流负反馈的目的是稳定放大电路的静态工作点。

正、负反馈可用瞬时极性法判断:先假设输入信号在某时刻的瞬时极性,然后顺着信号传输方向逐步推出反馈环内相关各点的瞬时极性,最后得到反馈信号的瞬时极性,若反馈信号削弱净输入信号,则为负反馈;若增强净输入信号,则为正反馈。

电压、电流反馈的判断方法:输出端短路法,即设 $R_L=0$ 或 $u_o=0$,若反馈消失,则为电压反馈;若反馈不消失,则为电流反馈。

串联、并联反馈的判断方法:输入端短路法,即设 $u_i=0$,若反馈消失,则为并联反馈;若反馈不消失,则为串联反馈。为了使负反馈的效果更好,当信号源内阻较小时,宜采用串联反馈;当信号源内阻较大时,宜采用并联反馈。

(3)不同类型的反馈对放大电路产生的影响不同。

正反馈使放大倍数增大;负反馈使放大倍数减小,但其他各项性能可以获得改善。

电压负反馈使输出电压 u_o 保持稳定,因而降低了电路的输出电阻 r_o;电流负反馈使输出电流 i_o 保持稳定,因而提高了输出电阻 r_o。

串联负反馈提高电路的输入电阻 r_i,并联负反馈则降低输入电阻。

直流负反馈的主要作用是稳定静态工作点,一般不再区分它们的组态。本章主要讨论了各种形式的交流负反馈。

在实际的反馈放大电路中,有以下四种常见的负反馈放大电路:电压串联式、电压并联式、电流串联式和电流并联式。

(4)引入负反馈后,放大电路的许多性能得到了改善,如提高放大倍数的稳定性、减小非线性失真、抑制干扰和噪声、展宽通频带和改变电路的输入、输出电阻等。改善的程度取决于反馈深度$|1+\dot{A}\dot{F}|$。负反馈越强,即$|1+\dot{A}\dot{F}|$越大,放大倍数降低得越多,但上述各项性能的改善也越显著。

(5)反馈放大电路的分析方法通常有以下几种:

①微变等效电路法。原则上可用于分析任何反馈放大电路,但是对于复杂电路有时需要解联立方程组,十分麻烦,实际上较适用于分析简单的反馈放大电路。

②方框图计算法。对于不满足深度负反馈条件的复杂反馈电路,可以利用方框图进行计算。将反馈放大电路分解成为基本放大电路和反馈网络两部分,分别求出它们的 A 和 F,然后利用反馈的一般公式求 A_{uf}、r_{if}和 r_{of}。

③近似估算法。对于满足深度负反馈条件的多级反馈放大电路,可以利用深度负反馈的特点,即在深度负反馈时,输入量等于反馈量($\dot{X}_f \approx \dot{X}_i$),净输入量为零($\dot{X}_{id}=0$),求出电压放大倍数,或利用公式 $A \approx \dfrac{1}{F}$ 直接求放大倍数。但要注意,A 是广义的放大倍数。

(6)负反馈放大电路在一定条件下可能转化为正反馈,甚至产生自激振荡,干扰电路正常工作,这是实际应用中应加以注意的问题。在负反馈放大电路中,为了防止产生自激振荡,提高电路工作的稳定性,通常接入相位补偿网络。

实训七　负反馈放大电路的特性测试

一、实训目的

(1)通过对有负反馈和无反馈放大电路的比较,体会负反馈改善放大电路性能的作用。

(2)掌握负反馈放大电路性能的测试方法。

二、实训内容

(1)测量电路的静态工作点。

(2)测量基本放大器的放大倍数、输入电阻和输出电阻。

(3)测量电压串联负反馈放大器的放大倍数、输入电阻和输出电阻。

(4)观察负反馈对放大器非线性失真的改善。

三、实训原理

图5-38为带有负反馈的两级阻容耦合放大电路,在电路中通过 R_F 把输出电压 u_o 引回到输入端,加在晶体管 V_1 的发射极上,在发射极电阻 R_{F1} 上形成反馈电压 u_f。根据反馈的判断法可知,它属于电压串联负反馈。其主要性能指标如下。

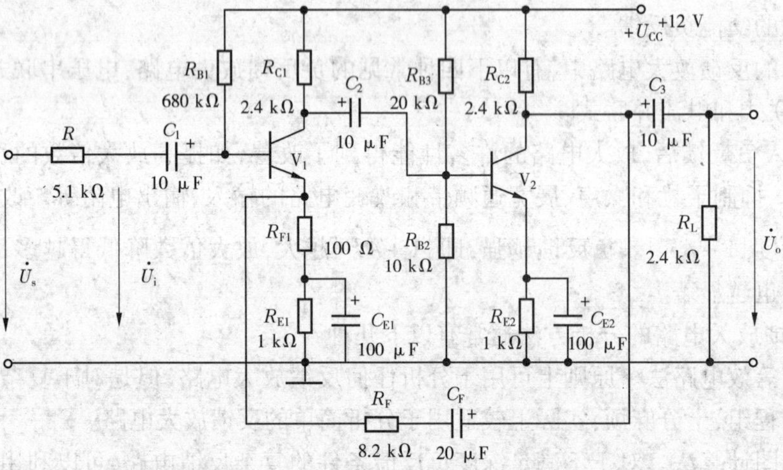

图5-38　带有电压串联负反馈的两级阻容耦合放大电路

(1)电压串联负反馈放大器的闭环电压放大倍数 A_{uf} 与开环放大倍数 A_u 的关系为

$$A_{uf}=\frac{A_u}{1+A_uF_u}$$

式中,$A_u=\frac{U_o}{U_{id}}$为基本放大器(无反馈)的电压放大倍数,即开环电压放大倍数;$F_u=\frac{U_f}{U_o}$为反馈系数;$A_{uf}=\frac{U_o}{U_i}$为负反馈放大器的电压放大倍数;$1+A_uF_u$ 为反馈深度,它的大小决定了负反馈对放大器性能改善的程度。

(2)反馈系数

$$F_u = \frac{R_{F1}}{R_F + R_{F1}}$$

(3)深度负反馈时电压串联负反馈放大器的电压放大倍数可近似表示为

$$A_{uf} = \frac{1}{F_u}$$

(4)电压串联负反馈放大器的输入电阻

$$r_{if} = (1 + A_u F_u) r_i$$

式中,r_i 为基本放大器的输入电阻。

(5)电压串联负反馈放大器的输出电阻

$$r_{of} = \frac{r_o}{1 + A_{uo} F_u}$$

式中,r_o 为基本放大器的输出电阻;A_{uo} 为基本放大器 $R_L = \infty$ 时的电压放大倍数。

四、实训设备与器件

电子实验台、函数信号发生器、示波器、万用表、晶体三极管 3DG6 ×2(β = 50 ~ 100)或 9011 ×2、电阻、电容、电位器、导线若干。

五、实训步骤

(一)测量电路的静态工作点

按图 5-38 连接实训电路,取 U_{CC} = +12 V,U_i = 0,调试电路后,用直流电压表分别测量第一级、第二级的静态工作点,记入表 5-1。

表 5-1 放大器的静态工作点测试

	U_B(V)	U_E(V)	U_C(V)	I_C(mA)
第一级				
第二级				

(二)测试基本放大器和负反馈放大器的各项性能指标

输入 1 kHz 的正弦信号,使输出电压为 1 V,分别测量两个电路的源电压、输出电压和输入电压,并计算电压放大倍数、输入电阻和输出电阻,将结果记录至表 5-2。

表 5-2 放大器的各项性能指标测试

基本放大器						负反馈放大器					
U_o	U_s	U_i	A_u	r_i	r_o	U_o	U_s	U_i	A_{uf}	r_{if}	r_{of}

(三)验证电压放大倍数的稳定性

将 R_{C2} 改为 4.2 kΩ 及 5 kΩ 后,将步骤(二)重新测试,并计算反馈放大器和基本放大器的电压放大倍数以及 A_u、A_{uf} 的相对变化量。将结果记入表 5-3 中。

表 5-3　电压放大倍数测试

基本放大器					负反馈放大器				
R_{C2}	U_o	U_s	U_i	A_u	R_{C2}	U_o	U_s	U_i	A_{uf}
4.2 kΩ					4.2 kΩ				
5 kΩ					5 kΩ				
$\Delta A_u/A_u$ =					$\Delta A_{uf}/A_{uf}$ =				

(四)观察负反馈对非线性失真的改善

先将实训电路接成基本放大器,在输入端加入 $f = 1$ kHz 的正弦信号,逐渐增大输入信号的幅度,使输出电压波形出现轻度非线性失真,记下此时的波形和输出电压的幅度;然后加上负反馈并逐渐增大输入信号,使输出电压波形达到基本放大器同样的幅度,观察波形的失真程度有何改善。

六、实训总结

(1)将基本放大器和负反馈放大器动态参数的实测值和理论估算值列表进行比较。

(2)根据测量、观察的结果,总结出电压串联负反馈对放大器性能的影响。

习　题

5-1　什么是反馈?如何判断一个电路中是否存在反馈?试举出一些具体电路的实例来说明什么是正反馈和负反馈、直流反馈和交流反馈、电压反馈和电流反馈、串联反馈和并联反馈。

5-2　如何判断反馈的正负?如何区分电压反馈和电流反馈?如何判断串联反馈和并联反馈?

5-3　负反馈电路有哪四种基本类型?各举出一个实际电路的例子。

5-4　选择合适的答案填入括号内。

A. 电压　B. 电流　C. 串联　D. 并联　E. 正　F. 负　G. 直流　H. 交流

(1)为了构成正弦振荡电路,应引入(　　　)反馈。

(2)为了改善放大电路的性能,应引入(　　　)反馈。

(3)为了稳定电路的静态工作点,应引入(　　　)负反馈。

(4)为了改善放大电路的动态性能,应引入(　　　)负反馈。

(5)为了稳定电路的输出电压,应引入(　　　)负反馈。

(6)为了稳定电路的输出电流,应引入(　　　)负反馈。

(7)为了增大放大器的输入电阻,应引入(　　　)负反馈。

(8)为了减小放大器的输入电阻,应引入(　　　)负反馈。

(9)为了增大放大器的输出电阻,应引入(　　　)负反馈。

(10)为了减小放大器的输出电阻,应引入(　　　)负反馈。

5-5　判断图 5-39 所示的各电路中是否引入了反馈,指出反馈元件,标出反馈支路,并判断哪些是直流反馈，哪些是交流反馈，哪些是负反馈，哪些是正反馈（设图中所有电容对交流信号均可视为短路）。

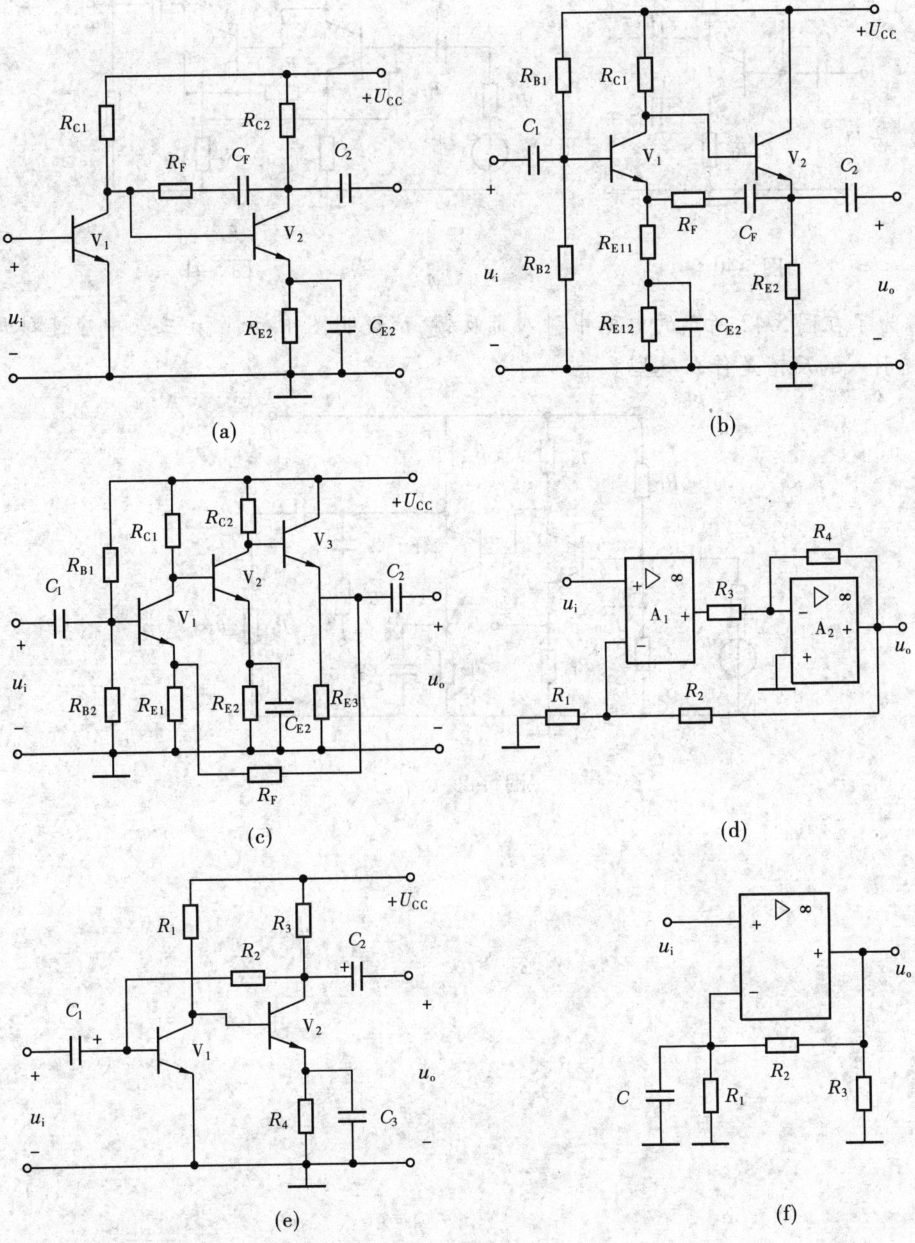

图5-39

5-6　试分析图5-40电路中 R_E 的反馈作用。

(1)如果电路从集电极输出，是电压反馈还是电流反馈？

(2)如果电路从发射极输出，是电压反馈还是电流反馈？

5-7　试问图5-41所示电路中有哪些级间反馈，分析这些反馈的极性和类型。如果希望 R_{F1} 只起直流反馈作用，而 R_{F2} 只起交流反馈作用，应如何进行改接？

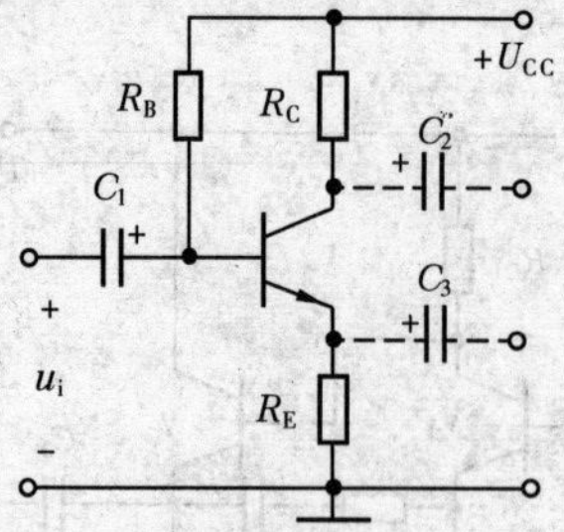

图 5-40

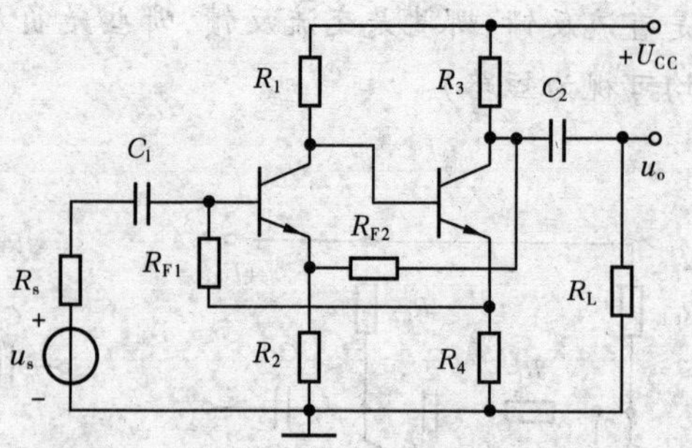

图 5-41

5-8 为了在图 5-42 所示的电路中引入负反馈，试说明图中 m、n、p 三点中应连接哪两点，并判断引入的反馈是什么类型。

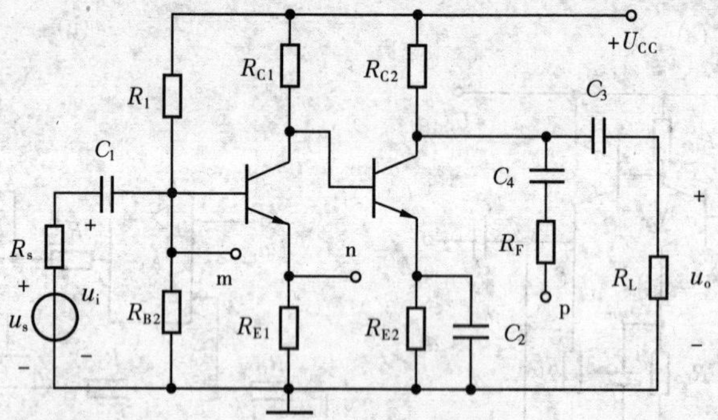

图 5-42

第六章　集成运算放大电路的应用

集成运算放大器是一种模拟集成电路，利用它再加上少数的几个外部元件，能很方便地实现各种各样的电路功能，三极管放大电路几乎都可以用运算放大器代替，而且性能优越很多。集成运放的应用首先表现在它能构成各种数学运算上，并因此得名。现在，集成运放的应用范围早已远远超出了数学运算的范围。

集成运算放大电路的应用十分广泛，涉及生活的各个领域，广泛应用于信号的处理、产生、变换和测量，以及伺服系统、程序控制等，学习并掌握它的应用电路的分析方法、组成和原理都十分必要。本章主要介绍集成运放在信号的运算、处理即波形的产生方面的应用。

本章重点介绍了比例、求和、减法、微分和积分等基本线性应用电路。最后，对集成运放的非线性应用电路之一的比较器也做了详尽的分析。通过几种典型的应用电路，掌握集成运放应用电路的分析方法，了解应用过程中出现的实际问题，为以后的学习打下基础。

第一节　集成运算放大电路的线性应用电路

集成运放的线性应用电路形式很多，但其一般分析方法或者分析的基本出发点，就是应用虚短和虚断两个重要特点，根据外围电路，借助线性电路的基本定律，列写求解电路方程，从而分析和确定输入、输出关系。

一、基本运算电路

（一）反相比例运算电路

当输入信号从反相输入端输入时，输出信号与输入信号相位相反，这样，集成运放电路就构成了反相比例运算电路。

如图 6-1 所示，同相输入端通过电阻 R_2 接地，输入信号 u_I 通过 R_1 送到反相输入端，输出端与反相输入端间跨接反馈电阻 R_F，形成电压并联负反馈。根据集成运算电路的虚断和虚短可得

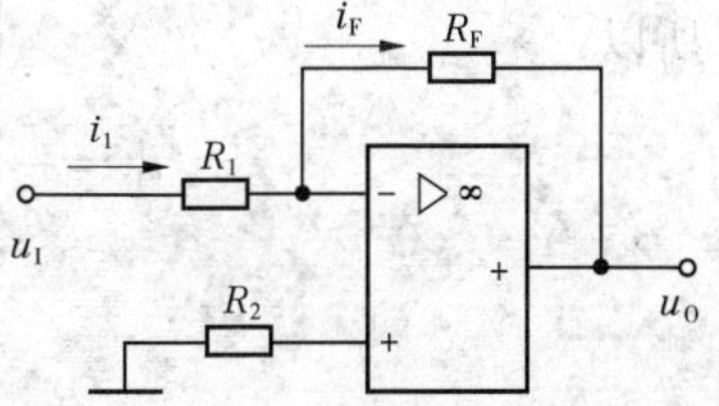

图 6-1　反相比例运算放大器

$$i_1 \approx i_F$$

$$u_N \approx u_P = 0 \quad (\text{虚地})$$

由图 6-1 可得

$$i_1 = \frac{u_I - u_N}{R_1} = \frac{u_I}{R_1}$$

$$i_F = \frac{u_N - u_O}{R_F} = \frac{-u_O}{R_F}$$

由此得出

$$u_O = -\frac{R_F}{R_1}u_I$$

该电路的闭环电压放大倍数为

$$A_{uf} = \frac{u_O}{u_I} = -\frac{R_F}{R_1} \tag{6-1}$$

上式表明,该电路的电压放大倍数只与外围电阻有关,而与运放电路本身参数几乎无关,这就保证了放大电路放大倍数的精确和稳定。上式可写成 $u_O = -\frac{R_F}{R_1}u_I$,式中的"-"号表示输出电压的相位与输入电压的相位相反,R_F/R_1 为比例系数,调节 R_F、R_1 的大小,可改变 u_O 与 u_I 的比例大小。当 $R_1 = R_F$ 时,$A_{uf} = -1$,该电路成为反相器。

为保证集成运放差动输入电路的对称结构,从两个输入端各自向外电路看去的电阻应相等。所以,在同相端应接输入阻值等于 R_1 和 R_F 并联值的平衡电阻 R_2,即

$$R_2 = R_1 // R_F$$

【例 6-1】 在图 6-1 中,$R_1 = 10\ \text{k}\Omega$,$R_F = 30\ \text{k}\Omega$,求 A_{uf} 和 R_2;若输入电压 $u_I = 1.5\ \text{mV}$,则 u_O 为多大?

解 将数据代入上面的闭环电压放大倍数公式得

$$A_{uf} = -\frac{R_F}{R_1} = -\frac{30}{10} = -3$$

$$u_O = A_{uf}u_I = -3 \times 1.5 = -4.5(\text{mV})$$

$$R_2 = R_1 // R_F = \frac{R_1R_F}{R_1 + R_F} = \frac{10 \times 30}{10 + 30} = \frac{300}{40} = 7.5(\text{k}\Omega)$$

(二)同相比例运算电路

如果输入信号从同相输入端加入,运算放大电路就构成了同相比例运算电路,如图 6-2 所示。根据理想运算放大器的特性

$$i_P = i_N = 0,\quad u_N \approx u_P = u_I$$

可得

$$i_1 \approx i_F$$

所以

$$i_1 = -\frac{u_N}{R_1} = -\frac{u_I}{R_1} = i_F = \frac{u_N - u_O}{R_F} = \frac{u_I - u_O}{R_F}$$

$$u_O = \left(1 + \frac{R_F}{R_1}\right)u_I$$

$$A_{uf} = \frac{u_O}{u_I} = 1 + \frac{R_F}{R_1} \tag{6-2}$$

可见,同相比例运算电路实现了输出电压与输入电压之间的比例关系的运算。电压放大倍数 $A_{uf} \geqslant 1$。

(三)电压跟随器

图 6-3 所示为电压跟随器,它是当 $R_1 = \infty$(去掉 R_1),$R_F = 0$ 时的同相比例运算放大器。电路的电压放大倍数为 1,这时就成了电压跟随器。其输入电阻高,对信号源几乎无任何影响;输出电阻低,为一理想恒压源,所以带负载能力特别强,可以作为各种电路的输入级、中

间级和缓冲级等。

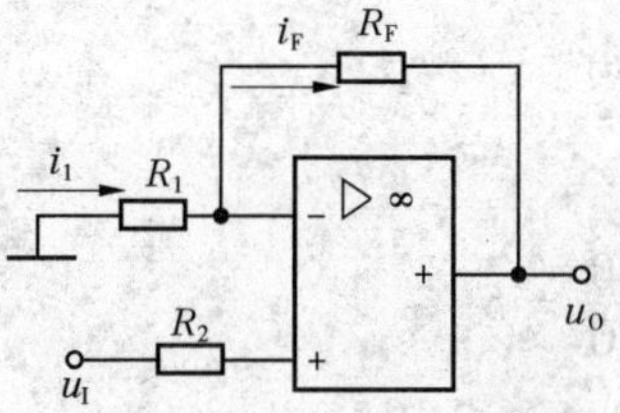

图 6-2　同相比例运算电路

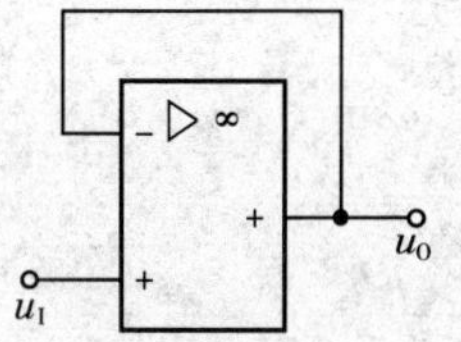

图 6-3　电压跟随器

【例 6-2】　试计算图 6-4 中的 u_O 大小。其中 $R_1=6\ \text{k}\Omega, R_F=12\ \text{k}\Omega, R_2=4\ \text{k}\Omega, u_I=2\ \text{V}$。

解　将数据代入同相放大倍数公式得

【例 6-3】　电路如图 6-5 所示，$R_2=8\ k\Omega, R_1=\infty\ R_F=4\ k\Omega$，试求 u_O 的大小。

$$u_O=\left(1+\frac{R_F}{R_1}\right)u_I=\left(1+\frac{12}{6}\right)\times 2=6(\text{V})$$

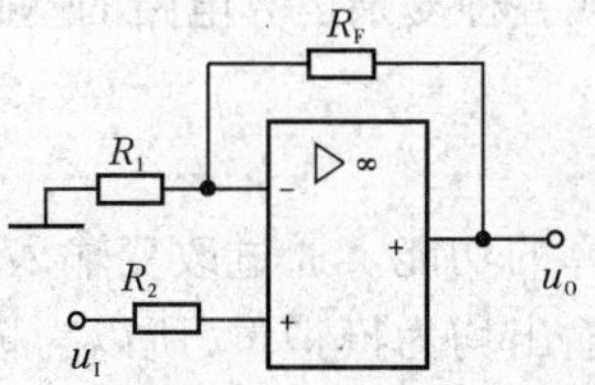

图 6-4　例 6-2 图

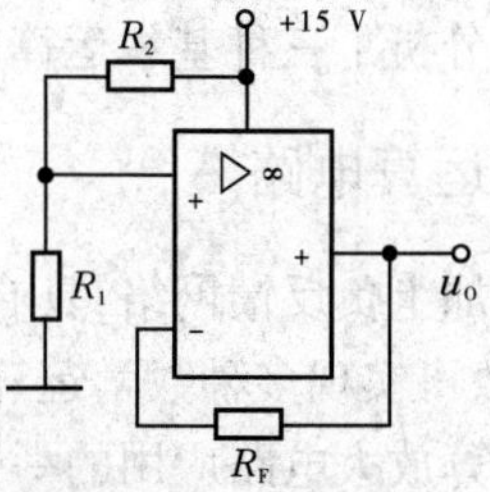

图 6-5　例 6-3 图

解　由图可知，电路输入端电压为 7.5 V，R_1 为∞，$R_F=4\ \text{k}\Omega$，该电路为电压跟随器，所以 $u_O=u_I=7.5\ \text{V}$。

【例 6-4】　图 6-6 所示为理想集成运放。已知 $u_I=0.4\ \text{V}, R_1=R_2=10\ \text{k}\Omega, R_3=R_F=50\ \text{k}\Omega, R_L=20\ \text{k}\Omega$。试求放大器的 A_{uf}、u_O、i_L 以及运放的输出电流 i_O。

解　图 6-6 为同相放大器，u_I 经 R_2、R_3 分压加到同相输入端，所以

$$u_P=\frac{R_3}{R_2+R_3}u_I$$

$$u_N=\frac{R_1}{R_1+R_F}u_O=u_P$$

$$u_O=\frac{R_1+R_F}{R_1}u_N=\frac{R_1+R_F}{R_1}\times\frac{R_3}{R_2+R_3}u_I$$

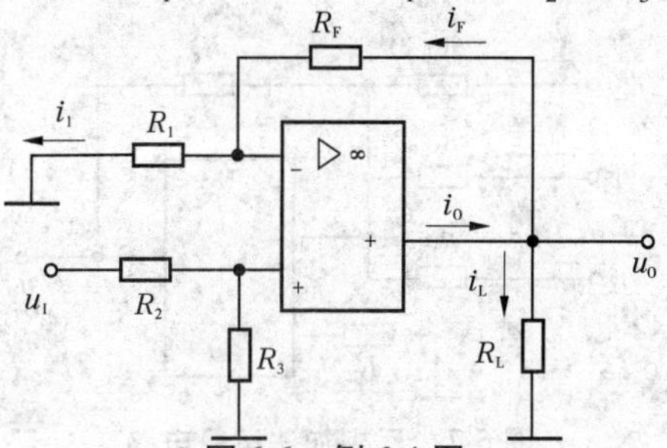

图 6-6　例 6-4 图

由于 $R_1=R_2, R_3=R_F$，故

$$u_O = \frac{R_3}{R_1}u_I$$

所以

$$A_{uf} = \frac{R_3}{R_1} = \frac{50}{10} = 5$$

$$u_O = A_{uf}u_I = 5 \times 0.4 = 2(\text{V})$$

又

$$i_L = \frac{u_O}{R_L} = \frac{2}{20} = 0.1(\text{mA})$$

$$i_F = \frac{u_O}{R_1 + R_F} = \frac{2}{10+50} = 0.033(\text{mA})$$

所以

$$i_O = i_F + i_L = 0.1 + 0.033 = 0.133(\text{mA})$$

以上简单分析了三种基本运算电路，它们是组成各种复杂运算电路的基础。

二、信号运算电路

集成运放加上负反馈网络，具有对信号进行运算的功能。通过改变输入和反馈电路的结构形式、参数可实现多种数学运算。由于输入和输出均为模拟量，所以为模拟运算，信号运算是集成运算放大电路应用的一个重要方面。

（一）加法运算

加法运算是指电路的输出电压等于 n 个输入电压的代数和，即

$$u_O = k_1u_{I1} + k_2u_{I2} + \cdots + k_nu_{In}$$

式中，k 为比例系数。

1. 反相加法运算

如果在反相输入比例运算电路的输入端增加几个输入支路，就构成反相加法运算电路，也称求和电路。如图 6-7 所示为反相输入端有三个输入信号的加法器电路，根据虚短和虚断概念，由图可列出

$$i_{11} = \frac{u_{I1}}{R_{11}}, i_{12} = \frac{u_{I2}}{R_{12}}, i_{13} = \frac{u_{I3}}{R_{13}}$$

$$i_F = -\frac{u_O}{R_F} = i_{11} + i_{12} + i_{13}$$

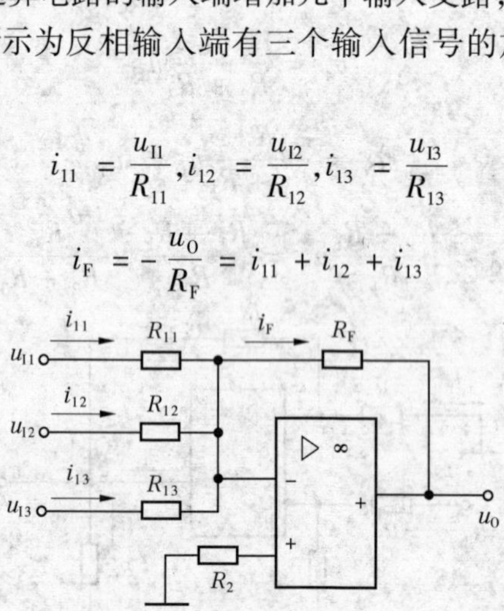

图 6-7　反相加法运算电路

由上列各式可得

$$u_O = -\left(\frac{R_F}{R_{11}}u_{I1} + \frac{R_F}{R_{12}}u_{I2} + \frac{R_F}{R_{13}}u_{I3}\right) \tag{6-3}$$

当 $R_{11}=R_{12}=R_{13}=R_1$ 时,上式为

$$u_O = -\frac{R_F}{R_1}(u_{I1} + u_{I2} + u_{I3}) \tag{6-4}$$

当 $R_1=R_F$ 时,则

$$u_O = -(u_{I1} + u_{I2} + u_{I3}) \tag{6-5}$$

可见,输出电压与各个输入电压之和成比例,实现了加法运算。式中负号表示输出与输入反相。

由上列三式可知,加法运算电路也与运算放大电路本身的参数无关,只要电阻值足够精确,就可以保证加法运算的精度和稳定性。另外,反相加法电路中无共模输入信号(即 $u_P=u_N=0$),抗干扰能力强,因此应用广泛。

平衡电阻 R_2的取值为

$$R_2 = R_{11} /\!/ R_{12} /\!/ R_{13} /\!/ R_F$$

2. 同相加法运算

同相输入加法电路如图 6-8 所示,在同相比例运算电路输入端加输入信号,由集成运放的虚断($i_N=0$)可得

$$i_{21} + i_{22} + i_{23} = i_2$$

即

$$\frac{u_{I1}-u_P}{R_{21}} + \frac{u_{I2}-u_P}{R_{22}} + \frac{u_{I3}-u_P}{R_{23}} = \frac{u_P}{R_2}$$

$$u_P = (R_2 /\!/ R_{21} /\!/ R_{22} /\!/ R_{23})\left(\frac{u_{I1}}{R_{21}} + \frac{u_{I2}}{R_{22}} + \frac{u_{I3}}{R_{23}}\right)$$

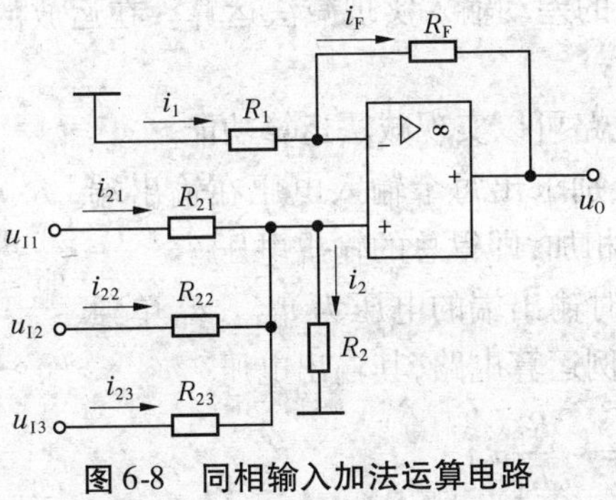

图 6-8 同相输入加法运算电路

令 $R=R_2/\!/R_{21}/\!/R_{22}/\!/R_{23}$,则有

$$u_P = R\left(\frac{u_{I1}}{R_{21}} + \frac{u_{I2}}{R_{22}} + \frac{u_{I3}}{R_{23}}\right)$$

又根据虚短($u_P=u_N$)可得

$$u_P = \frac{R_1 u_O}{R_1 + R_F}$$

所以

$$u_O = \frac{R_1 + R_F}{R_1}u_P = \frac{R(R_1 + R_F)}{R_1}\left(\frac{u_{I1}}{R_{21}} + \frac{u_{I2}}{R_{22}} + \frac{u_{I3}}{R_{23}}\right)$$

当 $R_{21} = R_{22} = R_{23} = R_2$ 时,上式为

$$u_O = \frac{R_1 + R_F}{R_1}u_P = \frac{R(R_1 + R_F)}{R_1 R_2}(u_{I1} + u_{I2} + u_{I3})$$

$$= \frac{(R_1 + R_F)}{4R_1}(u_{I1} + u_{I2} + u_{I3})$$

当 $R_F = 3R_1$ 时,$u_O = u_{I1} + u_{I2} + u_{I3}$。

可见,同相加法器的输出和输入同相,但同相加法电路中存在共模输入电压(即 u_P 和 u_N 不等于零),因此一般很少应用。

【例 6-5】 电路如图 6-7 所示,若 $R_F = 100\ \text{k}\Omega$,$u_O$ 与各输入电压的关系式为 $u_O = -(4u_{I1} + 2u_{I2} + 0.5u_{I3})$,试计算 R_{11}、R_{12}、R_{13}和 R_2 的阻值。

解 根据公式 $u_O = -\left(\frac{R_F}{R_{11}}u_{I1} + \frac{R_F}{R_{12}}u_{I2} + \frac{R_F}{R_{13}}u_{I3}\right)$ 得

$$R_{11} = \frac{R_F}{4} = \frac{100}{4} = 25(\text{k}\Omega)$$

$$R_{12} = \frac{R_F}{2} = \frac{100}{2} = 50(\text{k}\Omega)$$

$$R_{13} = \frac{R_F}{0.5} = \frac{100}{0.5} = 200(\text{k}\Omega)$$

$$R_2 = R_{11} /\!/ R_{12} /\!/ R_{13} /\!/ R_F = 25 /\!/ 50 /\!/ 200 /\!/ 100 = 13.33(\text{k}\Omega)$$

(二)减法运算

减法运算是指电路的输出电压与两个输入电压之差成比例,又称差动比例运算电路。

(1)利用运算放大电路的差动输入实现减法运算。在运放的两个输入端同时加信号便实现减法运算。

图 6-9 所示运算放大电路可以实现减法运算功能。

根据叠加原理,首先分别求出每个输入电压在输出端产生的电压值,然后将它们相加,即得总的输出电压。

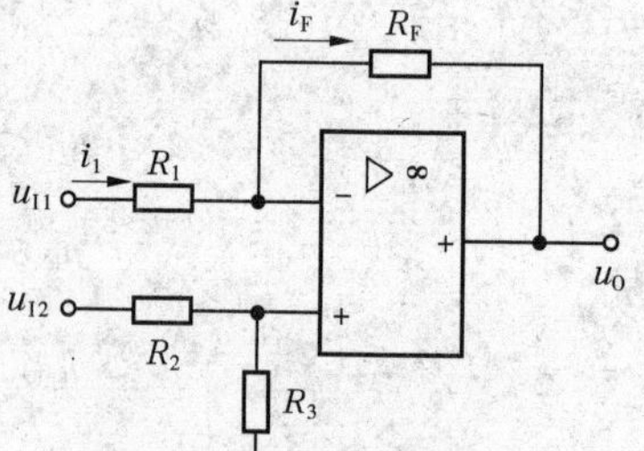

图 6-9 差动输入的减法器

令 $u_{I2} = 0$,u_{I1}单独作用时输出端的电压为 u_{O1}。u_{I1}单独作用,可认为电路是反相比例运算电路,其输出电压

$$u_{O1} = -\frac{R_F}{R_1}u_{I1}$$

令 $u_{I1} = 0$,u_{I2}单独作用时输出端的电压为 u_{O2}。u_{I2}单独作用,该电路就构成了同相放大器,其输出电压

$$u_{O2} = \frac{R_3}{R_2 + R_3}u_{I2}\frac{R_1 + R_F}{R_1}$$

u_{I1}和 u_{I2}同时作用时,产生的输出电压 u_O 为

$$u_O = u_{O1} + u_{O2} = \frac{R_3}{R_2 + R_3}\frac{R_1 + R_F}{R_1}u_{I2} - \frac{R_F}{R_1}u_{I1}$$

当 $R_1 = R_2$ 且 $R_F = R_3$ 时,上式可化为

$$u_O = \frac{R_F}{R_1}(u_{I2} - u_{I1})$$

电压放大倍数为

$$A_{uf} = \frac{u_O}{u_{I2} - u_{I1}} = \frac{R_F}{R_1}$$

可见输出电压与输入电压差值成比例,实现了两个输入信号电压 u_{I1}、u_{I2}相减的功能。

当 $R_F = R_1$ 时,则得

$$u_O = u_{I2} - u_{I1}$$

即实现了输出电压为两输入电压的差的运算。

(2)利用将一个信号先反相再进行求和的方法实现减法运算。电路如图 6-10 所示。

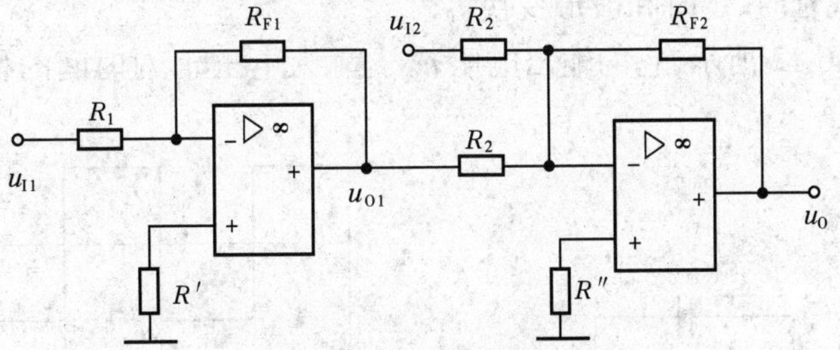

图 6-10　利用反相信号的求和实现减法运算的电路

由式(6-4)得

$$u_O = -\frac{R_{F2}}{R_2}(u_{O1} + u_{I2})$$

由式(6-1)得

$$u_{O1} = -\frac{R_{F1}}{R_1}u_{I1}$$

所以

$$u_O = -\frac{R_{F2}}{R_2}(u_{I2} - \frac{R_{F1}}{R_1}u_{I1})$$

当 $R_{F1} = R_1$ 时

$$u_O = -\frac{R_{F2}}{R_2}(u_{I2} - u_{I1})$$

若 $R_{F2} = R_2$,则

$$u_O = u_{I1} - u_{I2}$$

即电路实现了减法运算。

【例 6-6】 试写出图 6-11 电路的运算关系,已知 $R_1 = R_2 = R_{F1} = R_{F2}$。

解 第一级运算放大器为同相比例运算放大器。

$$u_{O1} = (1 + \frac{R_{F1}}{R_1})u_{I1} = 2u_{I1}$$

第二级运算放大器放为差分输入减法器。

$$u_O = 2u_{I2} - u_{O1} = 2u_{I2} - 2u_{I1} = 2(u_{I2} - u_{I1})$$

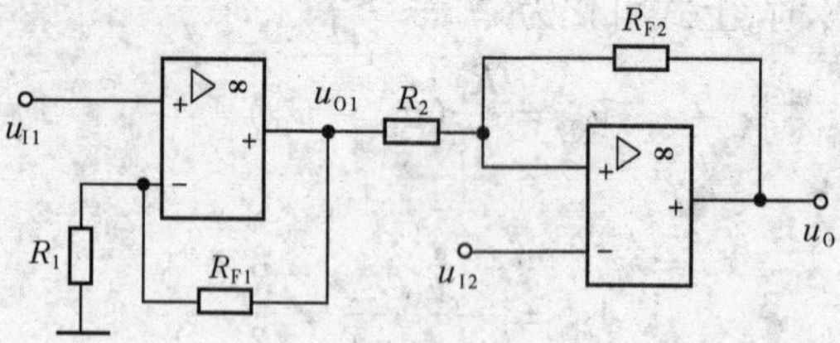

图 6-11　例 6-6 图

(三)积分微分运算电路

1. 积分运算电路

积分运算电路又叫积分器,是一种基本运算电路,是测量和控制系统中的重要单元电路,利用它可以实现延时、定时和波形变换等。

积分电路如图 6-12 所示,它的输出电压 u_O 与输入电压 u_I 对时间的积分成比例关系。

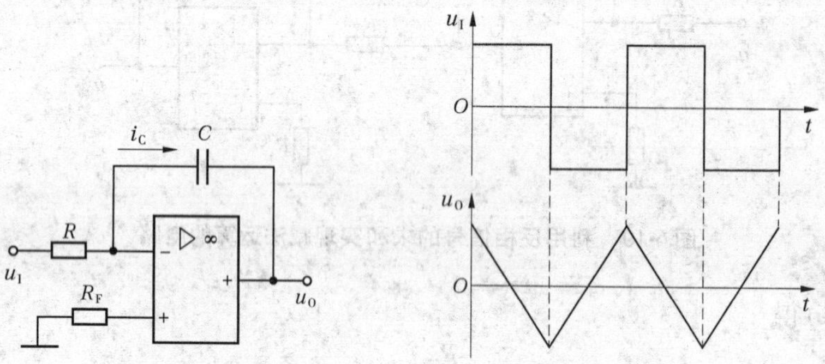

(a)原理图　　(b)波形图

图 6-12　积分器

图 6-12 所示电路中,电阻 R 和电容 C 的乘积称做积分时间常数,用 τ 表示,即

$$\tau = RC$$

由于是反相输入,且 $u_P = u_N = 0$,所以有

$$i_R = i_C = \frac{u_I}{R}$$

$$u_C = \frac{q}{C} = \frac{1}{C}\int i_C \mathrm{d}t$$

$$u_O = -u_C = -\frac{1}{C}\int i_R \mathrm{d}t = -\frac{1}{RC}\int u_I \mathrm{d}t \tag{6-6}$$

上式表明输出电压 u_O 与输入电压 u_I 成积分关系,式中的负号表示两者相位相反,RC 称为积分时间常数。当 u_I 为一常数时,则 u_O 将随时间 t 而线性增长,即

$$u_O = -\frac{1}{RC}\int u_I \mathrm{d}t = \frac{U_I}{RC}t \tag{6-7}$$

所以，当 u_I 为方波时，输出电压 u_O 应为三角波，如图 6-13(b)所示。

【例 6-7】 积分运算电路如图 6-12(a)所示，已知 $R=50\ k\Omega$，$C=2\ \mu F$。电容的初始电压 $U_{C0}=0$。输入电压 u_I 为阶跃电压，即 $t<0$ 时 $u_I=0$，$t>0$ 时，$u_I=1\ V$。计算需要经过多长时间，输出电压 u_O 才达到 $-10\ V$。

解 据公式(6-7)得

$$t=-\frac{RC}{u_I}\cdot u_O=-\frac{50\times 2\times 10^3\times 10^{-6}}{1}\times(-10)=1(s)$$

2. 微分运算电路

微分运算也是一种基本运算电路，是积分的逆运算。微分运算又叫微分器，将积分器中的电阻 R 和反馈电容 C 的位置互换就组成了基本微分器，电路如图 6-13 所示。

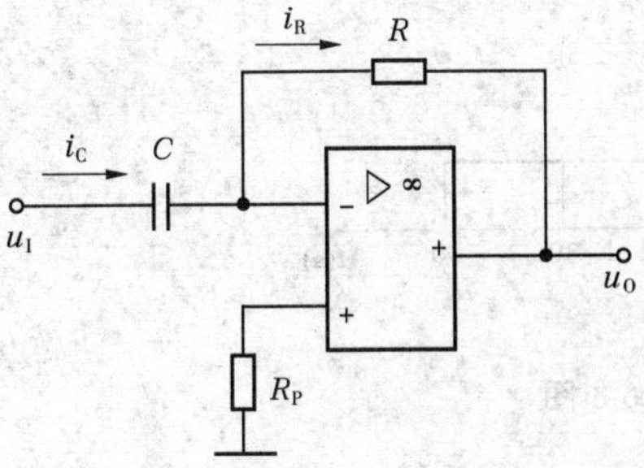

(a)电路原理图

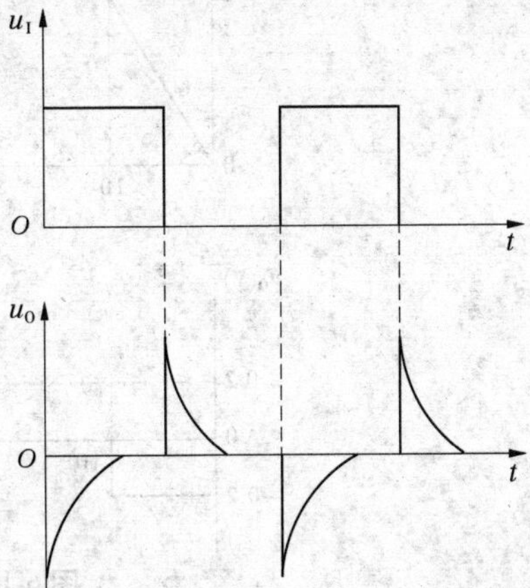

(b)波形

图 6-13 基本微分电路及波形

利用虚地和虚断概念可得 $u_I=u_C$，$i_C=i_R$，$u_O=-i_RR$。

因为

$$i_1=C\frac{du_C}{dt}=C\frac{du_I}{dt},\quad i_R=-\frac{u_O}{R}=i_C$$

所以

$$u_O=-RC\frac{du_I}{dt}\tag{6-8}$$

即输出电压 u_O 与输入电压 u_I 对时间的一次微分值成正比，且极性相反。当输入电压 u_I 为方波时，输出信号是尖脉冲波形，如图 6-13(b)所示。

【例 6-8】 电路如图 6-13(a)所示，$R=20\ k\Omega$，$C=50\ \mu F$，输入信号 u_I 的波形如图 6-15 所示，试画出 u_O 的波形，并标出 u_O 的值。

解 据公式(6-8)，得

$$u_O=-RC\frac{du_I}{dt}=-20\times 10^3\times 50\times 10^{-6}\frac{du_I}{dt}=-\frac{du_I}{dt}$$

电压随时间变化规律不同，分段计算。

当 $0\leqslant t\leqslant 10\ s$ 时

$$u_O = -\frac{du_I}{dt} = -\frac{2-0}{10-0} = -0.2(\text{V})$$

当 10 s≤t≤30 s 时

$$u_O = 0$$

当 30 s≤t≤40 s 时

$$u_O = -\frac{du_I}{dt} = -\frac{0-2}{40-30} = 0.2(\text{V})$$

由此画出输出电压的波形如图 6-14 所示。

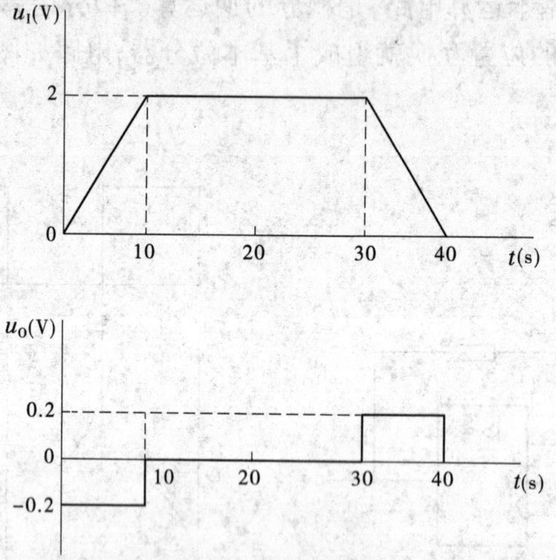

图 6-14　例 6-8 图

三、信号转换电路

信号转换电路有电压 - 电流转换和电流 - 电压转换两种形式。信号转换电路在自动化技术中应用十分广泛，如自动化仪表中需要将检测到的信号电压转换成电流，光电设备中需要将光电管或光电池的输出电流转换成电压等，这些转换都可以用集成运算放大器来完成。

（一）电压 - 电流转换器

在自动化仪表中，常需将各种信号统一变成电流信号。DDZ - Ⅱ型控制仪表的电压 - 电流变换器，将传感器输出的 0 ~ 2.5 V 缓慢变化的的电压，变换成与之成正比的 0 ~ 10 mA 的电流信号，如图 6-15 所示。之所以要变换，一方面是由于传感器的内阻较高，输出信号的功率很小，不能提供毫安级的电流；另一方面仪表用在现场，往往要连接长短不同的导线，电阻不同，电流表的读数也有差异。因此，需要一个输入电阻高、输出电阻较低的直流放大器，而且要求不论电表回路的总电阻如何，只要放大器的输入电压为某一数值（例如 2.5 V），电表就应指示与之对应的电流值（例如 10 mA），用它来驱动继电器、仪表等。能将输入电压变换为输出电流的电路，称为电压 - 电流转换器，如图 6-16 所示的电压 - 电流转换器，它的作用是将输入电压信号转换成输出电流信号。输入电压恒定，输出电流也恒定。输入电压从反相端输入，R_1 为输入电阻，R_L 为

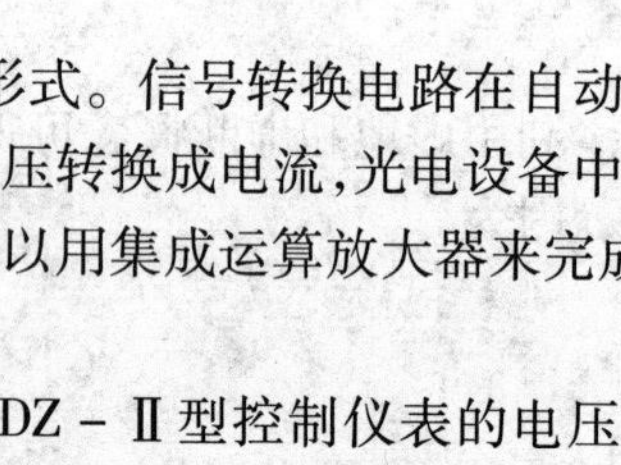

图 6-15　电压 - 电流变换关系

负载电阻，R_2 为平衡电阻，在理想条件下，$i_N=0$，所以有

$$i_L = i_1 = \frac{u_I}{R_1}$$

该式说明，负载电流与输入电压成正比，与负载电阻 R_L 无关，只要输入电压恒定，输出电流也恒定。同理，输入信号也可以从同相端输入。

(二)电流－电压转换器

在光电检测装置中，需要把光电池输出的微弱电流转换成与之成正比的电压，这时就需要用到电流－电压转换电路。如图 6-17 所示，因为 $i_F=i_1$，所以 $u_O=-i_FR_F=-i_1R_F$。此式说明，输出电压与输入电流成正比，如果输入电流恒定，输出电压也恒定。

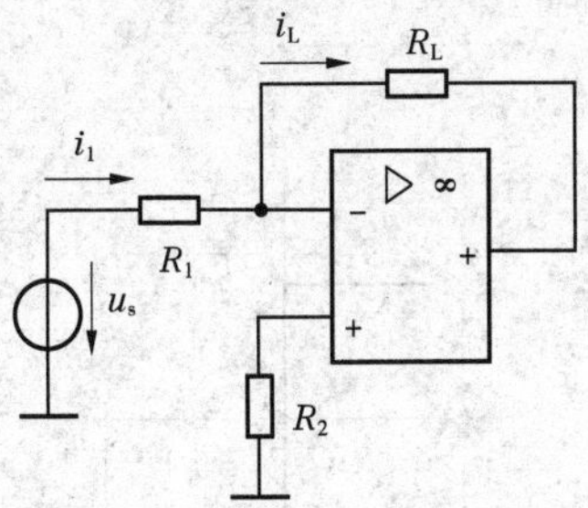

图 6-16　电压－电流转换电路

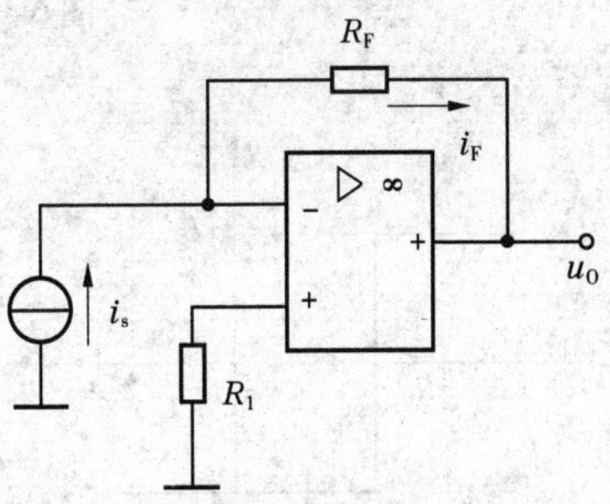

图 6-17　电流－电压转换电路

第二节　运放的非线性应用电路——电压比较器

电压比较器是集成运算放大电路开环工作的典型电路，工作在开环状态，作用是将输入电压 u_I 加在集成运放的反相输入端，参考电压(门限电压) U_R 加在同相输入端。由于集成运放工作在开环状态，具有很高的电压增益，根据同、反相两输入端电压的大小，输出只有两种可能的值：当 $u_I>U_R$ 时，$u_O=-U_{om}$；当 $u_I<U_R$ 时，$u_O=+U_{om}$。

比较器输出电压 u_O 与输入电压 u_I 之间的关系曲线称为比较器的电压传输特性。

一、单门限电压比较器

如图 6-18(a)所示，U_R 为参考电压，u_I 经 R_1 输入到反相输入端。由于电路工作在开环状态，当 $U_R>0$ 时，比较器的传输特性如图 6-18(b)所示。当 $u_I<U_R$ 时，比较器的输出 $u_O=+U_{om}$，u_I 由小逐渐增大，只要 $u_I<U_R$，输出电压值 $+U_{om}$ 就会保持不变，一旦 $u_I>U_R$，比较器的输出就发生改变，u_O 由 $+U_{om}$ 跳变成 $-U_{om}$，u_I 再继续增大，$u_O=-U_{om}$ 的状态也不会变化。当 $u_I>U_R$ 时，则 $u_O=-U_{om}$。如果 u_I 逐渐减小，只要 u_I 大于 U_R，输出就不会变化，一旦 $u_I<U_R$，比较器输出又会发生跳变，u_O 从 $-U_{om}$ 变成 $+U_{om}$，u_I 再继续减小，输出也不变化。这就是当输入信号变化时比较器的工作情况，整个工作过程可以用传输特性曲线来反映。图 6-18(b)为电压比较器的输入输出电压传输特性曲线。

参考电压 U_R 也可以是负值，传输特性曲线如图 6-19(a)所示。

这种比较器的传输特性曲线表明，$-U_{om}$ 与 $+U_{om}$ 之间的变换，只跟 $u_I=U_R$ 一个值对应，

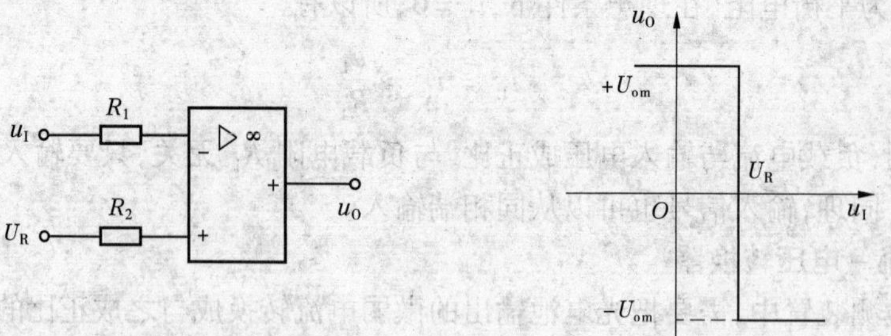

(a)电路　　　　(b)电压传输特性

图 6-18　电压比较器

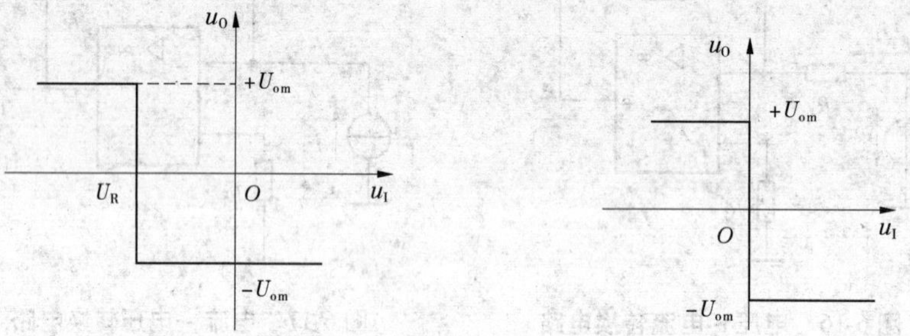

(a)　　　　(b)

图 6-19　电压传输特性

所以称它为单门限电压比较器。

二、单门限过零电压比较器

1. 单门限过零电压比较器

当参考电压 $U_R=0$ 时，输入电压与零电压比较，称为过零比较器，电路如图 6-20(a)所示，其传输特性如图 6-19(b)所示。

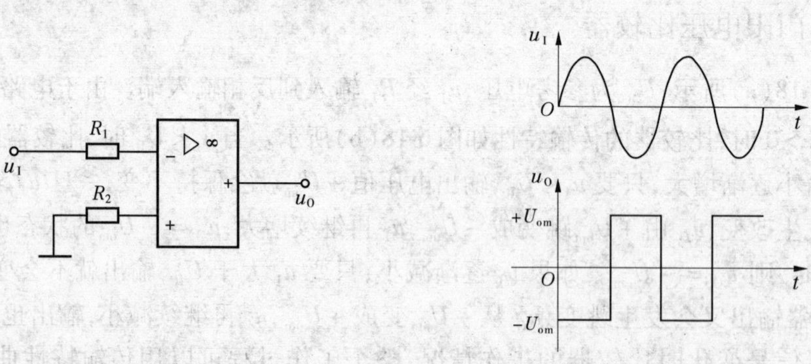

(a)电路原理图　　　　(b)输入输出电压波形

图 6-20　过零单门限电压比较器

可见,比较器利用 u_I 和 0 进行比较。当输入信号在零电位附近有微小的变化时,比较器就会输出高或低电平。

若给过零比较器输入一正弦电压,正弦波的幅值在零电位附近每过零一次,电路输出电压产生一次跃变,则输出正负极性的矩形波,如图 6-20(b)所示。

2. 有限幅的单门限过零比较器

在实际应用中,很多场合往往要求比较器输出电压 u_O 不得超过某一确定值,为此可在运放的输出端连接双向稳压管 VD_Z,对输出电压进行双向限幅。如图 6-21(a)所示为一种过零比较器,其参考电压提供给反相输入端,双向限幅稳压二极管接在输出端。输入信号由同相输入端接入,其电压传输特性如图 6-21(b)所示。

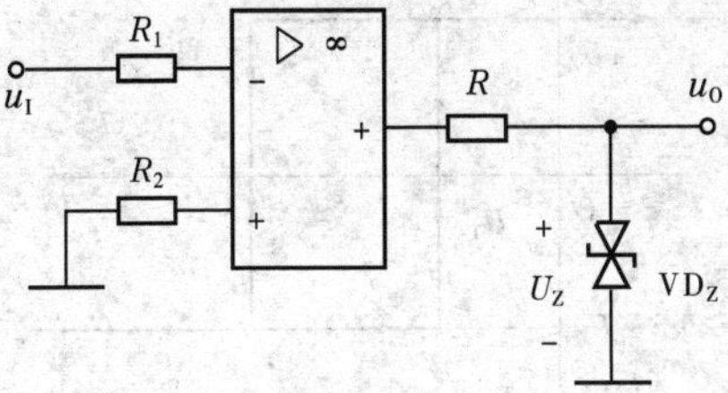

(a)电路

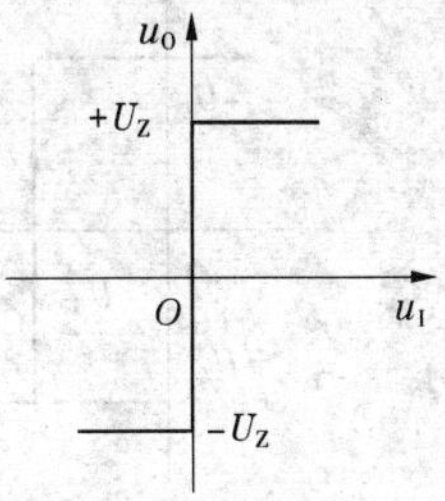

(b)传输特性

图 6-21　具有限幅的过零电压比较器

三、滞回电压比较器

前面介绍的比较器,抗干扰能力都比较差,用它来检测未知电压时,容易受干扰或零点漂移的影响而误动作。为了使比较器对这些信号不敏感,在电路上加以改进,构成具有滞回特性的比较器,如图 6-22 所示。

滞回比较器又称施密特触发器,将集成运放电路的输出电压通过反馈支路送到同相输入端,形成正反馈,作为参考电压的同相端电压 u_P 不固定,而与输出电压有关。输出电压改变,u_P 随着改变,使参考电压随 u_O 变化,因而又叫双门限比较器。如图 6-22(a),U_R 为参考电压也称给定电压,当输入电压 u_I 逐渐增大或减小时,对应门限电压不同,传输特性呈现滞回现象,如图 6-22(b),两门限电压分别为 U_{T+} 和 U_{T-},两者电压差 ΔU_T 称为回差电压或门限宽度。

设电路开始时输出高电平 $+U_{om}$,通过正反馈支路加到同相输入端的电压为 $R_2U_{om}/(R_2+R_3)$,由叠加原理可得,同相输入端的合成电压为上限门电压 U_{T+},即

$$U_{T+}=\frac{R_3U_R}{R_2+R_3}+\frac{R_2(+U_{om})}{R_2+R_3}$$

当 $u_I<U_{T+}$ 时,u_I 逐渐增大,输出电压也不变。只有 u_I 逐渐增大并等于 U_{T+} 时,输出电压 u_O 才从 $+U_{om}$ 跃变到 $-U_{om}$,输出低电平(称电路翻转),这是一种稳态。此时门限电压随之由 U_{T+} 跳变到 U_{T-},如图 6-22(b)所示。同样,可得出此时电路的下限门电压为

$$U_{T-}=\frac{R_3U_R}{R_2+R_3}+\frac{R_2(-U_{om})}{R_2+R_3}$$

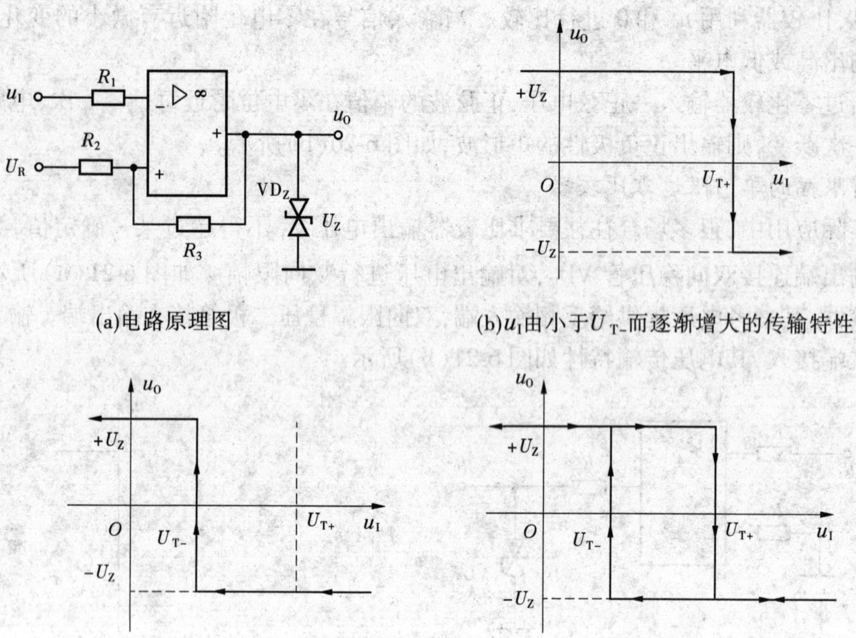

(a)电路原理图　(b)u_I由小于U_{T-}而逐渐增大的传输特性

(c)u_I由大于U_{T-}而逐渐减小的传输特性　(d)滞回电压比较器的传输特性

图6-22　滞回比较器

若 u_I 继续增大,输出电压 $u_O = -U_{om}$ 也不会变化,如图6-22(b)所示。此后,当 u_I 由大逐渐减小,输出电压 u_O 也不会变化。输入电压 u_I 继续减小(即迟滞一段时间),当 u_I 由大逐渐减小并等于 U_{T-} 时,即直到 $u_I < U_{T-}$ 时,电路产生第二次翻转,输出电压 u_O 就从 $-U_{om}$ 跃变到 $+U_{om}$,输出高电平(见图6-22(c))。此后输入电压继续减小,电路状态也不会变化,如图6-22(c)所示,此时电路的门限电压又变成了 U_{T+},当输入电压重新增大,虽然达到 U_{T-},电路状态也不会变化,必须让 u_I 继续增大(迟滞一段时间),直到 $u_I > U_{T+}$,电路才又一次翻转,这就是传输特性反映的规律。整个传输特性如图6-22(d)所示。

由以上两式可得,回差电压为

$$\Delta U_T = U_{T+} - U_{T-} = \frac{R_2}{R_2 + R_3}[+U_{om} - (-U_{om})]$$

由此可见,回差电压 ΔU_T 与参考电压 U_R 无关,改变电阻 R_2 和 R_3 的值,可以改变门限宽度。

滞回比较器用途广泛,可实现波形转换、上下门限控制,与其他电路配合构成非正弦波发生器等。

小　结

(1)集成运算放大器按所处的工作状态及呈现的特点不同可分为线性应用和非线性应用两大类。

(2)集成运算放大器加入深度负反馈后,可获得非常好的线性特征。根据理想运放的参数,可得出运放在线性放大状态下的两个重要结论,即虚短和虚断。根据这两点结论推出：反相放大器的放大倍数为 $A_{uf} = -\dfrac{R_F}{R_1}$；同相放大器的放大倍数为 $A_F = 1 + \dfrac{R_F}{R_1}$，当 $R_F = 0$ 或 $R_1 = \infty$ 时，$A_{uf} = 1$，为电压跟随器。

(3)集成运算放大电路在线性状态下可作信号运算电路，如加法运算、减法运算、积分运算等；还可作信号处理应用，如用做电压－电流转换器等。

(4)运算放大器在非线性状态下，可作比较电路。如单门限电压比较器、双门限电压比较器、滞回比较器等和锯齿波发生器等。

实训八　集成运放线性应用电路的调整与测试

一、实训目的

(1)掌握通用集成运算放大器使用时调零的方法及其引脚名称、功能。

(2)掌握集成运算放大器组成反相比例运算、反相求和、积分运算等线性应用电路的连接测试方法。

二、实训器材

(1)电子实验台、函数信号发生器、万用表、交流毫伏表、直流电压表。

(2)集成运算放大器 μA741，电阻、电容若干，导线若干。

三、预习要求

(1)基本运算电路的运算公式。

(2)集成运算的线性应用特点。

集成运放的输出端与自身的反相输入端通过电路联接，组成负反馈电路。由于运放的电压增益大约在 100 000 以上，所以处于深度负反馈状态，这种情况下运放主要工作于线性放大区，因而有虚断、虚短，$i_P = i_N \approx 0$，$u_P \approx u_N$。

四、实训电路及内容

（一）实训电路

实训电路如图 6-23 所示。

（二）实训内容及步骤

(1)熟悉实验所用集成放大器 μA741(F007)的外形和引脚排列见图 6-23

(2)按图 6-23(a)连接反相比例运算电路，调节直流稳压电源，给电路加上 ±12 V 电源。

静态测试：将输入端对地短接，调节调零电位器 R_W，使输出 $U_o = 0$ V。

动态测试：给输入端依次输入如表 6-1 所示 U_i 值，用万用表测出 U_o 值，记录于表 6-1 中。

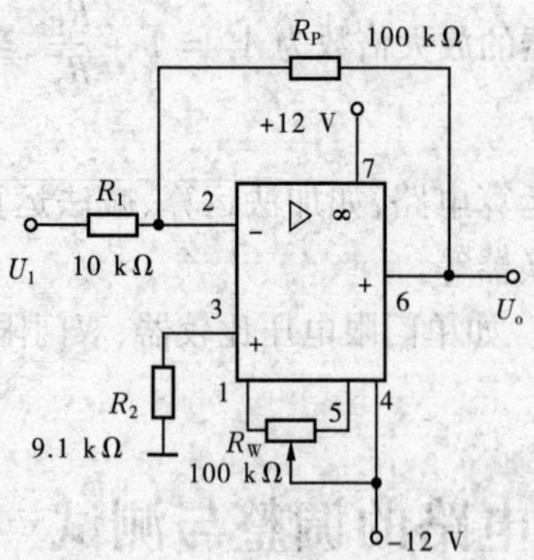

(a)反相比例运算电路

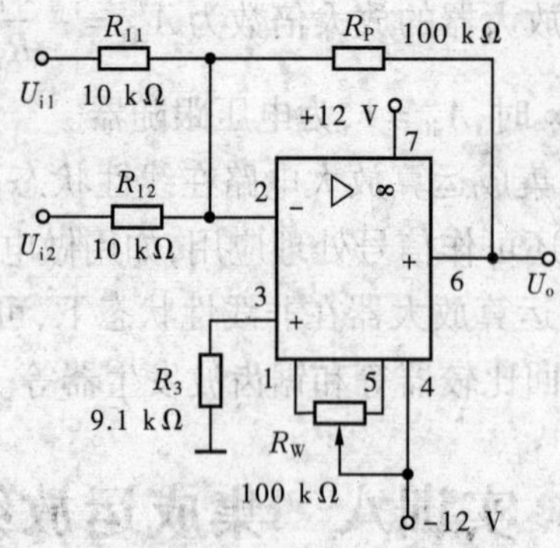

(b)反相加法运算电路

图 6-23 运算放大器实训电路原理图

表 6-1 反相比例运算电路

U_i(V)	0.4	0.6	−0.3	−0.6
U_o(V)				
理论计算 U_o(V)				

(3)按图 6-23(b)连接反相加法运算电路,仿照步骤(2),先调零,使输入为零时输出亦为零。然后,按表 6-2 的要求,调节输入信号 U_{i1}、U_{i2}的值,测出相应输出 U_o 的大小。

表 6-2 反相求和运算电路

U_{i1}(V)	0.1	−0.3	0.4
U_{i2}(V)	0.1	0.4	−0.5
U_o(V)			
理论计算 U_o(V)			

(4)积分运算电路。

按图 6-24 连接电路,合上 K 短接电容两端,再调零。按表 6-2 要求调节输入信号 U_{i1} 大小 ,在 $t=0$ 时,断开 K,每隔 5 s 测出输出 U_o 值,记录于表 6-3。

表 6-3 积分运算电路测试($R=10\ k\Omega$,$C=100\ \mu F$)

序号	t(s)	0	5	10	15	20	25	30
1	$U_{i1}=0.1$ V							
	理论计算 U_o							
2	$U_{i1}=0.3$ V							
	理论计算 U_o							

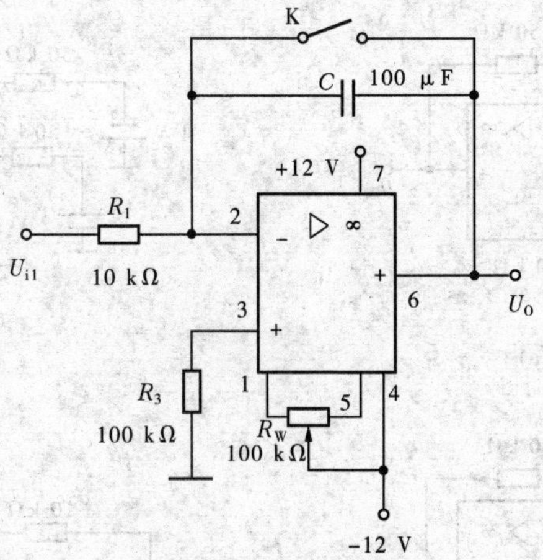

图 6-24　积分运算电路

五、实训总结

(1)分析比例运算电路中,实测输出电压值与理论值存在误差的原因。

(2)画出积分电路输出 U_o 与时间 t 的关系曲线。思考:为什么在达到一定时间后,U_o 不再按时间成正比增长?

习　题

6-1　一个理想的集成运放应具备哪些条件?

6-2　理想运放在线性应用时有哪些特点?

6-3　指出图 6-25 所示是什么电路,并计算 R_F 和 i_F 的值。

6-4　指出图 6-26 所示是什么电路,并计算 R_1 和 i_F 的值。

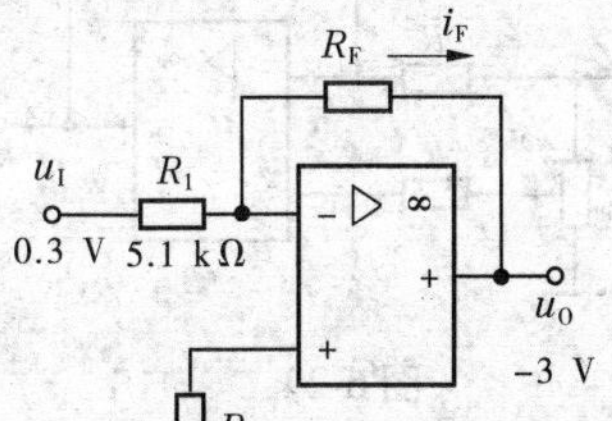

图 6-25

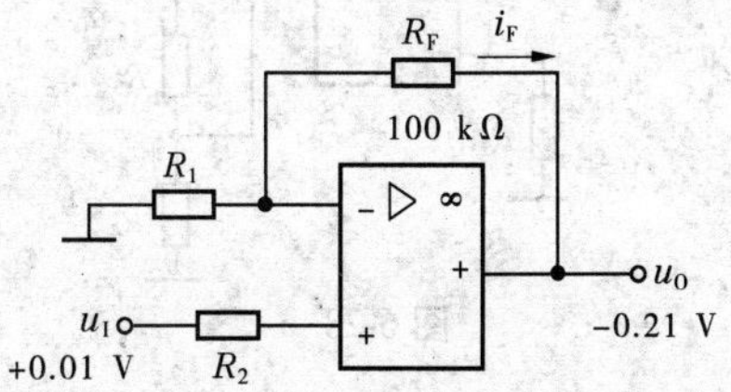

图 6-26

6-5　试求图 6-27 所示电路中的输出电压。

6-6　为了获得较高的电压放大倍数,又避免采用高的电阻 R_F,将反相比例运算电路改为如图 6-28 所示的电路,若 $R_F \gg R_4$,试证

$$A_{uf} = \frac{u_O}{u_I} = -\frac{R_F}{R_1}\left(1 + \frac{R_3}{R_4}\right)$$

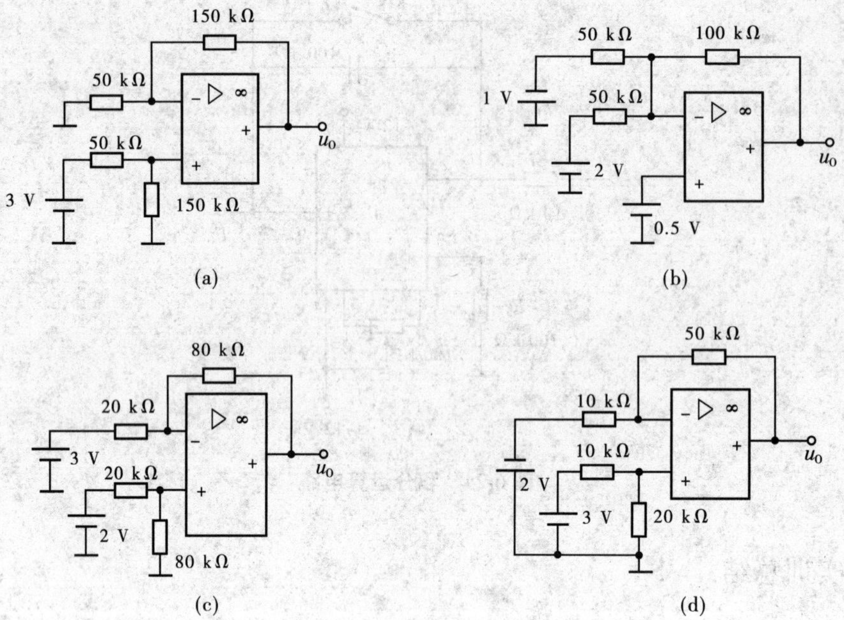

图 6-27

6-7　在题 6-6 中：

(1)已知 $R_1=50\ \mathrm{k\Omega}$，$R_2=33\ \mathrm{k\Omega}$，$R_3=3\ \mathrm{k\Omega}$，$R_4=2\ \mathrm{k\Omega}$，$R_F=100\ \mathrm{k\Omega}$，求电压放大倍数 A_{uf}；

(2)如果 $R_3=0$，要得到同样的电压放大倍数，R_F 应为多大？

6-8　如图 6-29 所示，移动电位器 R_P 的触头位置，可连续调节其电压放大倍数。求滑动触头自最下端移至最上端时，A_{uf}的变化范围。

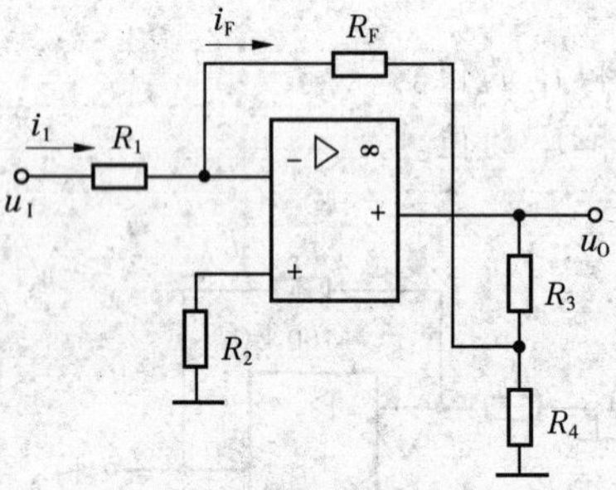

图 6-28

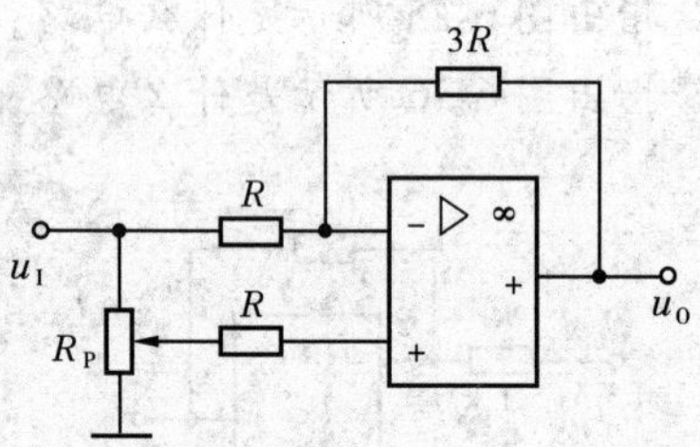

图 6-29

6-9　求图 6-30 所示电路的 u_O 与 u_I 的运算关系式。

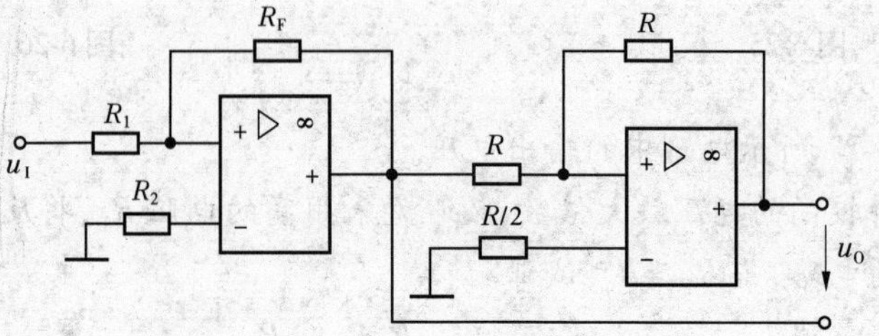

图 6-30

6-10　在图 6-31 所示的电路中，已知 $R_F = 2R_1$，$u_I = -2$ V，试求输出电压 u_O。

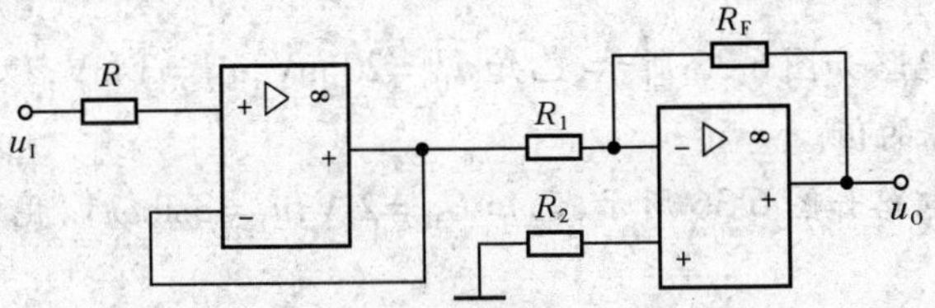

图 6-31

6-11　求图 6-32 所示电路中输出电压与输入电压的关系式。

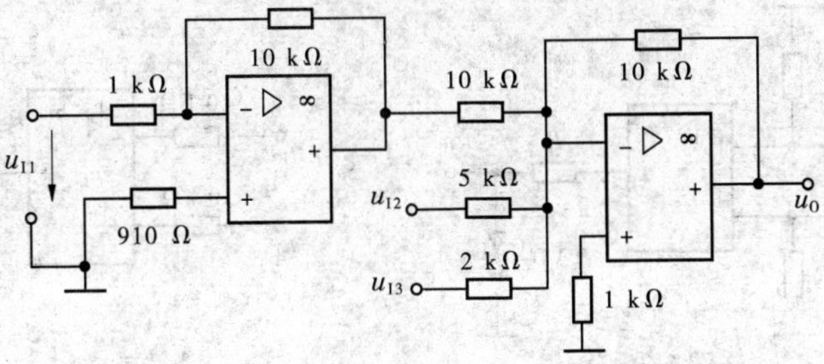

图 6-32

6-12　如图 6-33 所示，用两个运算放大器构成差分放大电路，试求 u_O 与 u_{I1}、u_{I2} 的运算关系式。

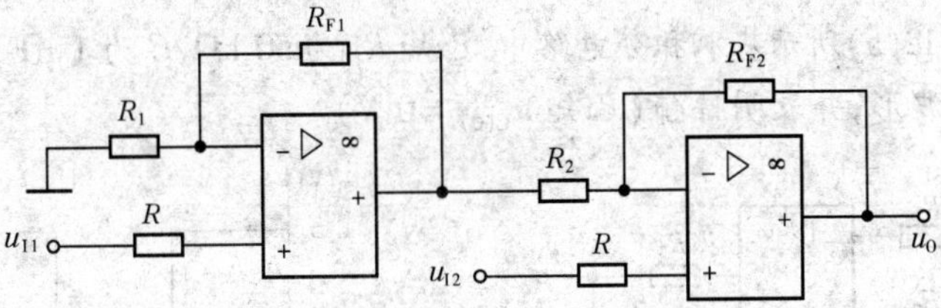

图 6-33

6-13　集成运放电路如图 6-34 所示，$R_F = 100$ kΩ，$C = 0.01$ μF，输入信号 u_I 的波形如图所示，试画出输出电压 u_O 的波形。

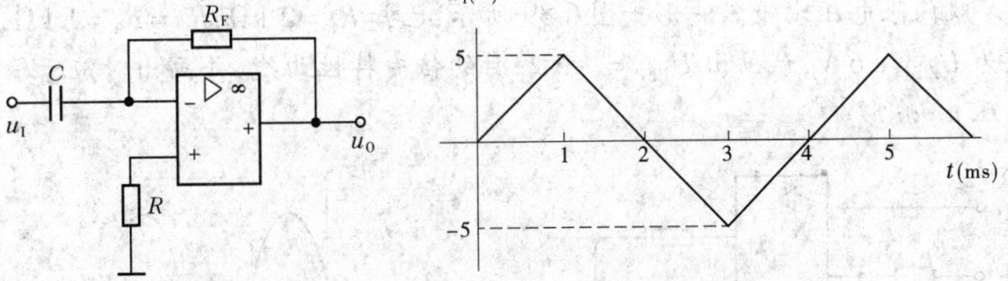

图 6-34

6-14　按下列各运算关系式画出运放电路，并计算各电阻值：

(1) $u_O = -5u_I$　($R_F = 50$ kΩ)；

(2) $u_O = -(u_{I1} + 0.2u_{I2})$　($R_F = 100$ kΩ)；

(3) $u_O = 3u_I$　($R_F = 20$ kΩ)；

(4) $u_O = 3u_{I2} - 2u_{I1}$　($R_F = 10$ kΩ)；

(5) $u_O = -100\int u_I dt$ ($C_F = 0.1\ \mu F$)。

6-15　集成运放电路如图 6-35 所示，已知 $u_{I1} = 20$ mV，$u_{I2} = 3$ mV，稳压管的稳定电压 $U_Z = \pm 8$ V，求输出电压 u_O 的值。

6-16　集成运放电路如图 6-36 所示，已知 $U_R = 2$ V，$u_I = 3\sin\omega t V$，稳压管的稳定电压 $U_Z = \pm 10$ V。

(1) 画出电压传输特性；

(2) 与 u_I 对应的输出电压 u_O 的波形。

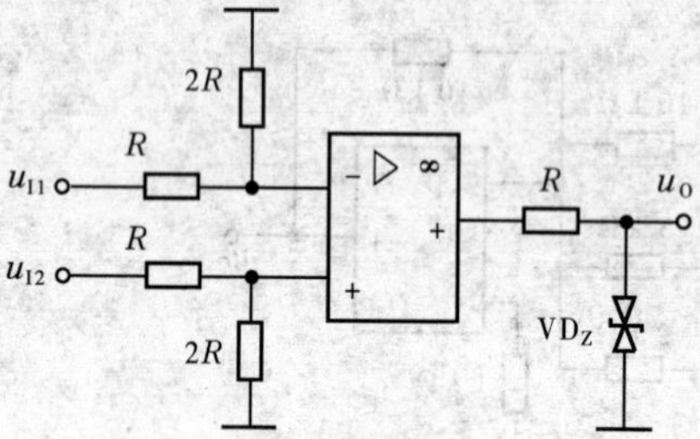

图 6-35

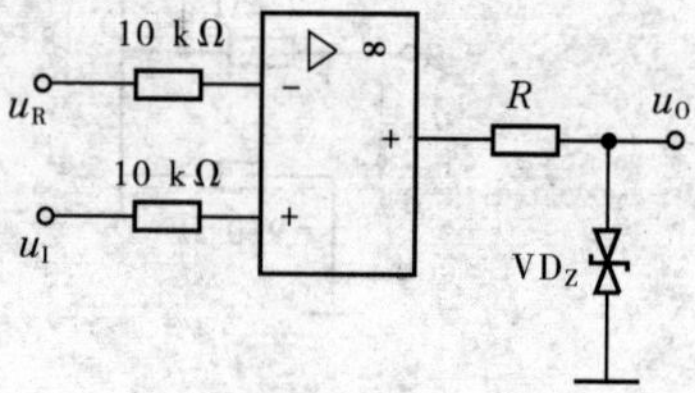

图 6-36

6-17　电路如图 6-37 所示，已知电源电压为 12 V，稳压管的稳定电压 $U_Z = \pm 6$ V，正向压降为 0.7 V，输入电压 $u_I = 6\sin\omega t V$，试画出参考电压 U_R 分别为 +2 V 和 −2 V 时输出电压波形。

6-18　在图 6-12(a) 所示基本积分电路中，已知 R_1 为 50 kΩ，C 为 1 μF，输入波形如图 6-38 所示，试画出输出波形，并表明幅值（已知 $u_{C(0)} = 0$ V）。

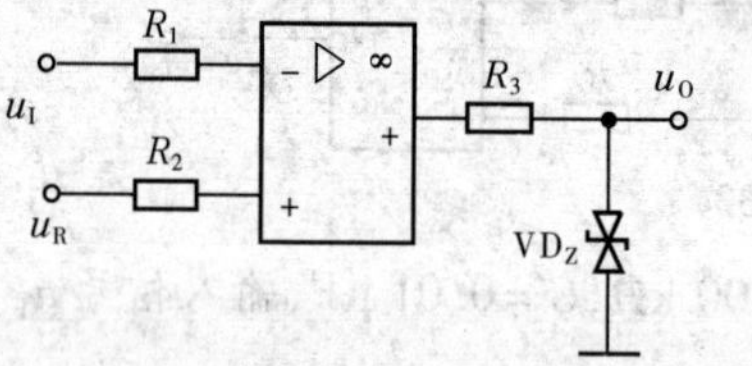

图 6-37

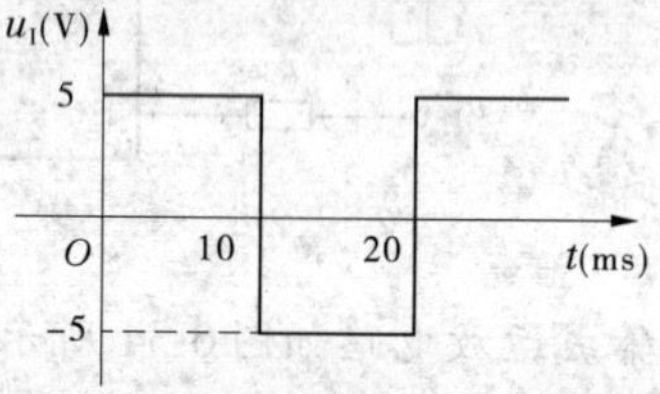

图 6-38

6-19　双门限电压比较器波形如图 6-39 所示，已知 $R_1 = 2$ kΩ，$R_2 = R_3 = 1$ kΩ，双向稳压管稳压值为 $U_Z = \pm 6$ V，试画出 $U_{REF} = -3$ V 时的传输特性曲线，并画出对应于输入电压 u_I 的输出电压 u_O 波形。

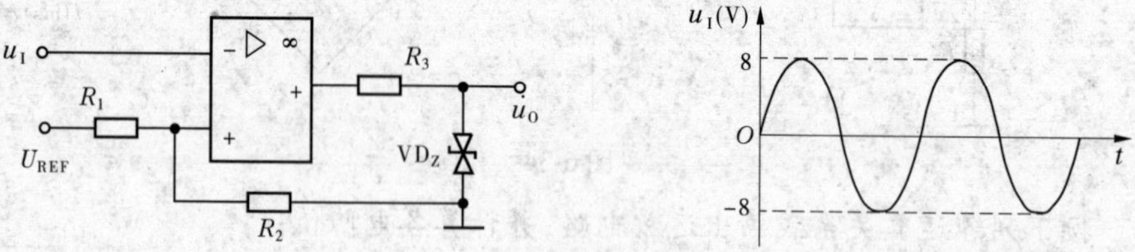

图 6-39

第七章　信号产生电路

信号产生电路通常也称振荡器，用于产生一定频率和幅度的信号。按输出信号波形的不同可分为两大类，即正弦波振荡电路和非正弦波振荡电路，而正弦波振荡电路按电路形式又可分为 *RC* 振荡电路、*LC* 振荡电路和石英晶体振荡电路等；非正弦波振荡电路按信号形式又可分为方波、三角波和锯齿波振荡电路等。

振荡电路的性能指标主要有两个：①要求输出信号的幅度准确而且稳定；②要求输出信号的频率准确而且稳定。一般来讲准确度比稳定度容易做到，而幅度稳定比频率稳定容易实现。此外，输出波形的失真度、输出功率和效率也是较重要的指标。

第一节　正弦波振荡电路

正弦波发生电路能产生正弦波输出，它是在放大电路的基础上加上正反馈而形成的，是各类波形发生器和信号源的核心电路。正弦波发生电路也称为正弦波振荡电路或正弦波振荡器。

一、产生正弦波振荡的条件

（一）正弦波振荡电路的工作原理

正弦波振荡电路是由放大器和反馈网络组成的，其原理框图如图 7-1 所示。为使振荡电路的输出为一个固定频率的稳定正弦波 $\dot{U}_o$，$\dot{U}_i$ 应该为一固定频率和幅度的正弦波。若开关 *S* 在"1"端，$\dot{U}_i$ 经放大器放大后得到输出信号 $\dot{U}_o$，$\dot{U}_o$ 又作为反馈网络的输入信号，产生反馈输出信号 $\dot{U}_f$。如果 $\dot{U}_f=\dot{U}_i$，此时若将开关 S 接在"2"端，则由放大器和反馈网络构成的一闭环系统，在无外加输入信号的情况下，输出端可得到一固定频率和幅度的信号 $\dot{U}_o$，实现自激振荡。

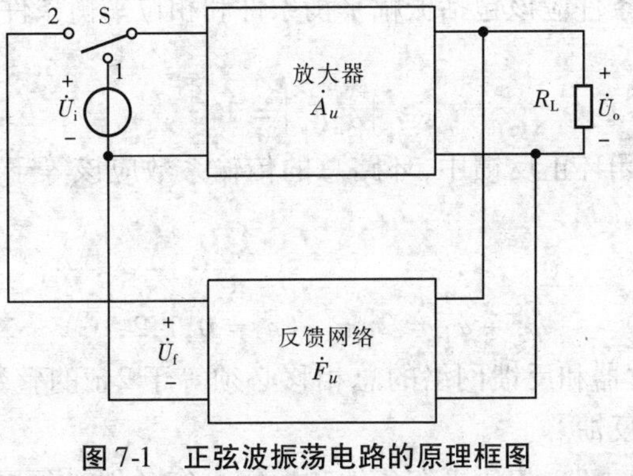

图 7-1　正弦波振荡电路的原理框图

当反馈信号等于放大器的输入信号时，振荡电路的输出电压不再发生变化，电路达到平衡状态，因此将反馈信号等于放大器的输入信号称为振荡的平衡条件。注意，这里的反馈信号和放大器的输入信号都是复数，所以两者相等是指大小相等且相位相同。

为了使 $\dot{U}_o$ 为一固定频率的正弦波，要求闭环系统内必须含有选频网络来满足 $\dot{U}_f=\dot{U}_i$，这样才能实现自激振荡，否则，不能产生自激振荡。选频网络可以包含在放大器内，也可以在反馈网络内。

综上所述，在正弦波振荡电路中，一是要反馈信号能够取代输入信号，则电路中必须引入正反馈，即反馈振荡电路是一个将反馈信号作为输入电压来维持一定输出电压的闭环正反馈系统（无需外加信号激发就可以产生输出信号）。二是要有选频网络来确定振荡频率。振荡环路内任一微弱的电扰动（如接通电源瞬间产生频率丰富的窄脉冲，放大器内部的热噪声等）都可作为放大器的初始输入信号，经选频网络，将选中的某一频率成分的信号在输出端得到输出，而其他频率成分的信号得到抑制；这一频率成分的信号经放大后，在输出端经反馈网络反馈到输入端，且信号比前一瞬时要大，再经过放大、反馈，使回送到输入端的信号进一步增大。如此反复，终将使放大器进入非线性区（稳幅环节），放大器增益下降。振荡电路输出幅度越大，增益下降越多（大信号状态下放大电路增益下降），最后当反馈电压正好等于原输入电压时，振荡幅度不再增大，从而进入平衡状态。

（二）振荡的平衡条件和起振条件

1. 振荡的平衡条件

当反馈信号 $\dot{U}_f$ 等于放大器的输入信号 $\dot{U}_i$ 时，振荡电路的输出电压不再发生变化，电路达到平衡状态，因此将 $\dot{U}_f=\dot{U}_i$ 称为振荡平衡条件。根据图 7-1 可知

$$\dot{A}_u=\frac{\dot{U}_o}{\dot{U}_i},\quad \dot{F}_u=\frac{\dot{U}_f}{\dot{U}_o} \tag{7-1}$$

则有

$$\dot{U}_f=\dot{F}_u\dot{U}_o=\dot{A}_u\dot{F}_u\dot{U}_i \tag{7-2}$$

可得振荡的平衡条件为

$$\dot{A}_u\dot{F}_u=|\dot{A}_u\dot{F}_u|\underline{/\varphi_a+\varphi_f}=1 \tag{7-3}$$

式中　$|\dot{A}_u|$、φ_a 为放大倍数 $\dot{A}_u$ 的模和相位角；$|\dot{F}_u|$、φ_f 为反馈系数 $\dot{F}_u$ 的模和相位角。

因而，振荡的平衡条件应该包括振幅平衡条件和相位平衡条件两个方面。

振幅平衡条件

$$|\dot{A}_u\dot{F}_u|=1 \tag{7-4}$$

上式说明，在振荡闭环正反馈中，环路总的传输系数应该等于 1，使反馈电压与输入电压大小相等。

相位平衡条件

$$\varphi_a+\varphi_f=2n\pi\quad(n=0,1,2,\cdots) \tag{7-5}$$

式(7-5)说明，放大器和反馈网络的总相移必须等于 2π 的整数倍，使反馈电压与输入电压相位相同，保证正反馈。

作为一个稳态振荡电路，相位平衡条件和振幅平衡条件必须同时满足。利用振幅平衡条件可以确定振荡的输出信号幅度，利用相位条件可以确定振荡信号的频率。

2. 振荡的起振条件

为使振荡电路在接通直流电源后能够自动起振,在相位上要求反馈电压与输入电压同相,在幅度上要求 $U_f > U_i$,因此振荡的起振条件也包括相位条件和振幅条件两个方面。

振幅起振条件

$$|\dot{A}_u \dot{F}_u| > 1 \tag{7-6}$$

相位起振条件

$$\varphi_a + \varphi_f = 2n\pi \quad (n = 0,1,2,\cdots) \tag{7-7}$$

(三)正弦波振荡电路的组成及其分类

(1)正弦波振荡电路一般包括以下几个基本组成部分。

①放大电路:保证电路能够有从起振到动态平衡的过程,使电路获得一定幅值的输出信号,实现能量的控制。

②正反馈网络:引入正反馈,使放大电路的输入信号等于反馈信号。

③选频网络:确定电路的振荡频率,使电路产生单一频率的振荡,即保证电路产生正弦波振荡。

④稳幅环节:也就是非线性环节,使输出信号幅值稳定。

在不少实用电路中,常将选频网络和正反馈网络合二为一。对于分立元件放大电路,也不再另加稳幅环节,而是依靠晶体管特性的非线性来达到稳幅效果。

(2)按照选频网络所用元件可将正弦波振荡电路分为以下三类。

①*RC* 正弦波振荡电路:振荡频率特别低,一般在 1 MHz 以下。

②*LC* 正弦波振荡电路:振荡频率多在 1 MHz 以上。

③石英晶体正弦波振荡电路:可等效为 *LC* 正弦波振荡电路,其特点是振荡频率特别稳定。

(四)正弦波振荡电路的判断方法

正弦波振荡电路的判断方法有以下几种:

(1)是否满足相位条件,即电路是否为正反馈,只有满足相位条件才有可能振荡。

(2)观察电路是否包含了放大电路、正反馈网络、选频网络、稳幅环节四个组成部分。

(3)判断放大电路有无放大能力,静态工作点是否合适。

(4)分析是否满足幅度条件,检验 $|\dot{A}_u \dot{F}_u|$,若

① $|\dot{A}_u \dot{F}_u| < 1$,则不可能振荡;

② $|\dot{A}_u \dot{F}_u| = 1$,能振荡,但输出波形明显失真;

③ $|\dot{A}_u \dot{F}_u| > 1$,产生振荡,振荡稳定后 $|\dot{A}_u \dot{F}_u| = 1$,再加上稳幅环节,振荡稳定输出,且失真小。

二、*RC* 桥式正弦波振荡电路

采用 *RC* 选频网络构成的振荡电路称为 *RC* 振荡电路,它适用于低频振荡,一般用于产生 1 Hz ~1 MHz 的低频信号。实用的 *RC* 振荡电路多种多样,这里仅介绍最具典型的 *RC* 桥式正弦波振荡电路的电路组成、工作原理和振荡频率。在文献中也称 *RC* 桥式正弦波振荡电路为文氏桥振荡电路。

(一)RC 串并联选频网络

由相同的 R、C 组成的串并联选频网络如图 7-2 所示。由图 7-2可得 RC 串并联选频网络的传递函数为

$$\dot{F}_u = \frac{\dot{U}_2}{\dot{U}_1} = \frac{R \mathbin{/\!/} \frac{1}{\mathrm{j}\omega C}}{R + \frac{1}{\mathrm{j}\omega C} + R \mathbin{/\!/} \frac{1}{\mathrm{j}\omega C}}$$

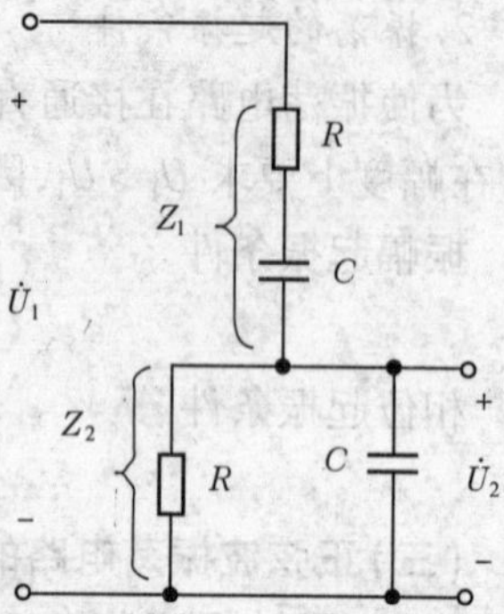

图 7-2 RC 串并联选频网络

整理可得

$$\dot{F}_u = \frac{1}{3 + \mathrm{j}(\omega RC - \frac{1}{\omega RC})}$$

令

$$\omega_0 = \frac{1}{RC}$$

代入上式可得

$$\dot{F}_u = \frac{1}{3 + \mathrm{j}(\frac{\omega}{\omega_0} - \frac{\omega_0}{\omega})} \tag{7-8}$$

则 RC 串并联选频网络的幅频特性和相频特性如下。

幅频特性为

$$|\dot{F}_u| = \frac{1}{\sqrt{3^2 + \left(\frac{\omega}{\omega_0} - \frac{\omega_0}{\omega}\right)^2}} \tag{7-9}$$

相频特性为

$$\varphi_{\mathrm{f}} = -\arctan\left(\frac{\frac{\omega}{\omega_0} - \frac{\omega_0}{\omega}}{3}\right) \tag{7-10}$$

根据式(7-9)、式(7-10)作出 $\dot{F}_u$ 的幅频特性和相频特性曲线,如图 7-3 所示。由图可见,当 $\omega = \omega_0$ 时,$|\dot{F}_u| = \frac{1}{3}$,即 $|\dot{U}_2| = \frac{1}{3}|\dot{U}_1|$,$\varphi_{\mathrm{f}} = 0°$,输出电压与输入电压同相,且输出最大,所以 RC 串并联网络具有选频特性。

(二)RC 桥式振荡电路

根据式(7-8)可知,$\omega = \omega_0$ 时,$|\dot{F}_u| = \frac{1}{3}$,即 $|\dot{U}_2| = \frac{1}{3}|\dot{U}_1|$,$\varphi_{\mathrm{f}} = 0°$,因而有

$$\dot{A}_u = 3 \tag{7-11}$$

式(7-11)表明,只要 RC 串并联选频网络匹配一个电压放大倍数等于 3(即输出电压与输入电压同相,且放大倍数为 3)的放大电路就可以构成正弦波振荡电路,为了满足起振条件,所选放大电路的电压放大倍数应略大于 3。

实际上,所选用的放大电路应具有尽可能大的输入电阻和尽可能小的输出电阻,以减小放大电路对选频特性的影响,从而使振荡频率几乎仅仅取决于选频网络。因此,通常选用引

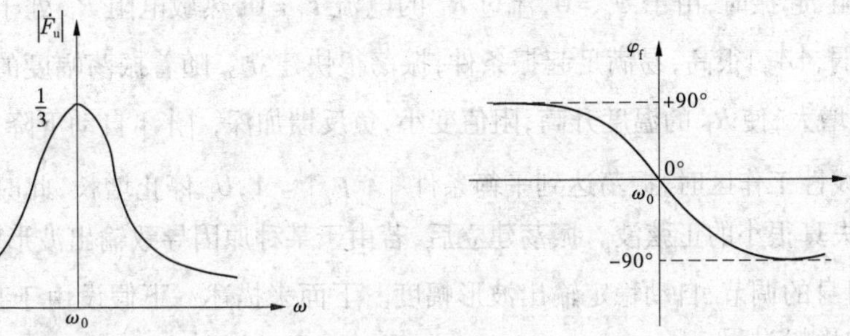

(a)幅频特性　　　　(b)相频特性

图 7-3　*RC* 串并联选频网络的频率特性

入电压串联负反馈的放大电路，如同相比例运算电路，如图 7-4(a)所示。

在如图 7-4(a)所示的电路中，将 *RC* 串并联选频网络和放大器结合起来即可构成 *RC* 振荡电路，放大器采用集成运放。由 R_1、R_F 构成的负反馈网络和由 R、C 串并联构成的正反馈网络组成电桥，称之为文氏电桥。运算放大器的输入端和输出端分别跨接在电桥的对角线上，故把这种振荡电路称为 *RC* 桥式振荡电路，也称之为文氏桥式振荡电路，如图 7-4(b)所示。

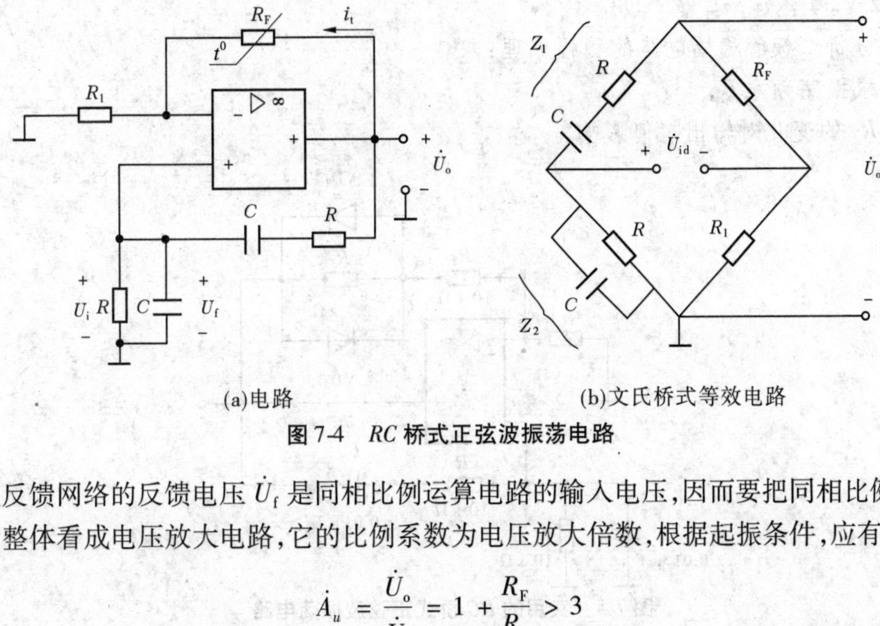

(a)电路　　　　(b)文氏桥式等效电路

图 7-4　*RC* 桥式正弦波振荡电路

正反馈网络的反馈电压 $\dot{U}_f$ 是同相比例运算电路的输入电压，因而要把同相比例运算电路作为整体看成电压放大电路，它的比例系数为电压放大倍数，根据起振条件，应有

$$\dot{A}_u = \frac{\dot{U}_o}{\dot{U}_f} = 1 + \frac{R_F}{R_1} > 3$$

$$R_F > 2R_1 \tag{7-12}$$

图 7-4 中 R_F 采用了具有负温度系数的热敏电阻，用以改善振荡波形、稳定振荡幅度。若 R_F 为固定电阻，放大倍数 A_u 为常数，为了保证起振，则要求 $|\dot{A}_u|$ 必须大于 3，这样随着振荡幅度的不断增大，只有当运算放大器进入非线性工作区时，才能使放大倍数下降，然后达到 $|\dot{A}_u\dot{F}_u| = 1$ 的振幅平衡条件。这种情况下，振荡输出波形会产生严重失真，由于 *RC* 串并联选频网络的选频特性差，当放大倍数较大时，输出将会变为方波。若 R_F 采用负温度系数

的热敏电阻，起振时，由于 $\dot{U}_o=0$，流过 R_F 的电流 $\dot{I}_f=0$，热敏电阻 R_F 处于冷态，阻值最大，负反馈较弱，$|\dot{A}_u|$很高，易满足起振条件，振荡很快建立。随着振荡幅度的增大，流过 R_F 的电流 $\dot{I}_f$ 也增大，使 R_F 的温度升高，阻值变小，负反馈加深，$|\dot{A}_u|$ 自动下降，在运算放大器还未进入非线性工作区时，振荡达到平衡条件 $|\dot{A}_u\dot{F}_u|=1$，$\dot{U}_o$ 停止增长，此时得到的振荡输出波形为一失真很小的正弦波。振荡建立后，若由于某种原因导致输出波形幅度发生变化，可通过 R_F 自身的调节，自动稳定输出波形幅度。下面来描述一下假设由于某种原因使 $\dot{U}_o$ 减小时 R_F 的稳幅过程：

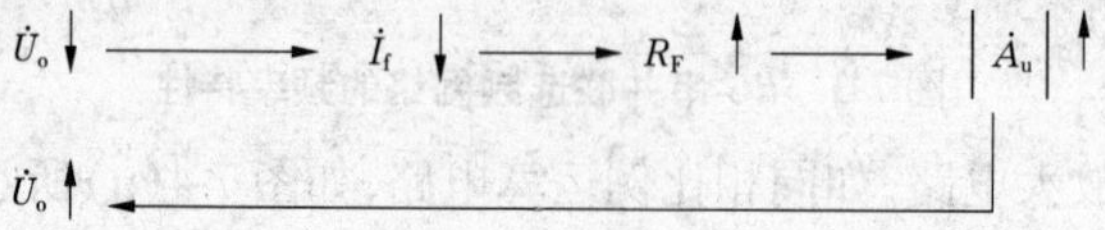

由以上分析可知，负反馈支路中 采用热敏电阻后不但使 RC 桥式振荡电路的起振容易，振荡波形改善，同时还使电路具有很好的稳幅特性，所以实用 RC 桥式振荡电路中热敏电阻的选择是很重要的。

【例 7-1】 在图 7-5 所示的 RC 桥式正弦波振荡电路中，已知集成运算放大器的电源电压为 ±12 V。

(1) 分析二极管稳幅电路的稳幅原理；

(2) 求振荡频率 f_0；

(3) R_2 的变化对输出有何影响?

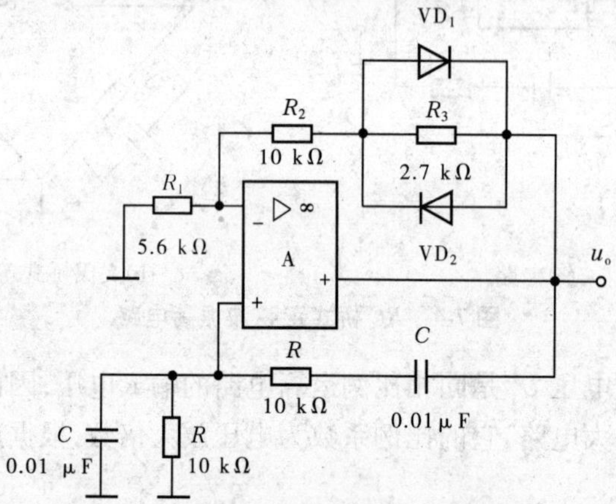

图 7-5 实用的 RC 桥式正弦波振荡电路

解 (1) 起振时，由于 $\dot{U}_o$ 很小，VD_1、VD_2 接近于开路状态，VD_1、VD_2 和 R_3 并联等效电阻近似等于 R_3，此时，$|\dot{A}_u|=1+\dfrac{R_2+R_3}{R_1}>3$，电路产生振荡。随着 $\dot{U}_o$ 的增大，VD_1 或者 VD_2 正偏导通，VD_1、VD_2 和 R_3 并联等效电阻减小，$|\dot{A}_u|$随之下降至$|\dot{A}_u|=3$，$\dot{U}_o$ 幅度趋于稳定。

(2) 由选频网络可求得振荡频率为

$$f_0=\frac{1}{2\pi RC}=\frac{1}{2\pi\times10\times10^3\times0.01\times10^{-6}}=1.59(\text{kHz})$$

(3)R_2 影响输出电压的波形和幅度。为了保证起振，必须满足 $R_2>2R_1-R_3$，若 R_2 过小，电路会停振；R_2 略大于 $2R_1-R_3$，起振后的输出振荡幅度较小，但输出波形比较好；若 R_2 增大，输出电压幅度跟着增大，失真也增大；当 $R_2>2R_1$ 时，将会始终有 $|\dot{A}_u|>3$，且 VD_1、VD_2 失去自动稳幅作用，此时会产生严重的幅度失真。因此，为了使电路易起振，波形又不严重失真，要求 R_2 满足 $(2R_1-R_3)<R_2<2R_1$。

三、LC 正弦波振荡电路

采用 LC 谐振回路作为选频网络的振荡电路，称为 LC 振荡电路，它主要用来产生高频正弦振荡信号，一般在 1 MHz 以上。根据反馈形式的不同，LC 振荡电路可分为变压器反馈式振荡电路和三点式振荡电路。

（一）变压器反馈式 LC 振荡电路

1. LC 并联谐振电路

LC 并联谐振电路如图 7-6 所示，图中 r 表示线圈 L 的等效损耗电阻，因为电容的损耗很小，所以其等效电阻略去。则由图 7-6可得 LC 并联谐振电路的等效阻抗为

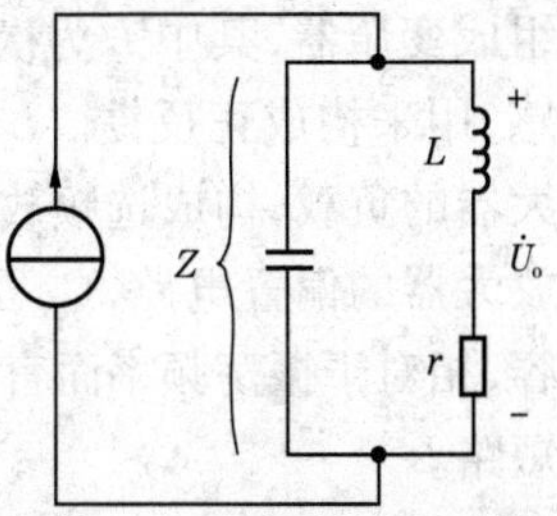

图 7-6　LC 并联谐振电路

$$Z=\frac{(r+j\omega L)\dfrac{1}{j\omega C}}{r+j\omega L+\dfrac{1}{j\omega C}}$$

一般情况有 $\omega L\gg r$，因而有

$$Z\approx\frac{\dfrac{L}{C}}{r+j\left(\omega L-\dfrac{1}{\omega C}\right)}=\frac{\dfrac{L}{Cr}}{1+jQ\left(\dfrac{\omega}{\omega_0}-\dfrac{\omega_0}{\omega}\right)}\tag{7-13}$$

其中，$\omega_0=\dfrac{1}{\sqrt{LC}}$，$Q=\sqrt{\dfrac{L}{C}}\Big/r$，$\omega_0$ 为并联谐振频率，Q 为并联谐振电路的品质因数，表征并联谐振电路的损耗大小，一般为几十到几百的范围。

由式(7-13)可得并联谐振电路的阻抗幅频特性和相频特性分别为

$$|Z|=\frac{\dfrac{L}{Cr}}{\sqrt{1+Q^2\left(\dfrac{\omega}{\omega_0}-\dfrac{\omega_0}{\omega}\right)^2}}$$

$$\varphi=-\arctan Q\left(\frac{\omega}{\omega_0}-\frac{\omega_0}{\omega}\right)$$

幅频特性和相频特性曲线如图 7-7 所示。从图中可以看出，$\omega=\omega_0$ 时，电路产生谐振，$\dot{I}_s$ 与 $\dot{U}_o$ 同相，$\varphi=0°$，电路阻抗达到最大值 $|Z|=Z_0=\dfrac{L}{Cr}$，为纯电阻，称 Z_0 为谐振电阻。若电流源 $\dot{I}_s$ 幅度不变，在 ω_0 附近改变其频率，则 $\dot{U}_o$ 与 Z 的频率特性相似。

由以上分析可知，$\angle C$ 并联谐振的本质是电流谐振，具有很好的选频作用。

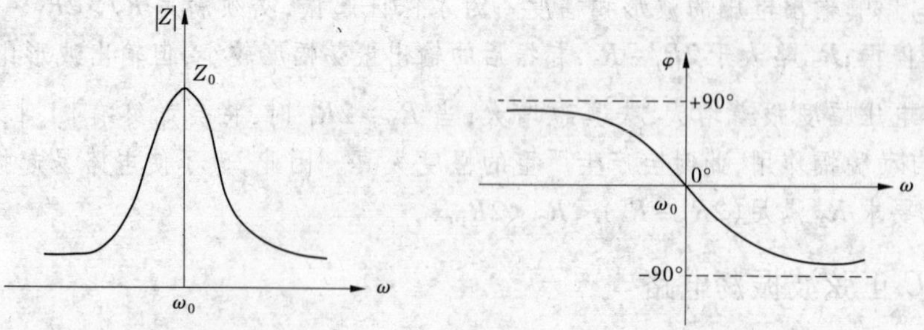

(a)幅频特性　　　　(b)相频特性

图 7-7　*LC* 并联谐振回路的频率特性

2. 变压器反馈式振荡电路

变压器反馈式振荡电路原理如图 7-8 所示。L、L_f 组成变压器，其中 L 为次侧线圈电感，L_f 为反馈线圈电感，用来构成正反馈。L、C 构成并联谐振回路，作为放大器的负载，构成选频放大器。R_{B1}、R_{B2}、U_{CC} 和 R_E 组成放大器的偏置电路，C_B 为直接耦合电容，C_E 为旁路电容，相对于振荡频率而言，C_B、C_E 的容抗可忽略，近似为短路。

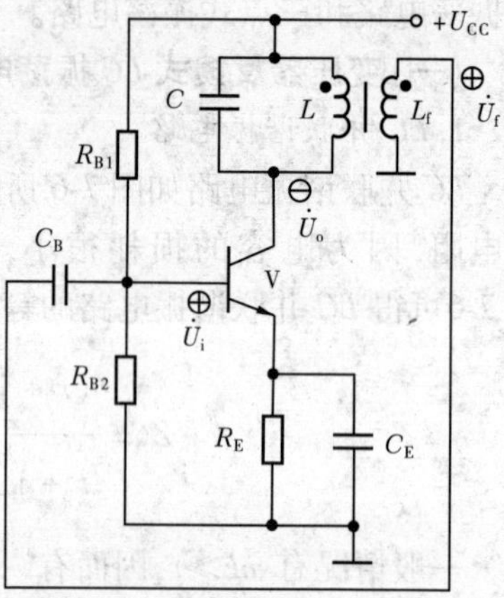

图 7-8　变压器反馈式振荡电路

当 $\dot{U}_i$ 的频率与 LC 并联谐振电路的谐振频率相同时，由图 7-8 可见，$\dot{U}_o$ 与 $\dot{U}_i$ 反相由变压器的同名端可知，反馈信号 $\dot{U}_f$ 与 $\dot{U}_o$ 反相，所以 $\dot{U}_f$ 与 $\dot{U}_i$ 是同相的，满足了振荡的相位条件。由于 LC 回路的选频作用，电路中只有等于谐振频率的信号得到足够的放大，只要变压器一、二绕组次间有足够的耦合度，就能满足振荡的幅度条件从而产生正弦波振荡，振荡频率取决于 LC 并联谐振电路的谐振频率，即

$$f_0 \approx \frac{1}{2\pi\sqrt{LC}}$$

（二）三点式振荡电路

三点式振荡电路的特点是电路中 LC 并联谐振回路的三个端子分别与放大器的三个端子相连，故而称为三点式振荡电路，是另外一种常用的 LC 振荡电路。

1. 电感三点式振荡电路

电感三点式振荡电路（又称哈特莱振荡器）如图 7-9 所示。三极管 V 构成共射极放大电路，电感 L_1、L_2 和电容 C 构成正反馈选频网络。谐振回路的三个端点 1、2、3 分别与三极管的三个电极相接，反馈信号取自电感线圈 L_2 两端，故称为电感三点式振荡电路，也称电感反馈式振荡电路。

当电路发生谐振时，$\dot{U}_o$ 与 $\dot{U}_i$ 反相，反馈信号 $\dot{U}_f$ 与 $\dot{U}_o$ 反相，所以 $\dot{U}_f$ 与 $\dot{U}_i$ 是同相的，在振荡频率上构成正反馈，满足了振荡的相位条件。振荡频率为

$$f_0 \approx \frac{1}{2\pi\sqrt{LC}} = \frac{1}{2\pi\sqrt{(L_1 + L_2 + 2M)C}}$$

其中，M 为线圈之间的互感系数。

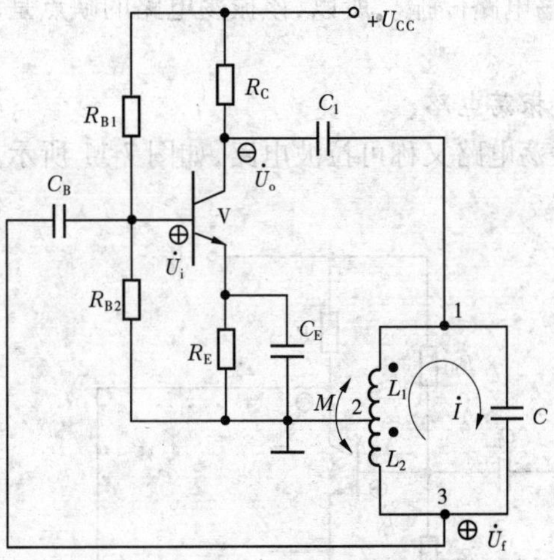

图 7-9 电感三点式振荡电路

电感三点式振荡电路的优点是起振容易，因为 L_1、L_2 之间耦合很紧，正反馈较强。此外，改变回路电容可调节振荡信号频率。由于反馈信号取自电感 L_2 两端，对高次谐波呈现高阻抗，故不能抑制高次谐波的反馈，因此振荡电路输出信号中的高次谐波较多，信号波形较差。

2. 电容三点式振荡电路

电容三点式振荡电路又称考皮兹振荡电路，其电路原理如图 7-10 所示。电容 C_1、C_2 和电感 L 构成正反馈选频网络，反馈信号取自电容 C_2 两端，故称为电容三点式振荡电路，也称电容反馈式振荡电路。由图 7-10 可知，反馈信号 $\dot{U}_f$ 与输入端电压 $\dot{U}_i$ 同相，满足振荡的相位平衡条件，电路的振荡频率近似等于回路的谐振频率，即

$$f_0 = \frac{1}{2\pi\sqrt{LC}} = \frac{1}{2\pi\sqrt{L\dfrac{C_1C_2}{C_1 + C_2}}}$$

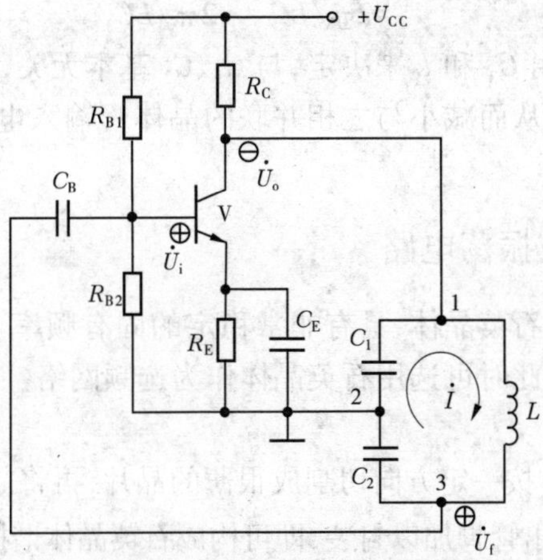

图 7-10 电容三点式振荡电路

电容三点式振荡电路的反馈信号取自电容 C_2 两端，因为 C_2 对高次谐波呈现较小的容抗，反馈信号中高次谐波的分量小，故电容三点式振荡电路的优点是输出信号波形较好。但当改变 C_1 或 C_2 来调节振荡频率时，同时会改变正反馈量的大小，因而会使输出信号幅度发

生变化，甚至可能会使振荡电路停振。所以，该振荡电路的缺点是调节这种振荡电路的振荡频率很不方便，且易停振。

3. 改进型电容三点式振荡电路

改进型电容三点式振荡电路又称可拉波电路，如图 7-11 所示。与图 7-10 相比，多了一个容量很小的微调电容 C_3。

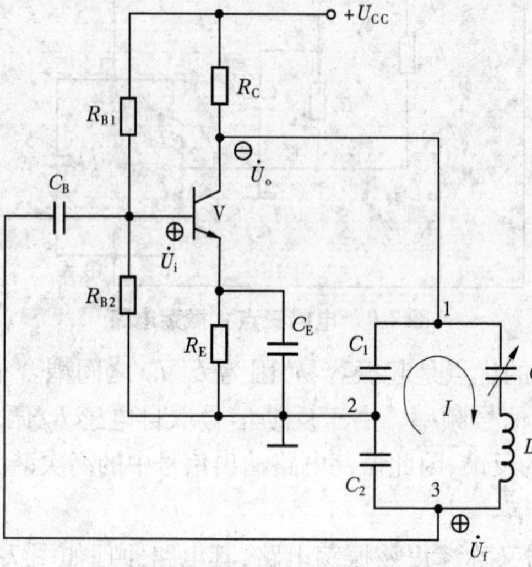

图 7-11　改进型电容三点式振荡电路

由图 7-11 可知，谐振电路的总电容为

$$C = \frac{1}{\frac{1}{C_1} + \frac{1}{C_2} + \frac{1}{C_3}}$$

在可拉波电路中，当 C_3 比 C_1、C_2 小得多时，$C \approx C_3$。此时，电路的振荡频率为

$$f_0 = \frac{1}{2\pi\sqrt{LC}} \approx \frac{1}{2\pi\sqrt{LC_3}}$$

上式说明振荡频率仅由 C_3 和 L 来决定，与 C_1、C_2 基本无关，C_1、C_2 仅构成正反馈，它们的容量相对来说可以很大，从而减小与之相并联的晶体管输入电容、输出电容的影响，提高了频率的稳定度。

四、石英晶体正弦波振荡电路

石英晶体谐振器，简称石英晶体，具有非常稳定的固有频率。在实际应用中，有的电路要求振荡的频率稳定性高，此时可选用石英晶体作为选频网络。

（一）石英晶体的特点

将二氧化硅（SiO_2）晶体按一定方向切割成很薄的晶片，再将晶片两个对应的表面抛光和敷上银层，并作为两个极引出管脚加以封装，即可构成石英晶体谐振器，其符号见图 7-12（a）。

1. 压电效应和压电谐振

石英晶体因其具有压电效应被用做振荡器。所谓压电效应是指在石英晶体两个管脚加交变电压时，会产生一定频率的机械变形，这种机械振动又会产生交变电压的现象，结果在外电路中形成交变电流。一般情况下，无论是机械振动的振幅，还是交变电压的振幅都非常

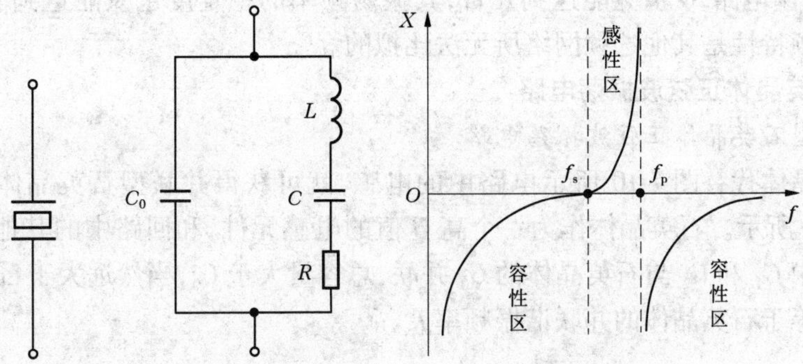

(a)电路符号 (b)等效电路 (c)电抗频率特性

图 7-12 石英晶体的电路符号、等效电路及其频率特性

小;当外加交变电压的频率等于石英晶体的固有机械振动频率时,晶体发生共振,此时机械振动幅度最大,石英晶体两边的电荷量和电路中的交变电流也最大,产生了类似于回路的谐振现象,此现象称为压电谐振。晶片的固有机械振动频率称为谐振频率。

2. *石英晶体的等效电路和谐振频率*

石英晶体的等效电路如图 7-12(b)所示。当石英晶体不振动时,可等效为一平板电容 C_0,称之为静态电容。其值的大小取决于晶片的几何尺寸和电极面积,一般情况下为几到几十皮法。当晶片振动时,机械振动的效果等效为电感 L,其值为几毫亨到几十亨。晶片的弹性等效为电容 C,其值仅为 0.01 pF 到 0.1 pF,因而有 $C \ll C_0$。另外,晶片的摩擦损耗等效为电阻 R,其值约为 100 Ω,理想情况下 $R=0$。

当 L、C、R 所在支路产生串联谐振时,该支路呈纯阻性,其等效电阻为 R,谐振频率为

$$f_s = \frac{1}{2\pi\sqrt{LC}}$$

又因为 $R \gg \omega_0 C_0$,所以可认为此时石英晶体也呈纯阻性,其等效电阻仍为 R。

当 $f<f_s$ 时,C_0 和 C 电抗值较大,起主导作用,石英晶体呈容性。

当 $f>f_s$ 时,L、C、R 所在支路呈感性,与 C_0 产生并联谐振时,石英晶体近似呈纯阻性,其谐振频率为

$$f_p = \frac{1}{2\pi\sqrt{L\frac{CC_0}{C+C_0}}} = f_s\sqrt{1+\frac{C}{C_0}}$$

因为 $C \ll C_0$,所以 $f_p \approx f_s$。

当 $f>f_p$ 时,电抗大小主要取决于 C_0,石英晶体呈容性。石英晶体的电抗频率特性如图 7-12(c)所示,只有在 $f_s<f<f_p$ 的情况下,石英晶体才呈感性,C_0 和 C 相差很大,且 f_s 和 f_p 很接近,即石英晶体呈感性的频带很窄。

品质因数为

$$Q \approx \frac{1}{R}\sqrt{\frac{L}{C}}$$

因为 C 和 R 很小,L 很大,此时,Q 值高达 $10^4 \sim 10^6$,且振荡频率几乎仅取决于晶片的尺寸,所以振荡频率的稳定度 $\frac{\Delta f}{f_0}$ 可达 $10^{-6} \sim 10^{-8}$,在某些产品中甚至可达 $10^{-10} \sim 10^{-11}$。即使

最好的 LC 振荡电路，Q 值只能达到几百，其振荡频率的稳定度也只能达到 10^{-5}。因此，石英晶体的选频特性是其他选频网络所无法比拟的。

（二）石英晶体正弦波振荡电路

1. 并联型石英晶体正弦波振荡电路

用石英晶体代替图 7-10 所示电路中的电感，就可获得并联型石英晶体正弦波振荡电路，如图 7-13 所示。石英晶体作为一个高 Q 值的电感元件，和回路中的其他元件形成并联谐振。即图中 C_1 和 C_2 与石英晶体的 C_0 并联，总容量大于 C_0，当然远大于石英晶体的 C，因而振荡频率等于石英晶体的并联谐振频率 f_p。

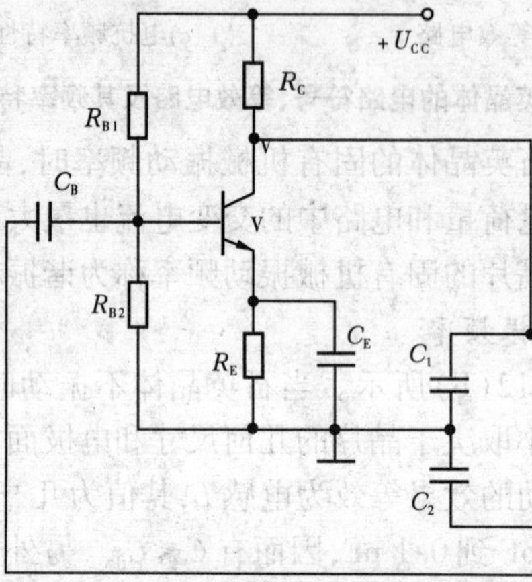

图 7-13　并联型石英晶体正弦波振荡电路

2. 串联型石英晶体正弦波振荡电路

在串联型石英晶体正弦波振荡电路中，石英晶体作为一个正反馈通路元件，工作于串联谐振状态。

3. 石英晶体使用注意事项

（1）石英晶体按规定要接一定的负载电容，用来补偿生产过程中晶片的频率误差，以达到标称频率。使用时应按产品说明书上的规定选定负载电容。为了便于调整负载电容，通常采用微调电容。

（2）石英晶体工作时，必须要有合适的激励电平。若激励电平过大，频率稳定度会显著变差，甚至可能将晶片振坏；若激励电平过小，则噪声影响大，振荡输出幅度减小，甚至可能停振。

第二节　非正弦波信号振荡电路

在实用电路中除了常见的正弦波产生电路外，还有方波、三角波、锯齿波、尖顶波和阶梯波等非正弦波形产生电路。本章主要介绍常用的矩形波、三角波和锯齿波三种非正弦波形产生电路。

一、方波产生电路

（一）电路组成

由滞回比较器构成的方波产生电路如图 7-14（a）所示，图中 R 和 C 为定时元件，构成积分电路，把输出电压反馈到集成运放的反相端，因此 RC 回路既是延迟环节，又是反馈网络。由于方波包含极丰富的谐波，因此方波产生电路又称多谐振荡器，习惯上将占空比为 50% 的矩形波称为方波。由图可知比较器的两个门限电压分别为

$$U_{T+} = \frac{R_1}{R_1 + R_2} U_Z$$

$$U_{T-} = \frac{R_1}{R_1 + R_2}(-U_Z)$$

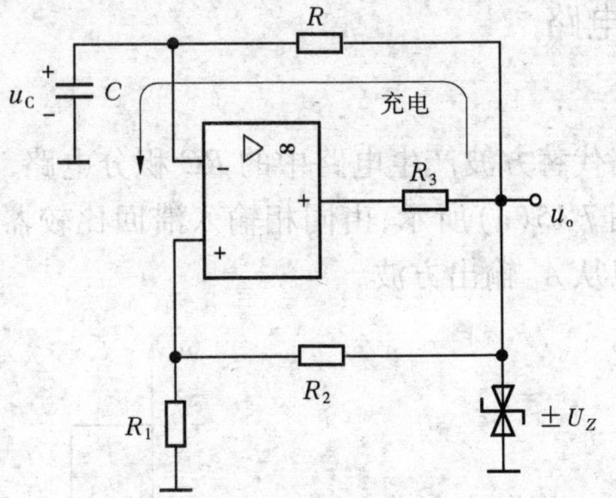

(a)C充电电路

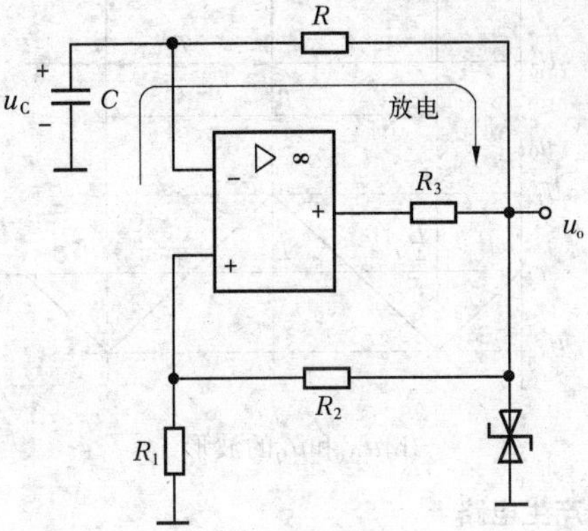

(b)C放电电路

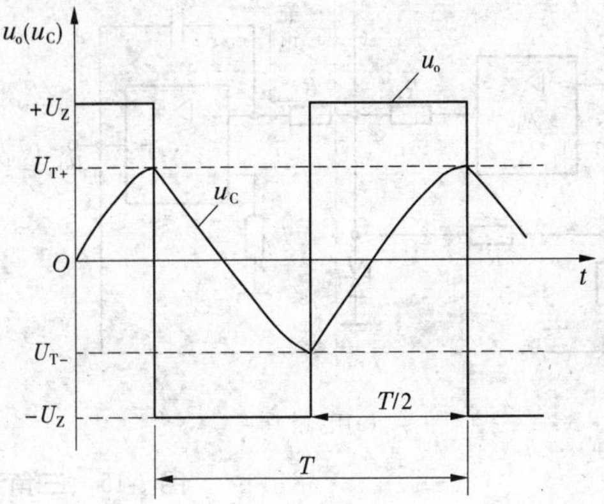

(c) u_C和 u_o波形

图 7-14　方波产生电路

(二) 工作原理

当电路的振荡达到稳定后，电容 C 就交替充电和放电。当 $u_o = U_Z$ 时，C 充电，电流流向如图 7-14(a) 所示，电容两端电压 u_C 不断上升，而此时同相端电压为上门限电压 U_{T+}，当 $u_C > U_{T+}$ 时，输出电压变为低电平 $u_o = -U_Z$，使同相端电压变为下门限电压 U_{T-}，随后电容 C 开始放电，电流流向如图 7-14(b) 所示，电容上的电压不断下降。当 u_C 降低到 $u_C < U_{T-}$ 时，u_o 又变为高电平 U_Z，电容又开始充电，重复上述过程，由此可得到一方波电压输出，如图 7-14(c) 所示。图 7-14 中也画出了电容两端电压波形，可以证明，振荡周期和频率分别为

$$T = 2RC\ln\left(1 + \frac{2R_2}{R_1}\right)$$

$$f = \frac{1}{T}$$

该电路用来产生固定的低频率的方波信号，是一种较好的振荡电路，但是输出方波的前后沿陡度取决于集成运放的转换速率 SR，所以当振荡频率较高时，为了获得前后沿较陡的方波，必须使用 SR 较大的集成运放。

另外，若想获得矩形波，可以将充电和放电回路分开，使得两个回路中的时间常数 τ 不一样，通过调整两个时间常数来改变矩形波的占空比。

二、三角波产生电路

（一）电路组成

若用线性积分电路代替方波产生电路中的 RC 积分电路，则电容两端就可获得理想的三角波。电路结构如图 7-15(a)所示，由同相输入滞回比较器 A_1 和反相输入积分器 A_2 组成。该电路同时还可以从 A_1 输出方波。

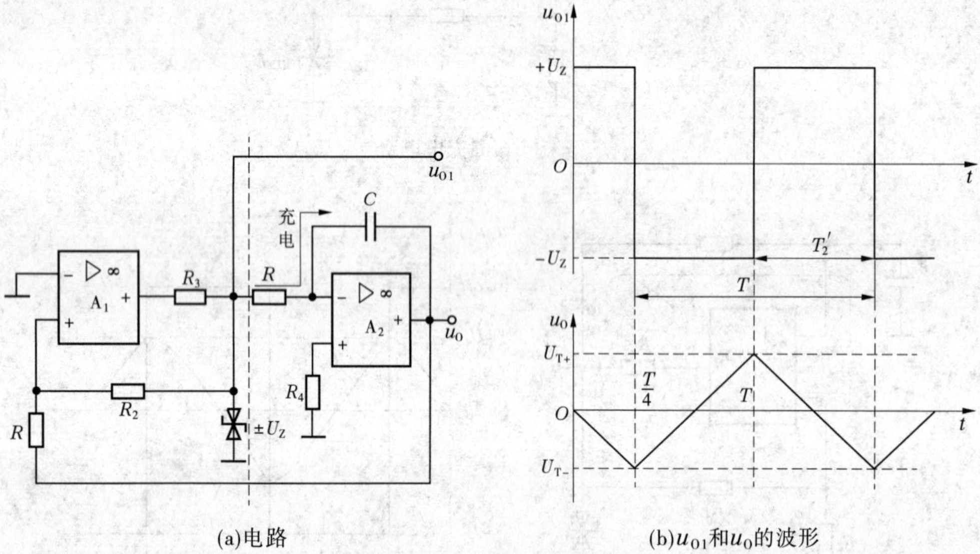

(a)电路　　(b)u_{O1}和u_O的波形

图 7-15　三角波产生电路

（二）工作原理

由图 7-15 可知，同相输入滞回比较器 A_1 和反相输入积分器 A_2 的输出互为另一个电路的输入，则 u_O 作为同相输入滞回比较器 A_1 的输入信号，u_{O1} 作为反相输入积分器 A_2 的输入信号。由此利用叠加定理可以算出滞回比较器 A_1 的上、下门限电压分别为

$$U_{T+} = \frac{R_1}{R_2}U_Z, U_{T-} = -\frac{R_1}{R_2}U_Z$$

电路接上直流电源的一瞬间，电容 C 两端电压为 0，假设 u_{O1} 为高电平 $+U_Z$，此时 $u_{P1} > 0$，u_{O1} 开始经过 R 对 C 恒流充电，u_O 随时间线性下降，u_{P1} 也跟着下降；当 u_{P1} 下降到略低于 0 时，u_{O1} 跳变为低电平 $-U_Z$，u_{P1} 由 0 跳变为负值；此时 u_{O1} 经过 R 对 C 反向恒流充电，使得 u_O 随时间线性增大，u_{P1} 也跟着增大；当 u_{P1} 增大到略大于 0 时，u_{O1} 又跳变为高电平 $+U_Z$，如此循环往复，产生的振荡输出波形为如图 7-15(b)所示的三角波和方波。

振荡频率为

$$f_0 = \frac{1}{T_0} = \frac{R_2}{4R_1RC}$$

由上式可知，通过改变 R、C 或者$\frac{R_2}{R_1}$的值来调整振荡频率，又因为$\frac{R_2}{R_1}$会影响三角波的幅值，所以常通过改变电容 C 进行粗调，改变电阻 R 进行细调。

三、锯齿波产生电路

在上述三角波产生电路中，将积分电阻 R 改为如图 7-16(a)所示双向并联二极管 VD_1、VD_2 和电位器 R_W，就可以将积分电容 C 的充电回路和放电回路分开，来实现充电和放电时间不相等，从而获得锯齿波信号，其振荡波形如图 7-16(b)所示。调节电位器 R_W，可改变锯齿波的上升边和下降边的斜率，与此同时，u_{o1} 矩形波的占空比也跟着变化。

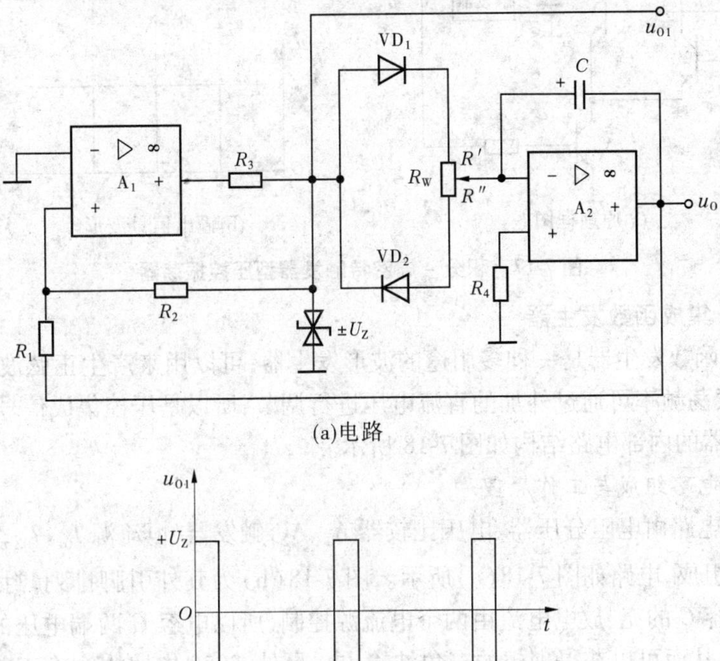

(a)电路

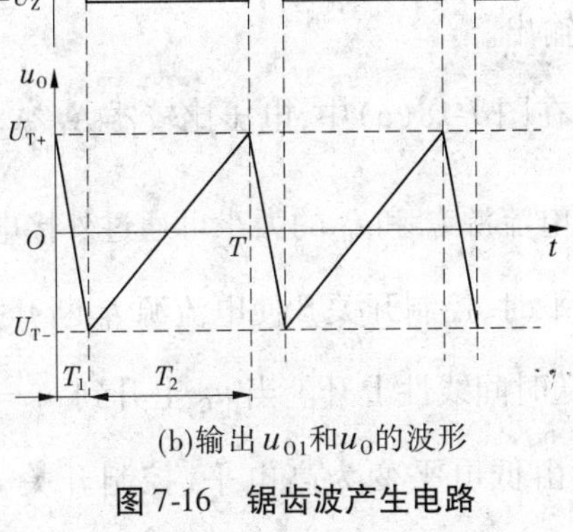

(b)输出 u_{O1} 和 u_O 的波形

图 7-16　锯齿波产生电路

四、集成压控方波振荡电路

输出信号频率与输入控制电压成正比的波形产生电路称为压控振荡器。若用直流电压作为控制电压,压控振荡器可制成频率调节十分方便的信号源;若用正弦波电压作为控制电压,压控振荡器就构成了调频波振荡器;当振荡受锯齿波电压控制时,就构成了扫频振荡器等。

(一)积分-施密特触发器型压控振荡器

积分-施密特触发器型压控振荡电路原理框图及输出信号波形如图 7-17 所示。

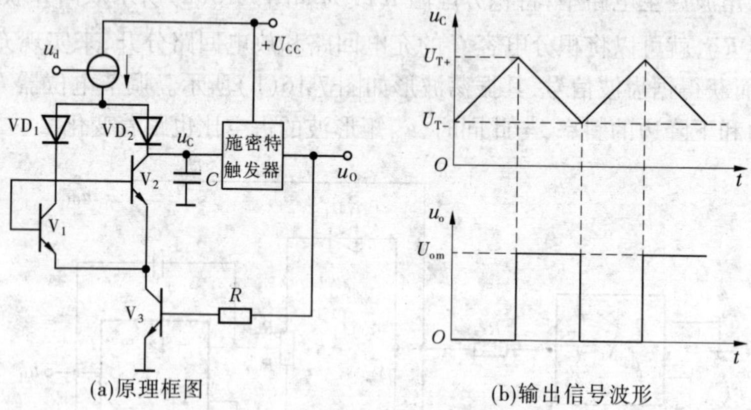

(a)原理框图　　(b)输出信号波形

图 7-17　积分-施密特触发器型压控振荡器

(二)8038 集成函数发生器

8038 集成函数发生器是一种多用途的波形发生器,可以用来产生正弦波、方波、三角波和锯齿波,其振荡频率可通过外加的直流电压进行调节,所以是压控集成信号产生器。8038 集成函数发生器的内部电路结构如图 7-18 所示。

1. 8038 的电路组成与工作原理

8038 内部电路由电阻分压器、电压比较器 A_1、A_2,触发器、恒流源 I_{01}、I_{02},电子开关 S 和正弦波变换器组成,电路如图 7-18(a)所示。图 7-18(b)为其外引脚排列,封装形式是双列直插。外接电容 C 的充、放电电流由两个电流源控制,所以电容 C 两端电压的 u_C 变化与时间成线性关系,从而可以获得理想的三角波输出。另外,8038 电路中含有正弦波变换器,可以直接将三角波变成正弦波输出。

8038 的工作原理如下。在图 7-18(a)中,电压比较器 A_1、A_2 的门限电压分别为 $\frac{2}{3}U_R$ 和 $\frac{1}{3}U_R$(其中 $U_R = U_{CC} + U_{EE}$),电流源 I_{01} 和 I_{02} 的大小可通过外接电阻调节,且 I_{02} 必须大于 I_{01}。当触发器的 Q 端输出为低电平时,控制开关 S 使电流源 I_{02} 断开,而电流源 I_{01} 则向外接电容 C 充电,使电容两端电压 u_C 随时间线性上升。当 u_C 上升到 $u_C = \frac{2}{3}U_R$ 时,比较器 A_1 输出发生跳变,使触发器输出 Q 端由低电平变为高电平,控制开关 S 使电流源 I_{02} 接通。由于 $I_{02} > I_{01}$,因此电容 C 放电,u_C 随时间线性下降。当 u_C 下降到 $u_C \leqslant \frac{1}{3}U_R$ 时,比较器 A_2 输出

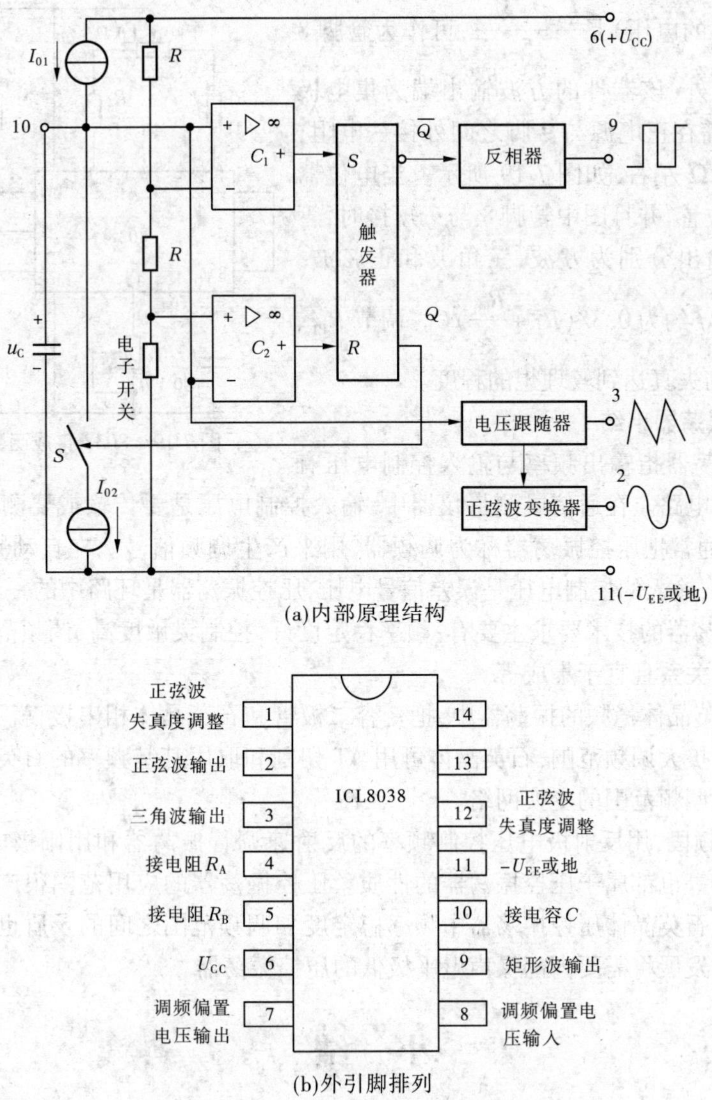

(a)内部原理结构

(b)外引脚排列

图 7-18　8038 内部电路结构及其引脚排列图

发生跳变,使触发器输出端 Q 又由高电平变为低电平,I_{02} 再次断开,I_{01} 再次向 C 充电,u_C 又随时间线性上升。如此周而复始,产生振荡。若 $I_{02}=2I_{01}$,u_C 上升时间与下降时间相等,就产生三角波输出到脚 3。而触发器输出的方波,经缓冲器输出到脚 9。三角波经正弦波变换器变成正弦波后由脚 2 输出。当 $I_{01}<I_{02}<2I_{01}$ 时,u_C 的上升时间与下降时间不相等,管脚 3 输出锯齿波。因此,8038 能输出方波、三角波、正弦波和锯齿波等四种不同的波形。

有关触发器的工作原理见数字电路类书籍。当 R 端为高电平、S 端为低电平时,Q 端输出低电平;反之,Q 端输出高电平。

2. 8038 的典型应用

图 7-19 为 8038 集成函数发生器构成的方波、三角波和正弦波振荡产生电路。

由图 7-18(b)可见,管脚 8 为调频偏置电压输入端,管脚 7 输出调频偏置电压,其值(指管脚 6 与 7 之间的电压)是$\frac{U_{CC}+U_{EE}}{5}$,可作为管脚 8 的输入电压。此外,该器件的方波输出端为集电极开路形式,一般需在正电源与 9 脚之间外接一电阻,其值常选用 10 kΩ 左右,如图 7-19 所示。当电位器 R_{P1} 动端在中间位置,并且图中管脚 8 与 7 短接时,管脚 9、3 和 2 的输出分别为方波、三角波和正弦波。电路的振荡频率 f 约为 $0.3/(R_1+\frac{R_{P1}}{2})C$。调节 R_{P1}、R_{P2} 可使正弦波的失真达到较理想的程度。

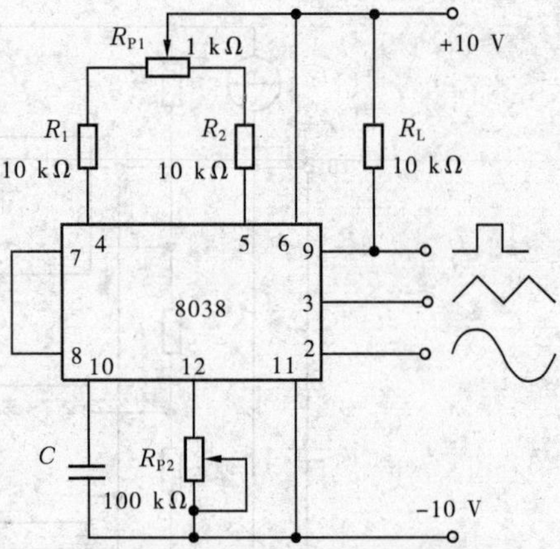

图 7-19　8038 集成函数发生器

(三)压控振荡器小结

(1)压控振荡器指输出频率与输入控制电压有对应关系的振荡电路。在通信或测量仪器中,输入控制电压是要传输或要测量的信号(调制信号)。人们通常把压控振荡器称为调频器,用来产生调频信号。在自动频率控制环路和锁相环环路中,输入的控制电压是误差信号电压,压控振荡器是环路中的一个受控部件。

(2)压控振荡器的技术要求主要有:频率稳定度好,控制灵敏度高,调频范围宽,频偏与控制电压成线性关系且宜于集成等。

(3)在用石英晶体稳频的振荡器中,把变容二极管和石英晶体相串接,就可形成晶体压控振荡器。为了扩大调频范围,石英晶体可用 AT 切割和取用其基频率的石英晶体,在电路上还可采用展宽调频范围的变换网络。

(4)在微波频段,用反射极电压控制频率的反射速调管振荡器和用阳极电压控制频率的磁控管振荡器等也都属于压控振荡器的性质。压控振荡器的应用范围很广,集成化是重要的发展方向。石英晶体压控振荡器中频率稳定度和调频范围之间的矛盾也有待于解决。随着通信深度的发展将需要内部噪声电平极低的压控振荡器。

小　结

(1)在第五章曾经讨论过,从振荡条件考虑,当反馈深度过深或环路增益过大时,负反馈放大电路易于趋向不稳定,即产生自激振荡。本章则是在电路中有意地构成正反馈以满足相位平衡和振幅平衡条件,形成自激以产生正弦信号,二者的工作过程本质上是相同的。

(2)按结构来分,正弦波振荡电路主要有 RC 型和 LC 型两大类,它们的基本组成包括:可进行正常工作的放大电路 $\dot{A}$,能满足相位平衡条件的反馈网络 $\dot{F}$,其中 $\dot{A}$ 或 $\dot{F}$ 兼有选频特性。一般从相位和幅度平衡条件来计算振荡频率和放大电路所需的增益。而石英晶体振荡器是 LC 振荡电路的一种特殊形式。由于晶体的等效谐振回路的 Q 值很高,因而振荡频率有很高的稳定性。

(3)在非正弦波信号产生电路中没有选频网络,同时器件在大信号状态下工作,受非线性特性的限制。它属于一种弛张振荡电路。本章讨论了方波、锯齿波和三角波产生电路。它通常由比较器、反馈网络和积分电路等组成。判断电路能否振荡的方法是,设比较器的输出为高电平(或低电平),经反馈、积分等环节,能使比较器输出从一种状态跳变到另一种状态，则电路能振荡。锯齿波产生电路与三角波产生电路的差别是，前者积分电路的正向和反向充放电时间常数不相等，而后者是一致的。

实训九　三角波、方波发生器的测试与应用

一、实训目的

(1)掌握集成运放的非线性典型应用电路。

(2)掌握方波发生器电路组成和工作过程。

(3)掌握三角波、锯齿波发生电路的组成以及工作原理。

二、实训设备与材料

模电试验箱一台，双踪示波器一台。

三、实训内容及要求

(1)按图 7-20 在实验板上接好线路。

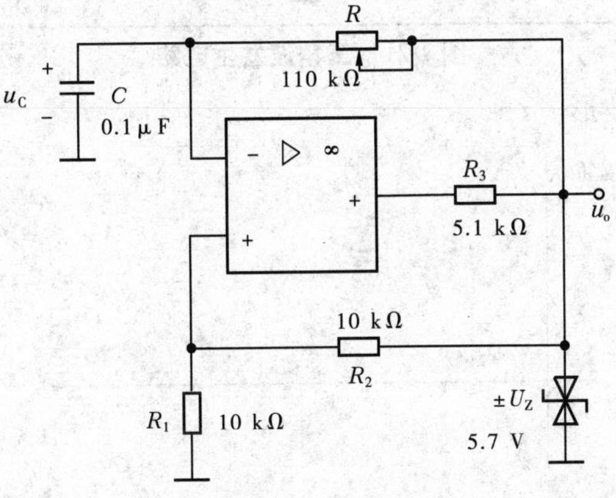

图 7-20　方波发生电路

①调节 R 至中心位置观察 u_C 和 u_o 的波形及频率，并绘出 u_C 和 u_o 的波形

f_c = ____________ Hz，　f_o = ____________ Hz

②调节 R，测量 $R = 10$ kΩ，$R = 110$ kΩ 时的频率及波形，填入表 7-1 中。

表 7-1　方波发生电路在 $R=10\ \mathrm{k\Omega}$,$R=110\ \mathrm{k\Omega}$ 时输出信号的频率及波形

阻值	f_o(测量值)	f_o(计算值)	输出波形
$R=10\ \mathrm{k\Omega}$			
$R=110\ \mathrm{k\Omega}$			

(2)按图 7-21 在实验板上接好线路。

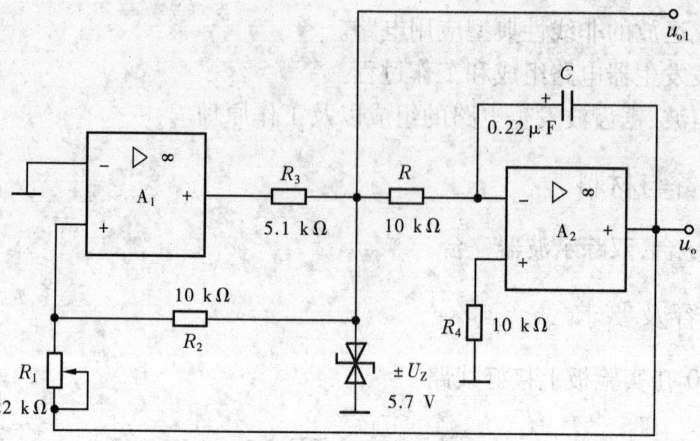

图 7-21　三角波发生电路

①观察 u_{o1} 及 u_o 的波形。

②调节电位器 R_1 的动点位置,观察 u_{o1}、u_o 幅值及频率的变化情况。

(3)按图 7-22 在实验板上接好线路。

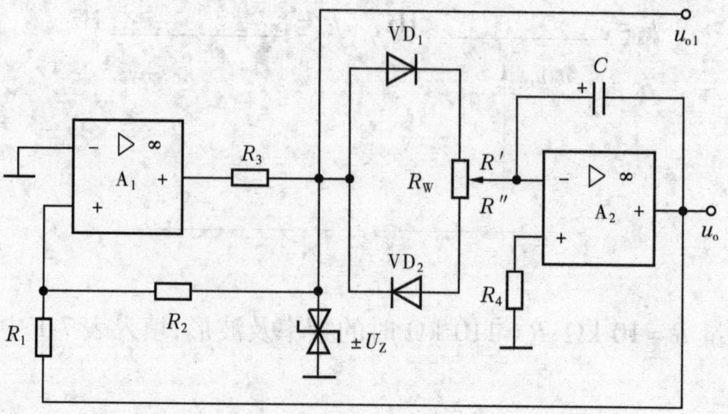

图 7-22　锯齿波发生电路

①调节 R_W 至中心位置观察 u_{o1}、u_o 的波形和频率并填表 7-2。

表 7-2　锯齿波发生电路输出信号 u_{o1} 及 u_o 的波形和频率

	频率(Hz)	波形
u_{o1}		
u_o		

②调节电位器 R_W，将动点移至最上端和最下端，试描述观察到的输出信号 u_o 波形的变化情况。

③总结报告。

实训十　*RC* 正弦波振荡电路的测试与应用

一、实训目的

掌握 *RC* 正弦波振荡电路的产生条件、组成和典型应用。

二、实训设备与材料

模电试验箱一台，双踪示波器一台。

三、实训内容及要求

按图 7-23 在实验板上接好线路。

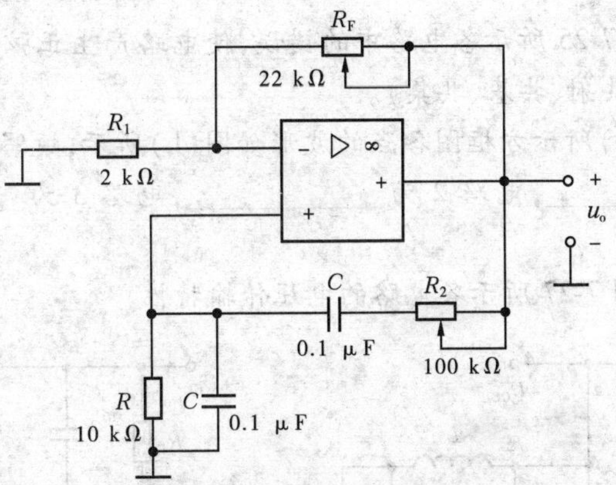

图 7-23　集成 *RC* 正弦波振荡

(1)将 R_2 调到 10 kΩ，调节 R_F 至阻值分别为 0、11 kΩ、22 kΩ，用示波器观察输出波形。将波形填入表 7-3 中。

表 7-3　输出信号 u_o 的波形

R_F(kΩ)	0	11	22
输出波形			

(2)用频率器测上述电路的输出频率(测量前先调节 R_F 及 R_2 阻值,使输出波形最大不失真)。将数据填入下表 7-4 中。

表 7-4　输出信号 u_o 的频率

f_o(Hz)	理论值	
	测量值	

(3)改变振荡频率

先将 R_2 调到 30 kΩ,然后在 R 与地之间串一个 20 kΩ 的电阻。最后测量其输出频率。$f=$______ Hz(注意:测 f 之前,应适当调节 R_F 使 u_o 无明显失真,再测频率。)

(4)总结报告。

习　题

7-1　判断下列说法是否正确,用"√"或"×"表示判断结果。

(1)在图 7-24 所示方框图中,若 $\varphi_F=180°$,则只有当 $\varphi_A=\pm180°$时,电路才能产生正弦波振荡。　(　)

(2)只要电路引入了正反馈,就一定会产生正弦波振荡。　(　)

(3)凡是振荡电路中的集成运放均工作在线性区。　(　)

(4)非正弦波振荡电路与正弦波振荡电路的振荡条件完全相同。　(　)

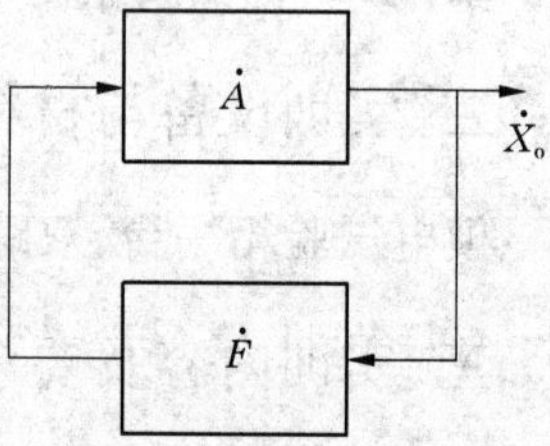

图 7-24

7-2　改错:改正图 7-25 所示各电路中的错误,使电路产生正弦波振荡。要求不能改变放大电路的基本接法(共射、共基、共集)。

7-3　已知图 7-26(a)所示方框图各点的波形如图(b)所示,填写各电路的名称。

电路 1 为______,电路 2 为______,电路 3 为______,电路 4 为______。

7-4　试分别求出图 7-27 所示各电路的电压传输特性。

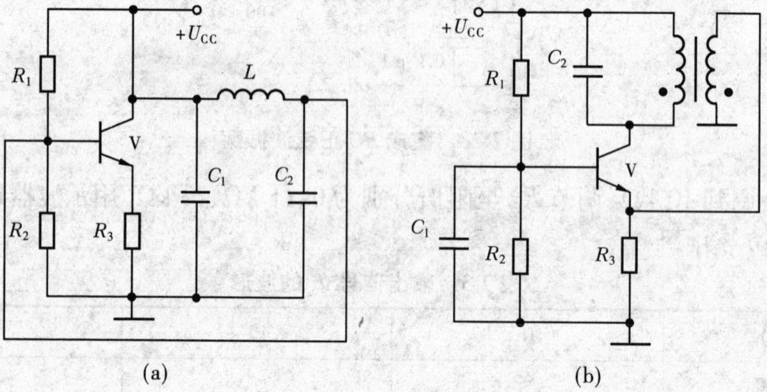

图 7-25

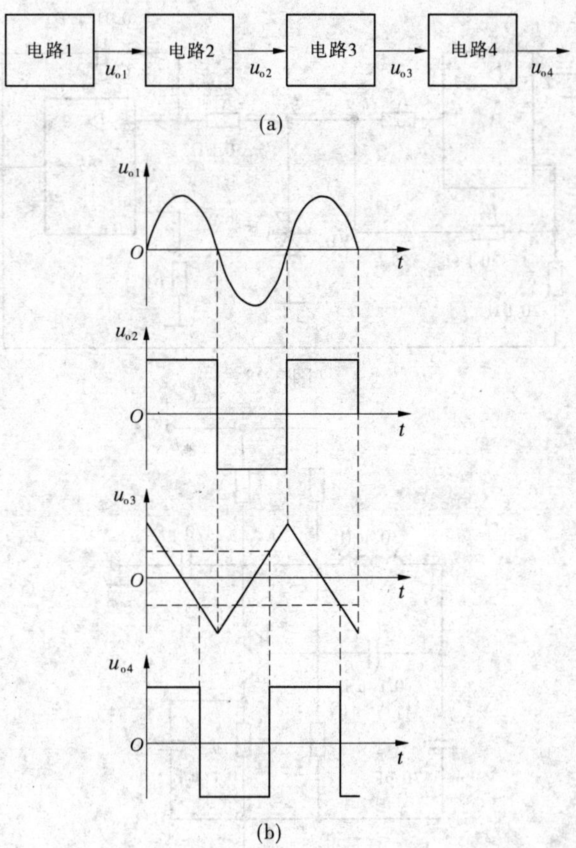

图 7-26

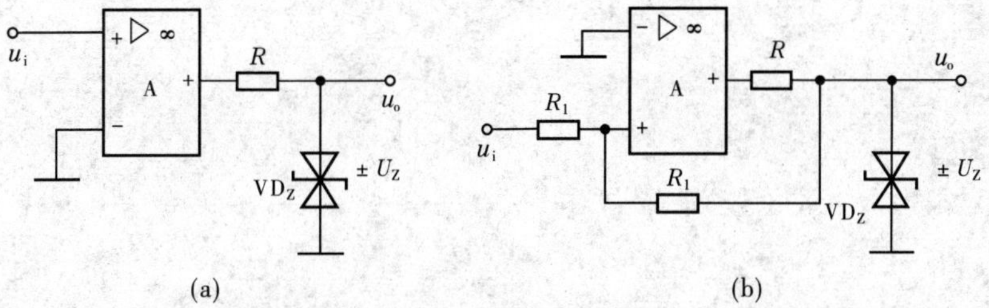

图 7-27

7-5　电路如图 7-28 所示。

(1)分别说明 A_1 和 A_2 各构成哪种基本电路;

(2)求出 u_{o1} 与 u_o 的关系曲线 $u_{o1}=f(u_o)$;

(3)求出 u_o 与 u_{o1} 的运算关系式 $u_o=f(u_{o1})$;

(4)定性画出 u_{o1} 与 u_o 的波形;

(5)说明若要提高振荡频率,则可以改变哪些电路参数,如何改变。

7-6　指出图 7-29 中构成何种类型的正弦波振荡电路,并计算振荡频率。

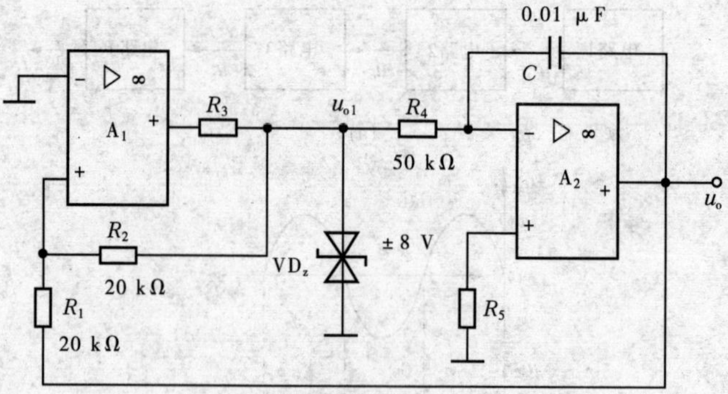
0.01 μF
C
A1
R3
uo1
R4
50 kΩ
A2
uo
R2
20 kΩ
VDz
±8 V
R1
20 kΩ
R5

图 7-28

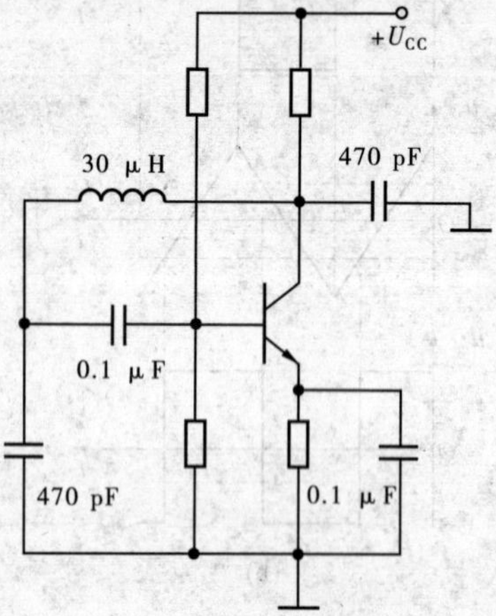
+UCC
30 μH
470 pF
0.1 μF
470 pF
0.1 μF

图 7-29

第八章　直流稳压电源

本章首先介绍了直流稳压电源的基本电路组成和性能指标，然后介绍了各组成部分电路的作用。在整流部分中，详细讲解了单相半波整流和桥式整流电路的工作原理，并对二者进行了比较。在滤波部分中，着重分析了电容滤波电路的工作原理及电路的性能。然后介绍了硅稳压管组成的稳压电路，着重分析了串联型直流稳压电路的稳压原理以及改进性能的措施。另外，本章还简单对三端集成稳压器、开关电源电路、晶闸管的结构和作用作了说明。

第一节　概　述

在我们日常生产和生活中，许多电子设备都需要稳定的直流电源供电，例如工业控制及测量、电解、水处理、充电设备、机床、手机、MP3 等。功率较小的直流电源大多数都是将 220 V/50 Hz 的交流市电经过变压、整流、滤波和稳压后获得的。

一、小功率直流稳压电源的组成

小功率直流稳压电源因功率较小，通常采用单相交流供电。该稳压电源一般由变压器、整流电路、滤波电路、稳压电路等部分组成，如图 8-1 所示。

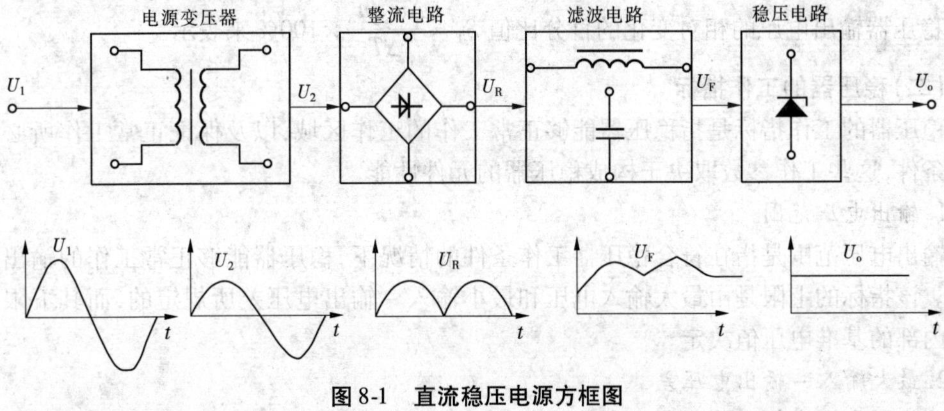

图 8-1　直流稳压电源方框图

变压器将交流电源电压变换为符合整流电路需要的交流电压；整流电路用来将交流电流变换为单相脉动的直流电压；滤波电路用来滤除整流后单相脉动电压中的交流成分，使其成为平滑的直流电压；稳压电路的作用是当输入交流电源电压波动、负载和温度变化时，维持输出直流电压的稳定。

二、稳压电源的主要性能指标

稳压电源的主要性能指标分为两种：一种是工作指标，包括允许的输入电压、输出电压、输出电流及输出电压调节范围等；另一种是质量指标，用来衡量输出直流电压的稳定程度，包括稳压系数、输出电阻、温度系数及纹波电压等。这些质量指标的含义可简述如下。

（一）稳压器质量指标

1. 电压调整率 S_U

电压调整率 S_U 是表征稳压器稳压性能优劣的重要指标，又称为稳压系数或稳定系数。它表征当输入电压 U_i 变化时稳压器输出电压 U_o 稳定的程度，通常以单位输出电压下的输入和输出电压的相对变化的百分比 $S_U=\frac{\Delta U_o/U_o}{\Delta U_i}\times 100\% \mid_{\Delta I_o=0,\Delta T=0}$ 表示。

2. 电流调整率 S_I

电流调整率 S_I 是反映稳压器负载能力的一项主要指标，又称为电流稳定系数。它表征当输入电压不变时，稳压器对由于负载电流（输出电流）变化而引起的输出电压的波动的抑制能力，在规定的负载电流变化的条件下，通常以单位输出电压下的输出电压变化值的百分比 $S_I=(\Delta U_o/U_o)\times 100\% \mid_{\Delta I_o=I_{omax},\Delta T=0,\Delta U_I=0}$ 来表示稳压器的电流调整率。

3. 纹波抑制比 S_R

纹波抑制比 S_R 反映了稳压器对输入端引入的市电电压的抑制能力，当稳压器输入和输出条件保持不变时，稳压器的纹波抑制比常以输入纹波电压峰－峰值与输出纹波电压峰－峰值之比表示，一般用分贝数 $S_R=20\lg\frac{U_{iPP}}{U_{oPP}}$（dB）表示，有时也可以用百分数表示，或直接用两者的比值表示。

4. 温度稳定性 S_T

集成稳压器的温度稳定性是以在所规定的稳压器工作温度 T_i 最大变化范围内 $T_{min}\leqslant T_i\leqslant T_{max}$，稳压器输出电压的相对变化的百分比值 $S_T=\frac{\Delta u_o/u_o}{\Delta T}\times 100\%$ 来表示。

（二）稳压器的工作指标

稳压器的工作指标是指稳压器能够正常工作的工作区域，以及保证正常工作所必需的工作条件，这些工作参数取决于构成稳压器的元件性能。

1. 输出电压范围

输出电压范围是指在符合稳压器工作条件的情况下，稳压器能够正常工作的输出电压范围。该指标的上限是由最大输入电压和最小输入－输出电压差所规定的，而其下限由稳压器内部的基准电压值决定。

2. 最大输入－输出电压差

该指标表征在保证稳压器正常工作条件下稳压器所允许的最大输入－输出之间的电压差值，其值主要取决于稳压器内部调整晶体管的耐压指标。

3. 最小输入－输出电压差

该指标表征在保证稳压器正常工作条件下，稳压器所需的最小输入－输出之间的电压差值。

4. 输出负载电流范围

输出负载电流范围又称为输出电流范围，在这一电流范围内，稳压器应能保证符合指标规范所给出的指标。

（三）极限参数

1. 最大输入电压

该电压是保证稳压器安全工作的最大输入电压。

2. 最大输出电流

最大输出电流是保证稳压器安全工作所允许的最大输出电流。

第二节　整流电路

一、单相半波整流电路

将交流电变为单相脉动的直流电的过程，称为整流。利用半导体二极管的单向导电性可以组成整流电路。这种电路结构简单、使用方便、经济而实用。

（一）电路组成及工作原理

单相半波整流电路如图 8-2 所示。它是最简单的整流电路，由整流变压器、整流二极管 VD 及负载电阻 R_L 组成。其中 u_1、u_2 分别为整流变压器的一次和二次输出交流电压，变压器用来将市电 220 V 交流电压变换为整流电路所要求的交流低电压，同时保证直流电源与市电电源的有效隔离。设 VD 为理想二极管，R_L 为要求直流供电的负载等效电阻。

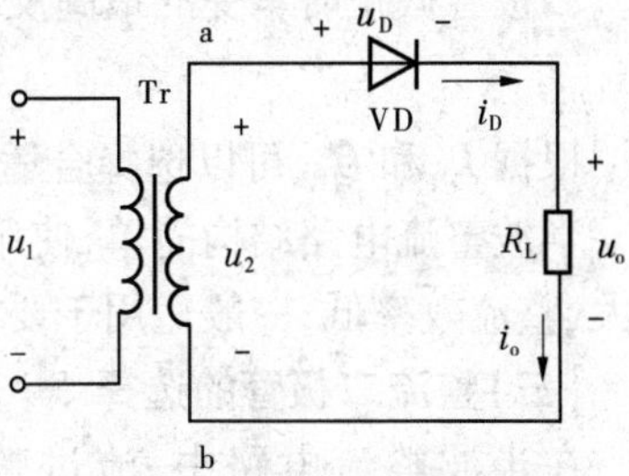

图 8-2　单相半波整流电路

电路的工作情况如下：

设变压器副边电压为 $u_2=\sqrt{2}U_2\sin\omega t$。

当 u_2 在正半周（$0\leqslant\omega t\leqslant\pi$）期间，a 端为正，b 端为负，二极管因正向电压作用而导通。电流从 a 端流出，经二极管 VD 流过负载电阻 R_L 回到 b 端。如果略去二极管的正向压降，则在负载 R_L 两端的电压 u_o 就等于 u_2。其电压、电流波形如图 8-3（b）、（c）所示。

在 u_2 的负半周（$\pi\leqslant\omega t\leqslant 2\pi$）期间，a 端为负，b 端为正，二极管承受反向电压而截止，负载中没有电流，故 $u_2=0$。这时，二极管承受了全部 u_2，其波形如图 8-3（d）所示。

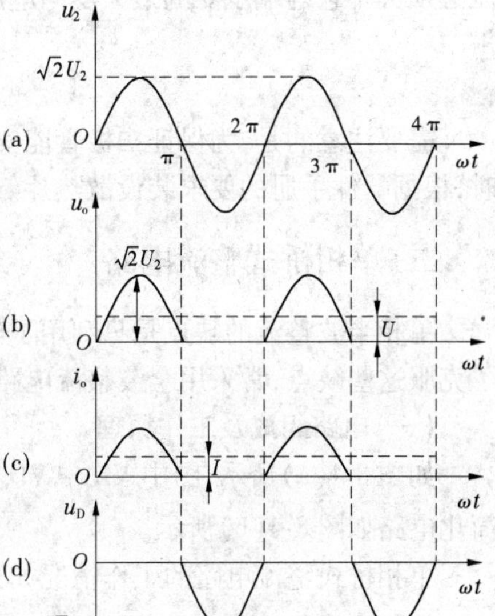

图 8-3　单相半波整流波形图

尽管 u_2 是交变的，但因二极管的单向导电作用，使得负载上的电流 i_o 和电压 u_o 都是单一方向。这种电路只有在 u_2 的半个周期内负载上才有电流，故称为半波整流电路。

（二）参数计算

（1）负载上的电压平均值 U_o 和电流平均值 I_o。

负载上的直流输出电压 U_o 和直流电流 I_o 都是指一个周期内的平均值，由于负载电压 u_o 为半波脉动，在整个周期中负载电压平均值

$$U_O = \frac{1}{2\pi}\int_0^{\pi}\sqrt{2}U_2\sin\omega t\mathrm{d}(\omega t) = 0.45U_2 \tag{8-1}$$

负载上的电流平均值为

$$I_O = 0.45\frac{U_2}{R_l} \tag{8-2}$$

(2)整流二极管的电流平均值 I_D 和承受的最高反向电压 U_{Rm}。

由于二极管与负载串联，所以流经二极管的电流平均值就是流经负载电阻 R_L 的电流平均值，即

$$I_D = \frac{U_O}{R_L} = 0.45\frac{U_2}{R_L} \tag{8-3}$$

二极管截止时承受的最高反向电压就是整流变压器副边交流电压 u_2 的最大值，即

$$U_{Rm} = \sqrt{2}U_2 \tag{8-4}$$

根据 I_D 和 U_{Rm} 可以选择合适的整流二极管。

半波整流电路结构简单，使用元件少，但只利用交流电压半个周期，直流输出电压低，波动大，整流效率低，一般适用于要求不高的场合。

(三)整流二极管的选择

在半波整流电路中，流过整流二极管的平均电流与流过负载的平均电流相等，如式(8-3)所示。当整流二极管截止时，加于二极管两端的最大反向电压如式(8-4)所示，因此在选择整流二极管时，其额定正向整流电流必须大于流过它的平均电流，其最高反向工作电压必须大于它两端承受的最大反向电压。即使二极管满足下列要求

$$I_F > I_D$$
$$U_{RM} > U_{Rm}$$

需要注意的是，为保证二极管能安全可靠地工作，选用管子时要留有余量，在功率较大时，根据器件手册的要求装设散热片。

二、单相桥式整流电路

单相半波整流的缺点是只利用了电源电压的半个周期，同时整流电压的脉动较大。为了克服这些缺点，常采用全波整流电路，其中最常用的是单相桥式整流电路。

(一)电路组成及工作原理

如图 8-4(a)所示，图中 $VD_1 \sim VD_4$ 四只整流二极管接成电桥形式，故称为桥式整流，其简化电路如图 8-4(b)所示。

单相桥式整流电路的工作情况如下：

设整流变压器二次电压为：$u_2 = \sqrt{2}U_2\sin\omega t$。

当 u_2 为正半周 $0 \leqslant \omega t \leqslant \pi$ 时，其极性为上正下负，即 a 点电位高于 b 点电位，二极管 VD_1、VD_3 承受正向电压导通，VD_2、VD_4 承受反向电压截止。此时电流的路径为：a→VD_1→R_L→VD_3→b，如图 8-5(a)所示。负载 R_L 上得到一个半波电压，如图 8-6(d)中 $0 \sim \pi$ 段所示，若不考虑二极管的正向压降，则 $u_o \approx u_2$。

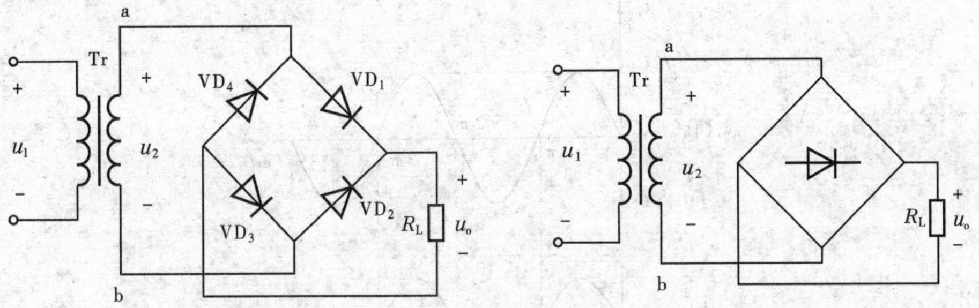

(a)单相桥式整流电路　　(b)单相桥式整流电路的简化画法

图 8-4　桥式整流电路

当 u_2 为负半周（$\pi \leqslant \omega t \leqslant 2\pi$）时，其极性为上负下正，即 a 点电位低于 b 点电位，二极管 VD_2、VD_4 承受正向电压导通，VD_1、VD_3 承受反向电压截止。此时电流的路径为：b→VD_2→R_L→VD_4→a，如图 8-5（b）所示。这时得到一个与 0 ~ π 段相同的半波电压，如图 8-6（d）中 π ~ 2π 段所示，若不考虑二极管的正向压降，则 $u_o \approx -u_2$。

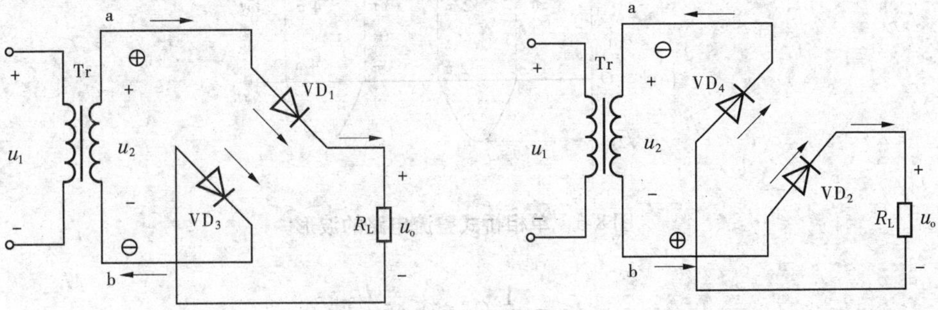

(a)正半周时电流的通路　　(b)负半周时电流的通路

图 8-5　单相桥式整流电路的电流通路

由此可见，在交流电压 u_2 的整个周期始终有同方向的电流流过负载电阻 R_L，故 R_L 上得到单方向全波脉动的直流电压。

（二）参数计算

（1）负载上的电压平均值和电流平均值。

单相桥式整流电压的平均值为

$$U_o = \frac{1}{\pi}\int_0^{\pi}\sqrt{2}\,U_2 \sin\omega t \,\mathrm{d}(\omega t) = \frac{2\sqrt{2}}{\pi}U_2 = 0.9U_2 \tag{8-5}$$

流过负载电阻 R_L 的电流平均值为

$$I_o = \frac{U_o}{R_L} = 0.9\frac{U_2}{R_L} \tag{8-6}$$

（2）整流二极管的电流平均值和承受的最高反向电压。

因为桥式整流电路中每两个二极管串联导通半个周期，所以流经每个二极管的电流平均值为负载电流的一半，即

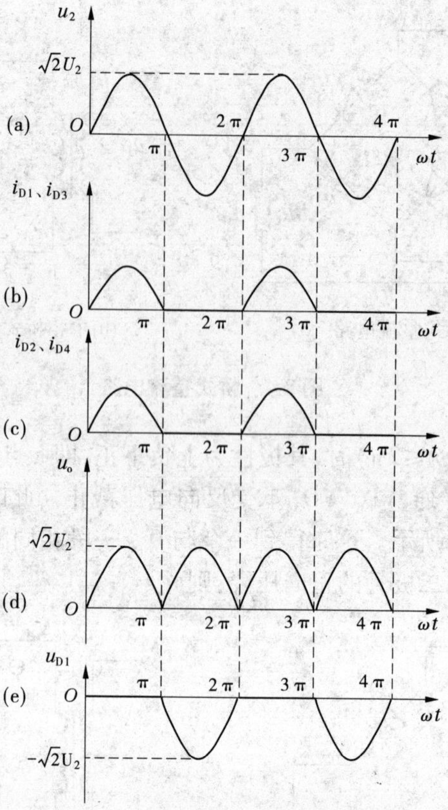

图 8-6 单相桥式整流电路的波形

$$I_D = \frac{1}{2}I_o = 0.45\frac{U_2}{R_L} \tag{8-7}$$

每个二极管在截止时承受的最高反向电压为 u_2 的最大值，即

$$U_{Rm} = \sqrt{2}U_2 \tag{8-8}$$

(3)整流变压器副边电压有效值和电流有效值。

整流变压器副边电压有效值为

$$U_2 = \frac{U_o}{0.9} = 1.11U_o \tag{8-9}$$

整流变压器副边电流有效值为

$$I_2 = \frac{U_2}{R_L} = 1.11\frac{U_o}{R_L} = 1.11I_o \tag{8-10}$$

除用分立元件组成桥式整流电路外，现在半导体器件厂已将整流二极管封装在一起，制造成单相整流桥模块。这些模块只有输入交流和输出直流引脚，减少了接线，提高了电路工作的可靠性，使用起来非常方便。单相整流桥模块的外形如图 8-7 所示。

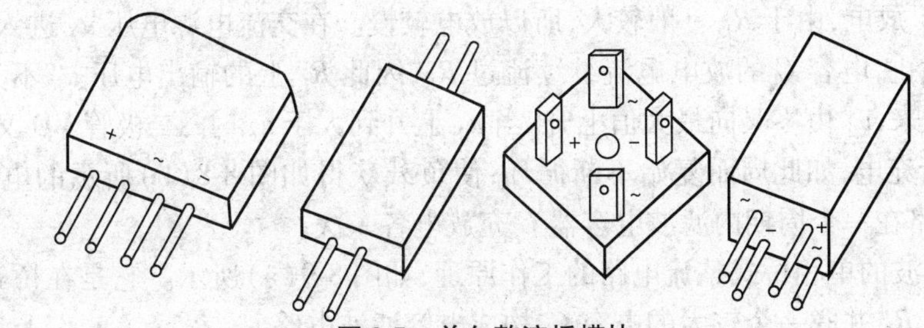

图 8-7　单向整流桥模块

第三节　滤波电路

交流电经过二极管整流后，依然包含着多种频率的交流成分，这种脉动直流一般是不能直接用来给电子装置供电的。为了滤除或抑制交流分量以获得平滑的直流电压，需要再做一番"填平取齐"的工作，这便是滤波。换句话说，滤波就是把整流输出电压中的波动成分尽可能地减小，改造成接近恒稳的直流电。

一、电容滤波电路

电容是一个储存电能的仓库。在电路中，当有电压加到电容器两端的时候，便对电容器充电，把电能储存在电容器中。当外加电压失去或降低之后，电容器将把储存的电能释放出来。充电的时候，电容器两端的电压逐渐升高，直到接近充电电压；放电的时候，电容器两端的电压逐渐降低，直到完全消失。电容器的容量越大，负载电阻值越大，充电和放电所需要的时间越长，这种电容器两端电压不能突变的特性，正好可以用来承担滤波的任务。

单相半波整流电容滤波电路如图 8-8(a)所示。图中滤波电容 C 与负载电阻 R_L 并联。

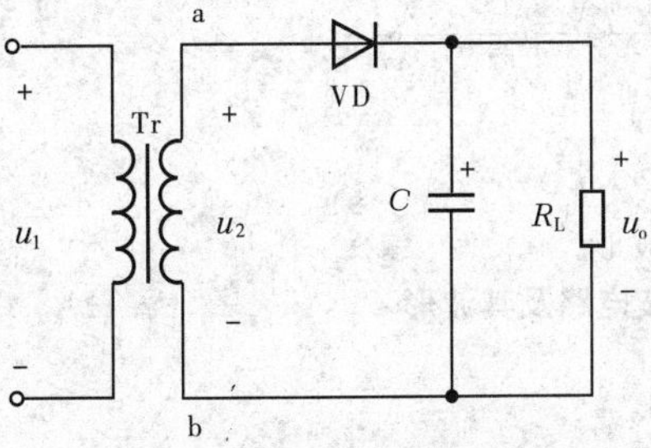

(a)单相半波整流电容滤波电路

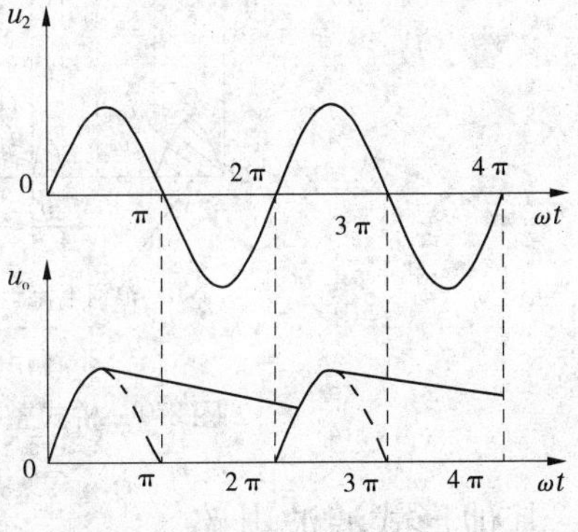

(b)单相半波整流电容滤波波形

图 8-8　单相半波整流电容滤波电路及波形

当变压器二次电压 u_2 为正半周时，二极管 VD 导通，通过二极管的电流一部分流入负载 R_L，另一部分对电容 C 充电，使电容两端建立起电压 u_c。由于充电回路的电阻很小（主要为二极管的正向导通电阻与变压器次级绕组电阻），u_c 几乎跟随交流电压 u_2 同时达到最大值。u_2 达到最大值后开始下降，出现 u_2 小于 u_c，使二极管承受反向电压而截止。于是电容

C 通过负载 R_L 放电，由于 R_L 一般较大，所以放电较慢。在交流电源电压 u_2 进入负半周时，二极管更加截止，电容 C 的放电电流继续流过 R_L，因此 R_L 上的输出电压 u_o 不为零。直到下一个周期到来，u_2 由零又向最大值上升，当 u_2 上升到大于 u_c 时，二极管 VD 又重新导通，电容 C 又重新充电，如此周而复始不断循环，使负载获得如图 8-8(b)所示的电压波形 u_o。由此可见，电路在一个周期内滤波电容器 C 充放电各一次。

带电容滤波的单相桥式整流电路的工作原理，如图 8-9(a)所示。它是在桥式电路输出端与负载电阻 R_L 并联一个较大的电容 C，构成电容滤波电路。

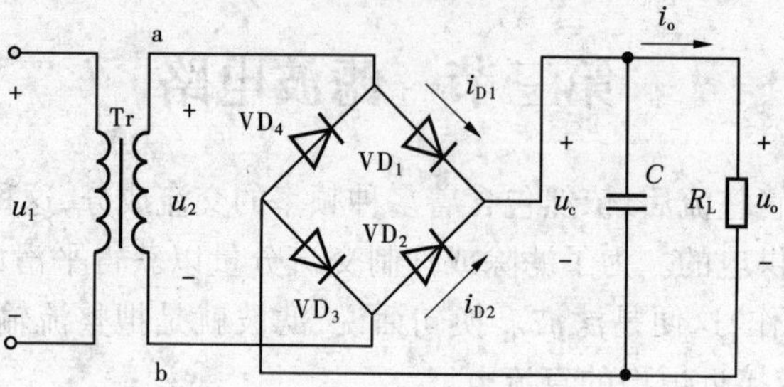

(a)电路

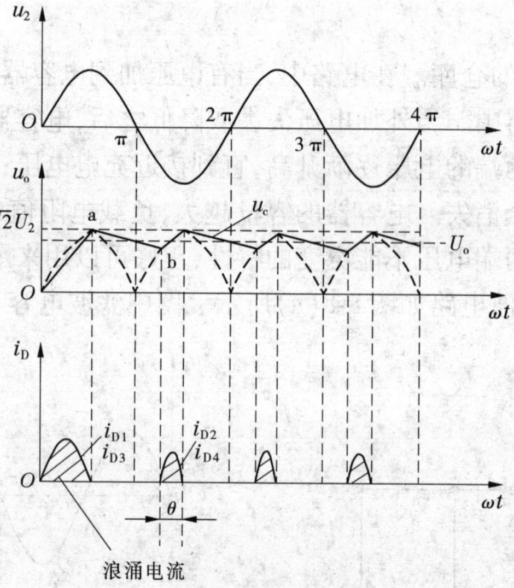

(b)电压、电流波形

图 8-9　桥式整流电容滤波电路及其波形

二、其他形式滤波电路

(一)电感滤波电路

电感滤波电路如图 8-10 所示，即在整流电路与负载电阻 R_L 之间串联一个电感器 L。交流电压 u_2 经桥式整流后变成脉动直流电压，其中既含有各次谐波的交流分量，又含有直流分量。对于直流分量，电感 L 的感抗 $X_L=0$，电感相当于短路，所以直流分量基本上都降在电阻 R_L 上；对于交流分量，谐波频率越高，电感感抗越大，因而交流分量大部分降在电感 L 上。这样，在输出端即可得到较平滑的电压波形。

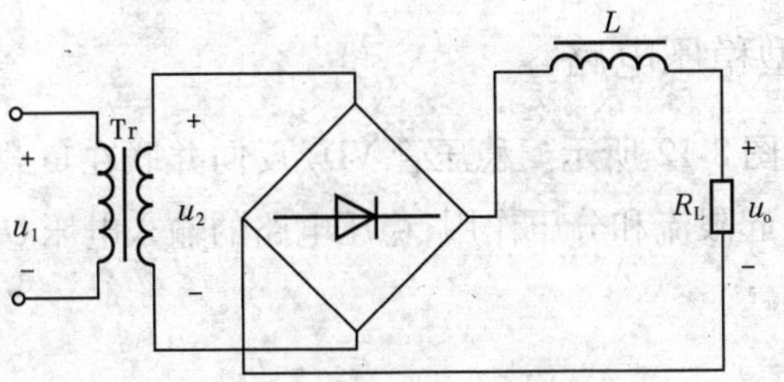

图 8-10　单相桥式整流电感滤波电路

与电容滤波相比，电感滤波的特点是：

(1)二极管的导电角较大(大于180°)，是因为电感 L 的反电动势使二极管导电角增大，峰值电流很小，输出特性较平坦。

(2)输出电压没有电容滤波的高。当忽略电感线圈的电阻时，输出的直流电压与不加电感时一样，为 $U_o = 0.9U_2$。负载改变时，对输出电压的影响也较小。因此，电感滤波适用于负载电压较低、电流较大以及负载变化较大的场合。它的缺点是制作复杂、体积大、笨重，且存在电磁干扰。

(二)复合滤波电路

单独使用电容或电感构成的滤波电路，滤波效果不够理想。为了满足较高的滤波要求，常采用由电容和电感组成的 LC、Π 型 LC 滤波等复合滤波电路，电路形式如图 8-11(a)和图 8-11(b)所示。这两种滤波电路适用于负载电流较大，要求输出电压脉动较小的场合。在负载较轻时，经常采用电阻替代笨重的电感，构成如图 8-11(c)所示的 Π 型 RC 滤波电路，同样可以获得脉动很小的输出电压。但电阻对交、直流均有压降和功率损耗，故只适用于负载电流较小的场合。

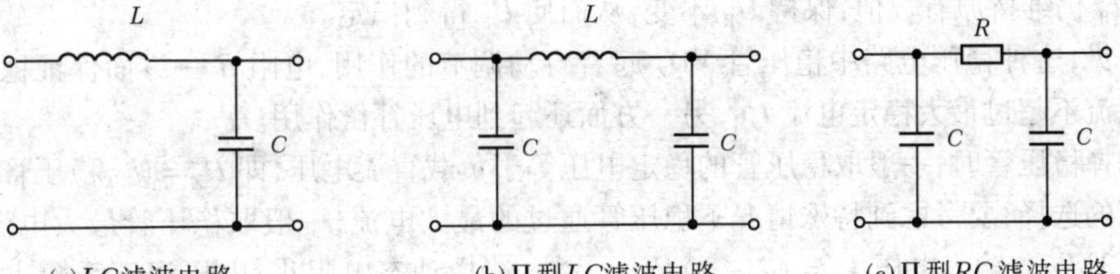

(a)LC滤波电路　(b)Π 型LC滤波电路　(c)Π 型RC滤波电路

图 8-11　复合滤波电路

第四节　稳压电路

经过整流和滤波后的直流电压往往会随交流电源电压的波动和负载的变化而变化，而大多数电子产品和控制系统都需要持续稳定的直流电压，因此为了稳定输出直流电压，通常在整流滤波电路后加入稳压电路。

直流稳压电路的类型很多，常用的有稳压管并联型稳压电路、串联型稳压电路、三端集成稳压电路和开关型稳压电路。

一、稳压管并联型稳压电路

稳压管稳压电路如图 8-12 所示。稳压管 VD_Z 反向并联在负载电阻 R_L 两端，且工作在反向击穿状态。电阻 R 起限流和分压作用，稳压电路的输入电压 U_i 来自整流滤波电路的输出电压。

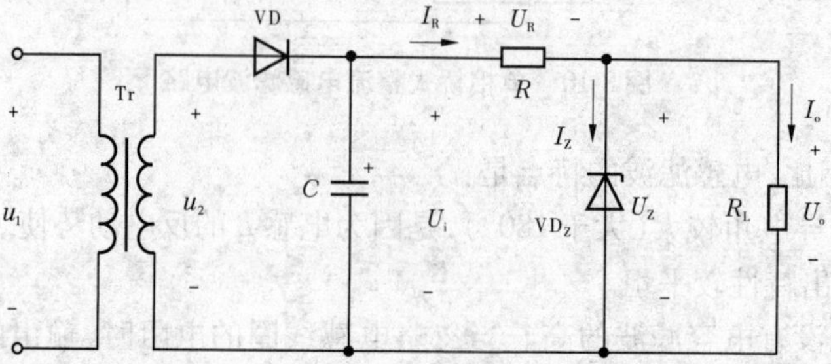

图 8-12 硅稳压管稳压电路

稳压管稳压电路的工作原理如下：

当输入电压 U_i 波动时，会引起输出电压 U_o 波动。如 U_i 升高将引起 $U_o = U_Z$ 随之升高，这会导致稳压管的电流 I_Z 急剧增加，因此电阻 R 上的电流 I_R 和电压 U_R 也跟着迅速增大，U_R 的增大抵消了 U_i 的增加，从而使输出电压 U_o 基本上保持不变。这一自动调压过程可表示如下：

$$U_i \uparrow \rightarrow U_o \uparrow \rightarrow I_Z \uparrow \rightarrow I_R \uparrow \rightarrow U_R \uparrow \rightarrow U_o \downarrow$$

反之，当 U_i 减小时，U_R 相应减小，仍可保持 U_o 基本不变。

当负载电流 I_o 变化引起输出电压 U_o 发生变化时，同样会引起 I_Z 的相应变化，使得 U_o 保持基本稳定。如当 I_o 增大时，I_R 和 U_R 均会随之增大而使 U_o 下降，这将导致 I_Z 急剧减小，使 I_R 仍维持原有数值，保持 U_R 不变，从而使 U_o 得到稳定。

可见，这种稳压电路中稳压管 VD_Z 起着自动调节的作用，电阻 R 一方面保证稳压管的工作电流不超过最大稳定电流 I_{ZM}，另一方面还起到电压补偿作用。

选择稳压管时，一般取稳压管的稳定电压等于负载直流电压，即 $U_Z = U_o$，稳压管最大稳定电流的选择，要考虑到特殊情况下稳压管通过的最大电流，一般取稳压管最大电流 $I_{ZM} \geqslant (1.5 \sim 3) I_{omax}$，输入电压 $U_i = (2 \sim 3) U_o$。另外，选择动态电阻小、电压温度系数小的稳压管，有利于提高电压的稳定度。

二、串联型稳压电路

硅稳压管稳压电路虽很简单，但受稳压管最大稳定电流的限制，负载电流不能太大。另外，输出电压不可调且稳定性也不够理想。若要获得稳定性高且连续可调的输出直流电压，可以采用由三极管或集成运算放大器所组成的串联型直流稳压电路。

（一）电路的组成

串联型三极管稳压电路如图 8-13 所示。

整个电路由四部分组成：

(1) 取样环节：由 R_1、R_P、R_2 组成的分压电路构成。它将输出电压 U_o 分出一部分作为取样电压 U_f 送到比较放大环节。

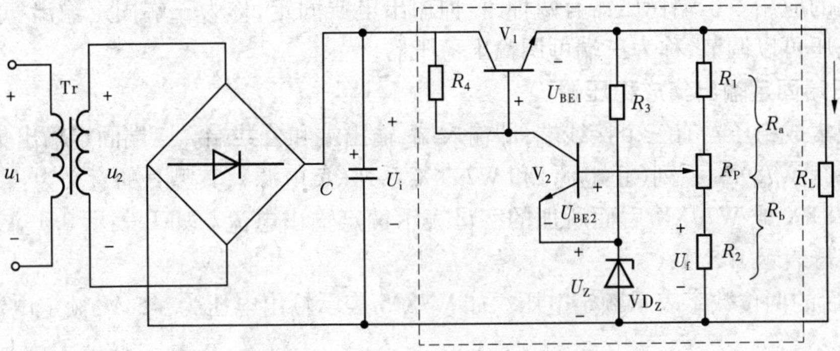

图 8-13　串联型三极管稳压电路

(2)基准电压环节:由稳压二极管 VD_Z 和电阻 R_3 构成的稳压电路组成。它为电路提供一个稳定的基准电压 U_Z,作为调整、比较的标准。

设 V_2 发射结电压 U_{BE2} 可以忽略,则

$$U_f = U_Z = \frac{R_b}{R_a + R_b}U_o \tag{8-11}$$

或

$$U_o = \frac{R_a + R_b}{R_b}U_Z \tag{8-12}$$

用电位器 R_P 即可调节输出电压 U_o 的大小,但 U_o 必定大于或等于 U_Z。

(3)比较放大环节:由 V_2 和 R_4 构成的直流放大电路组成。它的作用是将取样电压 U_f 与基准电压 U_Z 之差放大后去控制调整管 V_1。

(4)调整环节:由工作在线性放大区的功率管 V_1 组成。V_1 的基极电流 I_{B1} 受比较放大电路输出的控制,它的改变又可使集电极电流 I_{C1} 和集、射电压 U_{CE1} 改变,从而达到自动调整稳定输出电压的目的。

(二)工作原理

电路的工作原理如下:

当输入电压 U_i 或输出电流 I_o 变化引起输出电压 U_o 增加时,取样电压 U_f 相应增大,使 V_2 管的基极电流 I_{B2} 和集电极电流 I_{C2} 随之增加,V_2 管的集电极电位 U_{C2} 下降,因此 V_1 管的基极电流 I_{B1} 下降,I_{C1} 下降,U_{CE1} 增加,U_o 下降,从而使 U_o 保持基本稳定。这一自动调压过程可以表示如下:

$$U_o\uparrow \rightarrow U_f\uparrow \rightarrow I_{B2}\uparrow \rightarrow I_{C2}\uparrow \rightarrow U_{C2}\downarrow \rightarrow I_{B1}\downarrow \rightarrow U_{CE1}\uparrow \rightarrow U_o\downarrow$$

同理,当输入电压 U_i 或输出电流 I_o 变化引起输出电压 U_o 降低时,调整过程相反,U_{CE1} 将减小使 U_o 保持基本不变。从以上调整过程可以看出,该电路是依靠电压负反馈来稳定输出电压的。

三、三端集成稳压器

由分立组件组成的直流稳压电路需要外接不少元件,因而体积大,使用不便。集成稳压器是将稳压电路的主要元件甚至全部元件制作在一块硅基片上的集成电路,由于三端式稳压器只有三个引出端子,具有体积小、价格低廉、使用方便、性能稳定、工作可靠等特点,因而

得到了广泛的应用。三端稳压器有两种,一种输出电压固定,称为三端固定输出稳压器;另一种输出电压可以调节,称为三端可调输出稳压器。

(一)三端固定输出集成稳压器

三端型集成稳压器有三个接线端,即输入端、输出端和公共端。三端固定输出集成稳压器通用产品有 W78XX 系列(正电源)和 W79XX 系列(负电源),其型号的意义为:

(1)W78XX 或 W79XX 后面所加的字母表示额定输出电流。如 L 表示 0.1 A,M 表示 0.5 A,无字母表示 1.5 A;

(2)最后的两位数字表示额定电压。如 W7805 表示输出电压为 +5 V,额定电流为 1.5 A。

图 8-14 所示为 W78XX 和 W79XX 系列稳压器的外形和管脚排列图。

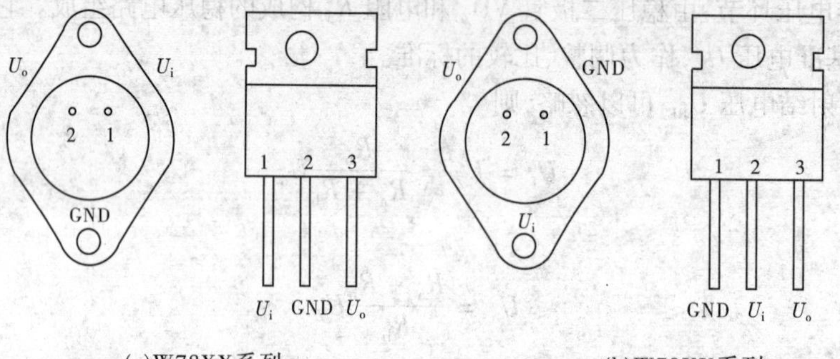

图 8-14 W78XX 和 W79XX 系列三端稳压器的外形和管脚排列图

1. 基本电路应用电路

图 8-15 是 W7800 系列集成稳压器输出固定电压的稳压电路。输入端的电容 C_2 用来抵消其较长接线的电感效应,防止产生自激振荡(接线不长时可以不用),C_2 一般在 0.1 ~ 1 μF。输出端的电容 C_3 用来改善暂态响应,使瞬时增减负载电流时不致引起输出电压有较大的波动,削弱电路的高频噪声,C_3 一般为 1 μF。

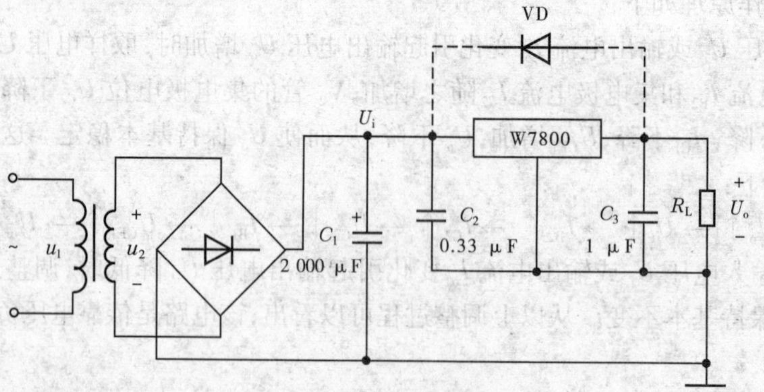

图 8-15 输出固定电压的稳压电路

W7900 系列输出固定负电压稳压电路,其工作原理及电路的组成与 W7800 系列基本相同。实际应用中,可根据负载所需电压及电流的大小选择不同型号的集成稳压器。

若输出电压比较高,应在输入端与输出端之间跨接一个保护二极管 VD,如图 8-15 中的虚线所示。其作用是在输入端短路时，使输出通过二极管放电，以保护集成稳压器内部的调整管。输入直流电压 U_i 的值应至少比 U_o 高 3 V。

2. 提高输出电压的电路

如果实际需要的直流电压超过集成稳压器的电压数值，可外接一些元件提高输出电压，如图 8-16 所示电路。图中 R_1、R_2 为外接电阻，R_1 两端的电压为集成稳压器的额定电压 U_{oo}，R_1 上流过的电流 $I_{R1}=\dfrac{U_{oo}}{R_1}$，集成稳压器的静态电流为 I_Q。

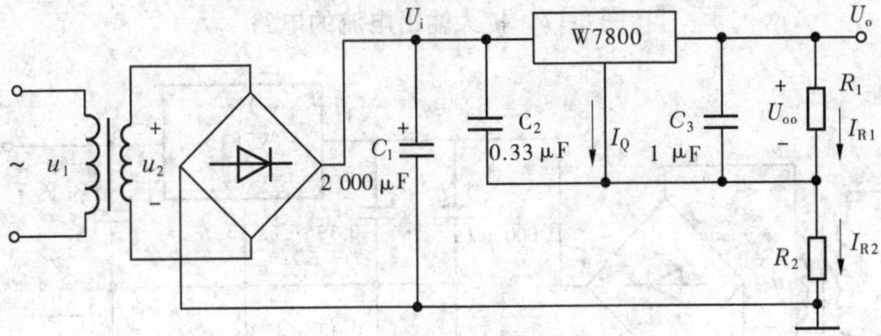

图 8-16 提高输出电压的电路

可以看出

$$I_{R2} = I_{R1} + I_Q \tag{8-13}$$

稳压电路的输出电压为

$$U_o = U_{oo} + I_{R1}R_2 + I_QR_2 = \left(1+\frac{R_2}{R_1}\right)U_{oo} + I_QR_2 \tag{8-14}$$

由于 I_Q 一般很小，$I_{R2} \gg I_Q$，因此输出电压为

$$U_o \approx \left(1+\frac{R_2}{R_1}\right)U_{oo} \tag{8-15}$$

由此可以看出，改变外接电阻 R_1、R_2 可以提高输出电压。

3. 扩大输出电流的电路

三端集成稳压器的输出电流有一定的限制，例如 1.5 A、0.5 A 或 0.1 A。当负载所需电流大于现有三端稳压器的输出电流时，可以通过外接功率管的方法来扩大输出电流，其电路如图 8-17 所示。图中 I_3 为稳压器公共端电流，其值很小，可以忽略不计，所以 $I_1=I_2$，则可得

$$I_o = I_2 + I_C = I_2 + \beta(I_1 - I_R) \approx (1+\beta)I_2 + \beta\frac{U_{BE}}{R} \tag{8-16}$$

式中，β 为功率管的电流放大系数，I_C 为功率管的集电极电流。设 $U_{BE}=-0.3$ V，$\beta=10$，$R=0.5\ \Omega$，$I_2=1$ A，则可由上式计算出 $I_o=5$ A，可见 I_o 比 I_2 扩大了。电阻 R 的作用是使功率管在输出电流较大时才能导通，其阻值可按下式确定

$$R = \frac{-U_{BE}}{I_1 - I_C/\beta} \tag{8-17}$$

4. 输出正、负电压的电路

将 W78XX 系列和 W79XX 系列稳压器组成如图 8-18 所示的电路，可以输出正、负电压。

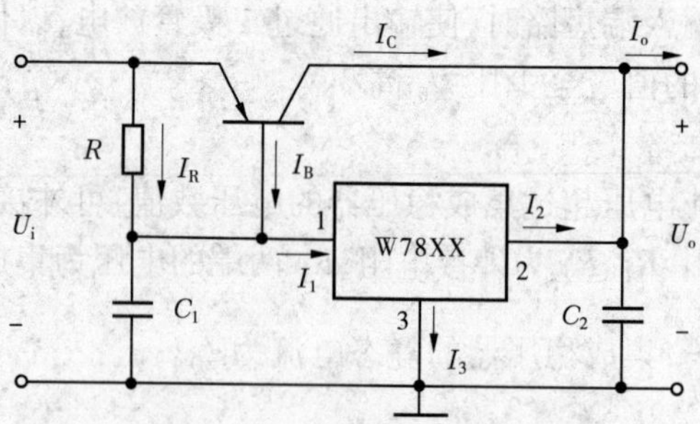

图 8-17　扩大输出电流的电路

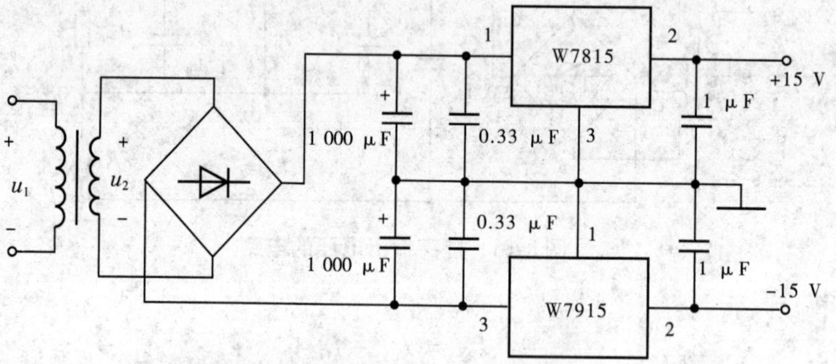

图 8-18　可输出正、负电压的电路

(二)三端可调输出集成稳压器

三端可调输出集成稳压器是在三端固定输出集成稳压器的基础上发展起来的,集成片的输入电流几乎全部流到输出端,流到公共端的电流非常小,因此可以用少量的外部元件方便地组成精密可调的稳压电路,应用更为灵活。可调式三端稳压器种类很多,常用的是 CW117 和 CW137 系列,前者输出连续可调正电压 1.25 ~ 37 V,后者输出连续可调负电压 -1.25 ~ -37 V,它们的基准电压 U_{REF} 为 1.25 V,输出额定电流为 0.1 A、0.5 A 或 1.5 A。图 8-19 为 CW117、CW137 的外形和管脚排列图。

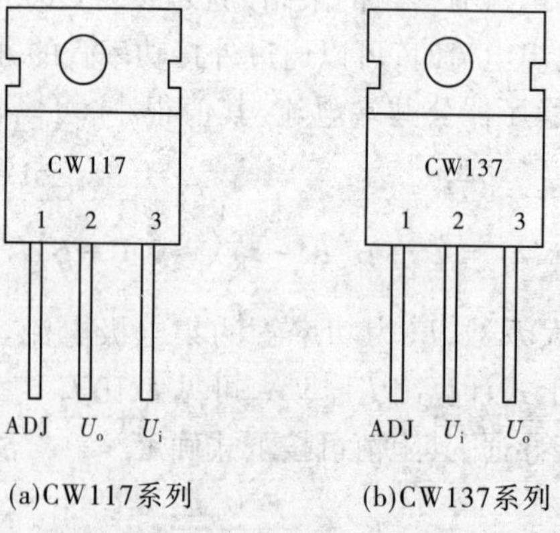

(a)CW117系列　　(b)CW137系列

图 8-19　三端可调输出集成稳压器的外形和管脚排列图

图 8-20 为三端可调输出集成稳压器的基本应用电路。为防止输入端发生短路时,C_4 向稳压器反向放电而损坏,故在稳压器两端反向并一只二极管 VD_1。VD_2 则是为防止输出端发生短路时,C_2 向调整端放电可能损坏稳压器而设置的。C_2 可减小输出电压的纹波。

R_1、R_P 构成取样电路，可通过调节 R_P 来改变输出电压的大小。

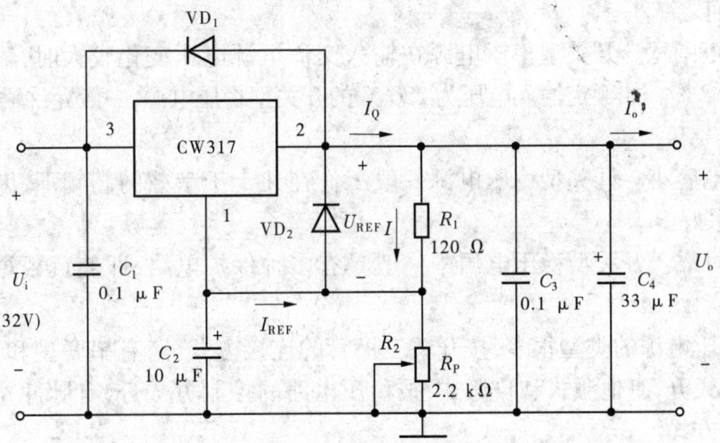

图 8-20　三端可调输出集成稳压器的基本应用电路

其输出电压的大小可表示为

$$U_o = \frac{U_{REF}}{R_1}(R_1 + R_2) + I_{REF}R_2 \tag{8-18}$$

由于基准电流 $I_{REF} \approx 50\ \mu A$，可以忽略，基准电压 $U_{REF} = 1.25\ V$，所以

$$U_o \approx 1.25\left(1 + \frac{R_2}{R_1}\right) \tag{8-19}$$

可见，当 $R_2 = 0$ 时，$U_o = 1.25\ V$；当 $R_2 = 2.2\ k\Omega$ 时，$U_o \approx 24\ V$。

为保证电路在负载开路时能正常工作，R_1 的选取很重要。由于元件参数具有一定的分散性，实际运用中可选取静态工作电流 $I_Q = 10\ mA$，于是 R_1 可确定为

$$R_1 = \frac{U_{REF}}{I_Q} = \frac{1.25}{10 \times 10^{-3}} = 125(\Omega) \tag{8-20}$$

取标称值 120 Ω，若 R_1 的取值太大，会使输出电压偏高。

第五节　开关式稳压电源

前述线性集成稳压器有很多优点，使用也很广泛。但是由于调整管必须工作在线性放大区，管压降比较大，同时要通过全部负载电流，所以管耗大，电源效率低，一般为 40% ~ 60% 。特别是在输入电压升高、负载电流很大时，管耗会更大，不但电源效率低，同时使调整管的工作可靠性降低。开关稳压电源的调整管工作在开关状态，依靠调节调整管导通时间来实现稳压。由于调整管主要工作在截止和饱和两种状态，管耗很小，故稳压电源的效率明显提高，可达 80% ~90% ，而且几乎不受输入电压大小的影响。由于效率高，使得电源体积小、质量轻。它的主要缺点是输出电压中含有较大的纹波。

开关型稳压电源有以下特点：

(1)损耗小、效率高。开关型稳压电源的调整管工作在开关状态，因此管耗小、效率高，通常效率可达 80% ~90% 。

(2)体积小、质量轻。开关型稳压电源发热少，因此调整管只需加较小的散热片，同时

由于一般开关型稳压电源直接采用220 V交流电源整流而不需电源变压器，使得质量大为减轻，体积也随之减小。

(3)稳压范围宽。开关型稳压电源在输入交流电源电压变化较大时，输出直流电压的波动一般小于2%。如额定输入电压为220 V的开关型稳压电源，一般允许输入电压在130～260 V变化。

(4)滤波电容小。开关型稳压电源一般工作在几十千赫兹的高频下，因此所需滤波电容小，滤波效果好。

(5)安全可靠。开关型稳压电源中一般具有多种保护电路，即使负载短路也能可靠保护。

开关型稳压电源的类型很多，按开关三极管的连接方式分，有串联型和并联型；按稳压电路的启动方式分，有他激式和自激式；按稳压电路的控制方式分，有脉冲宽度调整方式和脉冲频率调整方式。

一、串联开关电源

图8-21所示为串联型开关稳压电路的基本组成框图。

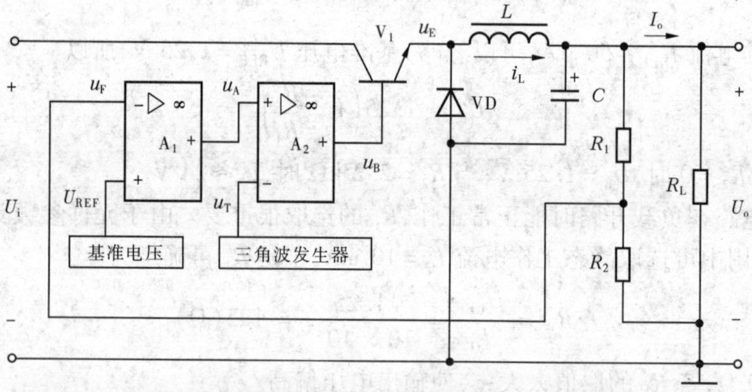

图8-21 串联型开关稳压电路的基本组成框图

图8-21中，V_1为开关调整管，它与负载R_L串联，VD为续流二极管，L、C构成滤波器，R_1、R_2组成取样电路，A_1为误差放大器、A_2为电压比较器，它们与基准电压源、三角波发生器组成开关调整管的控制电路。误差放大器用来放大输出端的取样电压u_F与基准电压U_{REF}的差值，其输出电压u_A送到电压比较器A_2的同相输入端。三角波发生器产生一频率固定的三角波电压u_T，它决定了电源的开关频率。u_T送至电压比较器A_2的反相输入端与u_A进行比较，当$u_A > u_T$时，电压比较器A_2输出电压u_B为高电平；当$u_A < u_T$时，电压比较器A_2输出电压u_B为低电平。u_B控制开关调整管的导通和截止。u_A、u_T、u_B波形如图8-22(a)、(b)所示。

电压比较器A_2输出电压为高电平时，调整管V_1饱和导通，若忽略饱和压降，则$u_E \approx U_i$，二极管VD承受反向电压截止，通过电感L向R_L提供负载电流。由于电感自感电动势的作用，电感中的电流i_L随时间线性增长，L同时存储能量，$i_L > I_o$后继续上升，C开始被充电，U_o略有增大。电压比较器A_2输出电压u_B为低电平时，调整管截止，$u_E \approx 0$。因电感L产生相反的自感电动势，使二极管VD导通，于是电感中储存的能量通过VD向负载释放，

使负载 R_L 中继续有电流流过，所以将 VD 称为续流二极管。这时 i_L 随时间线性下降，当 $i_L < I_o$ 后，C 开始放电，U_o 略有下降。u_E、i_L、u_o 波形如图 8-22(c)、(d)、(e)所示。由此可见，虽然调整管工作在开关状态，但由于二极管 VD 的续流作用和 L、C 的滤波作用，仍可获得平稳的直流电压输出。

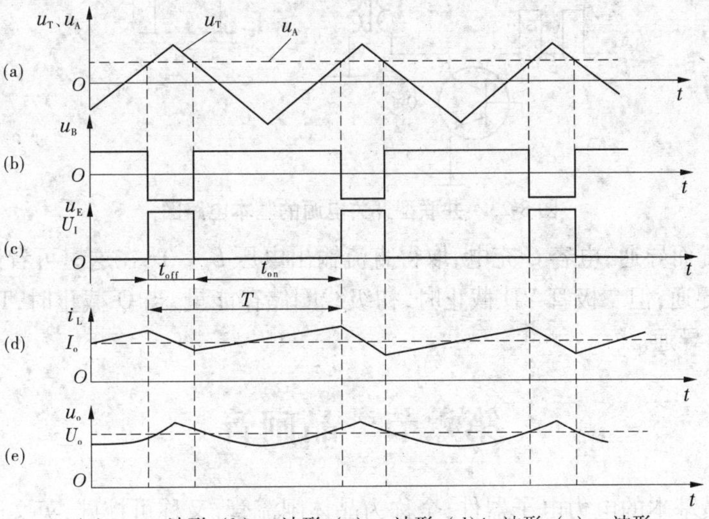

(a)u_T、u_A 波形；(b)u_B 波形；(c)u_E 波形；(d)i_L 波形；(e)u_o 波形

图 8-22　开关稳压电源的电压、电流波形

开关调整管的导通时间为 t_{on}，开关的转换周期为 T，$T = t_{on} + t_{off}$，它取决于三角波电压 u_T 的频率。输出电压的平均值为

$$U_o \approx \frac{U_i}{T}t_{on} = DU_i \tag{8-21}$$

式中，$D = t_{on}/T$ 称为脉冲波形的占空比。上式表明，U_o 正比于脉冲占空比 D，调节 D 就可以改变输出电压的大小，在闭环情况下，电路能根据输出电压的大小自动调节调整管的导通和关断时间，维持输出电压的稳定。

二、并联开关电源

并联型开关电源是现在用得最多的电源，电脑显示器、彩电等均采用并联型开关电源，所以了解其工作原理，掌握其电路特点是每个电子人员所必需的。

图 8-23 是并联型开关电源的最基本电路图，Q 为开关输出管，Tr 为脉冲变压器，VD 为整流二极管，C 是滤波电容，R_L 为负载电阻，因开关管 Q 与输入直流电压 E_1 并接，所以属于并联型开关电路。

脉冲变压器耦合开关电路有正向激励和反向激励两种形式。正向激励方式是开关管导通期间，次级脉冲整流二极管也导通，而在截止期间，开关管 Q 与二极管 VD 都截止。反向激励方式是开关管导通期间 VD 截止，而 Q 截止期间 VD 导通。该电路的工作过程与行输出电路类似，开关脉冲信号加至晶体管 Q 的基极。当输入脉冲为正时，Q 饱和，此时初级线圈上的电压特性为上正下负，次级感应电压则是上负下正，VD 反偏截止；当 Q 基极输入负脉冲时，晶体管 Q 截止，Q 的集电极电位上升为高电平，此时 Tr 的次级感应电压是上正下

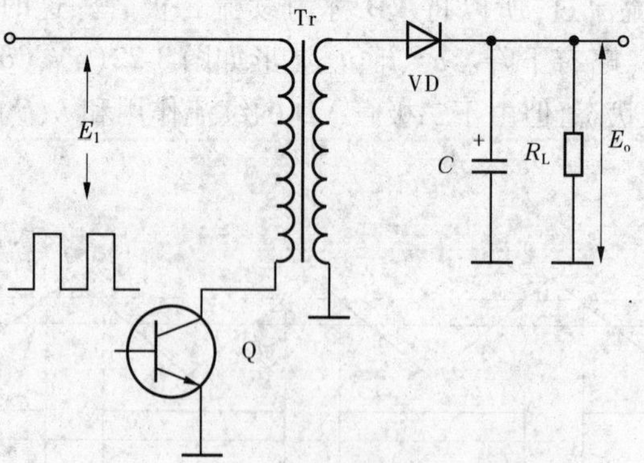

图 8-23　并联型开关电源的基本电路图

负，VD 正向偏置而导通，电容 C 充电，取得直流输出电压 E_o。Tr 在这里可看做储能元件，当开关晶体管 Q 导通，但二极管 VD 截止时，初级线圈储存能量，当 Q 截止时，Tr 则释放能量，此时二极管 VD 导通。

第六节　晶闸管

晶闸管是最基本的电力电子器件，全称为晶体闸流管，又称可控硅，英文简称 SCR，是一种“以小控大”的功率（电流）型器件。它的特点是体积小、质量轻、耐高压、容量大、效率高、控制灵敏、使用寿命长等，主要用于可控整流、逆变、调压调速、无触点开关等方面。它的主要缺点是过载能力和抗干扰能力差，控制电路比较复杂等。

一、晶闸管的结构与工作原理

（一）普通晶闸管结构

晶闸管内部结构示意图、符号和外形如图 8-24 所示。从晶闸管内部结构示意图可以看出，它由 PNPN 四层半导体交替叠合而成，中间形成三个 PN 结。阳极 A 从上端 P 区引出，阴极 K 从下端 N 区引出，又在中间 P 区上引出控制极（或称门极）G。晶闸管中通过阳极的电流比控制极中的电流大得多，所以一般晶闸管控制极的导线比阳极和阴极的导线要细，在通过大电流时，都要带上散热片。

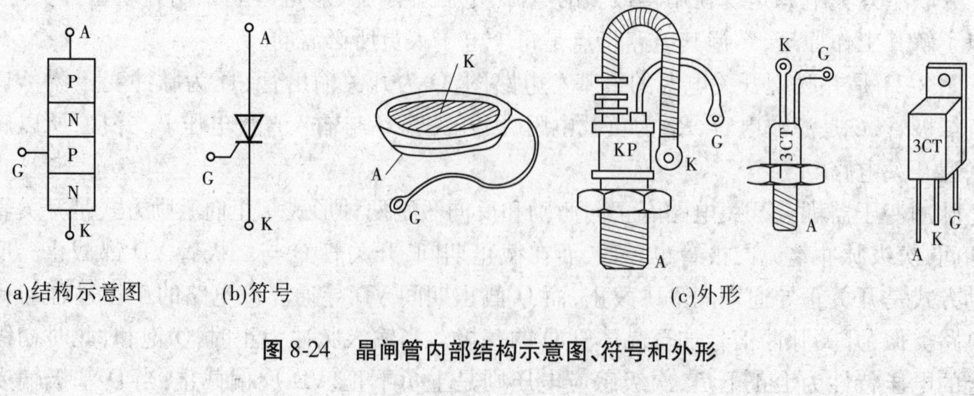

图 8-24　晶闸管内部结构示意图、符号和外形

(二)晶闸管导通和关断原理

图8-25所示的晶闸管的导通试验,可以反映出晶闸管的导通条件及关断方法。图8-25中,晶闸管阳极经灯泡接电源正极,阴极接电源负极。当控制极不加电压时,灯泡不亮,说明晶闸管没有导通。如果在控制极上加正电压,即图8-25(b)中合上开关S,则灯亮,说明晶闸管导通。然后将开关S断开,如图8-25(c)所示,去掉控制极上的电压,灯继续亮。若要熄灭灯,可以减小阳极电流,或阳极加负电压,如图8-25(d)所示。通过这些试验可得出以下结论:

(1)晶闸管导通的条件是在阳极和阴极之间加正向电压,同时控制极和阴极之间加适当的正向电压(实际工作中,控制极加正触发脉冲信号)。

(2)导通以后的晶闸管,控制极就失去作用。要使其关断必须在阳极上加反向电压或将阳极电流减小到足够小的程度(维持电流 I_H 以下)。

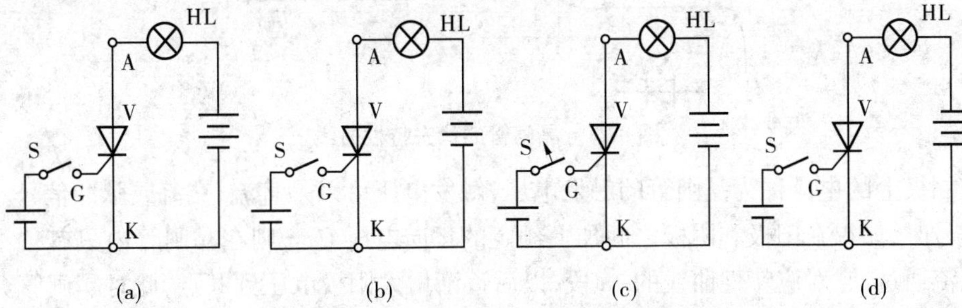

图8-25 晶闸管的导通试验示意图

晶闸管的上述特性可以用图8-26来解释。因为晶闸管具有三个PN结,所以可以把晶闸管看成由一只NPN型三极管与一只PNP型三极管组成,在阳极A和阴极K之间加上正向电压以后,V_1、V_2两只三极管因为没有基极电流,所以三极管中均无电流通过。此时若在V_1管的基极G(即晶闸管的控制极)加上正向电压,使基极产生电流I_G,此电流经晶体管V_2放大以后,在V_1的集电极上就产生$\beta_1 I_G$电流,又因为V_1的集电极就是V_2的基极,所以经过V_2再次放大,在V_2集电极上的电流达到$\beta_2\beta_1 I_G$。而此电流重新反馈到V_1基极,又一次被V_1放大,如此反复下去,V_1与V_2之间因为强烈的正反馈,两只三极管迅速饱和导通。此时,它的压降1 V左右。以后由于V_1基极上已经有正反馈电流,所以即使去掉V_1基极G上的正向电压,V_1与V_2仍能继续保持饱和导通状态。

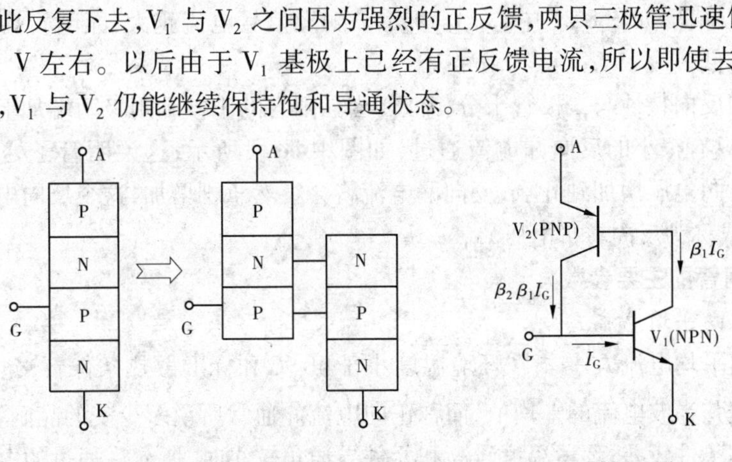

(a)结构分解示意图 (b)等效电路

图8-26 晶闸管结构分解示意图和等效电路图

二、晶闸管的伏安特性及主要参数

(一)晶闸管的伏安特性

晶闸管的伏安特性即阳极和阴极之间电压 U_{AK} 与阳极电流 I_A 的关系曲线,如图 8-27 所示。

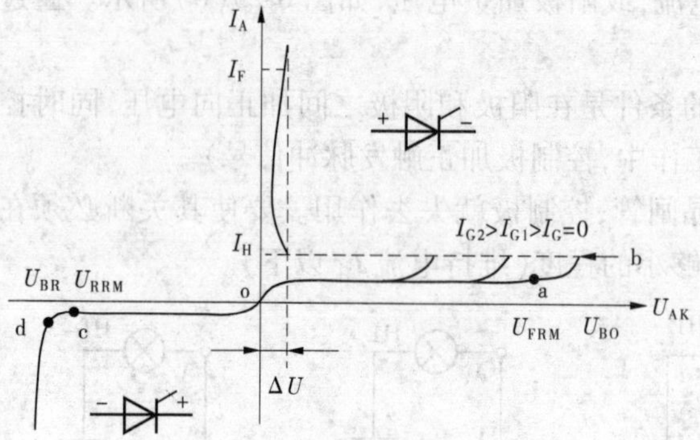

图 8-27 晶闸管的伏安特性曲线

控制极上的电压称为晶闸管的触发电压,触发电压可以是直流、交流或脉冲信号。在无触发信号时,如果在阳极和阴极之间加上额定的正向电压 U_{AK},则在晶闸管内只有很小的正向漏电流通过,它对应特性曲线的 oa 段,以后逐渐增大阳极电压到 b 点,此时晶闸管会从阻断状态突然转向导通状态。b 点所对应的阳极电压称为无触发信号时的正向转折电压(或称"硬开通"电压),用 U_{BO}表示。晶闸管导通后,阳极电流 I_A 的大小就由电路中的阳极电压和负载电阻来决定。如果晶闸管上实际承受的阳极电压大于"硬开通"电压,就会使晶闸管的性能变坏,甚至损坏晶闸管。在工作时这种导通是不允许的。

晶闸管导通后,减小阳极电流 I_A,并使 $I_A < I_H$,晶闸管会突然从导通状态转向阻断状态。在正常导通时,阳极电流必须大于维持电流 I_H。

当晶闸管的控制极上加上适当大小的触发电压 U_G(触发电流 I_G)时,晶闸管的正向转折电压会大大降低,如图 8-27 中 I_{G1}、I_{G2}所示。触发信号电流越大,晶闸管导通的正向转折电压就降得越低。

晶闸管的反向特性与二极管十分相似。当晶闸管的阳极和阴极两端加上不太大的反向电压时,管中只有很小的反向漏电流通过,如图中 oc 段所示,这说明管子处在反向阻断状态。如果把反向电压增加到 d 点,反向漏电流将会突然急剧增加,这个反向电压称为反向击穿电压 U_{BR}(或称为反向转折电压)。

(二)晶闸管的主要参数

1. 额定正向平均电流 I_F

额定正向平均电流 I_F 是指在环境温度小于 40 ℃和标准散热条件下,允许连续通过晶闸管的工频正弦半波电流的平均值,简称正向电流。通常所说多少安的晶闸管,就是指这一电流。当散热条件较差、环境温度较高和元件导通角较小时,所允许通过的电流要降低。由于晶闸管的过载能力比一般电磁元件差,因而在选择晶闸管时,其通态平均电流 I_F 应为安装处实际通过的最大平均电流的 1.5 ~2 倍,使其有一定的安全余量。

2. 维持电流 I_H

维持电流 I_H 是指在控制极开路和规定环境温度下，维持晶闸管导通的最小阳极电流。当晶闸管正向电流小于维持电流 I_H 时，会自行关断。

3. 触发电压 U_G 和触发电流 I_G

触发电压 U_G 和触发电流 I_G 是指在室温时，晶闸管上加 6 V 直流电压的条件下，使晶闸管从关断到完全导通所需的最小控制极直流电压和电流。一般 U_G 为 1 ~ 5 V，I_G 为几十到几百毫安。

4. 正向转折电压 U_{BO}

正向转折电压 U_{BO} 是指在额定结温和控制极开路条件下，晶闸管从关断转为导通的正弦半波正向电压峰值。

5. 正向重复峰值电压 U_{FRM}

在控制极断路和晶闸管正向阻断的条件下，可以重复加在晶闸管两端的正向峰值电压，称为正向重复峰值电压。一般取 U_{FRM} 为正向转折电压 U_{BO} 的 80%。

6. 反向电压峰峰值 U_{RRM}

反向电压峰峰值 U_{RRM} 是指在额定结温和控制极断开时，可以重复加在晶闸管两端的反向峰值电压，用 U_{RRM} 表示。按规定此电压为反向转折电压 U_{BR} 的 80%。

三、晶闸管整流电路

可控整流电路是利用晶闸管的单向导电可控特性，把交流电变成大小能控制的直流电的电路，通常称为主电路。在单相可控整流电路中，最简单的是单相半波可控整流电路，应用最广泛的是单相桥式半波可控整流电路。

（一）单相半波可控整流电路

1. 电路组成

单相半波可控整流电路如图 8-28(a) 所示。它与单相半波整流电路相比较，所不同的只是用晶闸管代替了整流二极管。

2. 工作原理

单相半波可控整流电路的工作原理如下。

接上电源，在电压 u_2 正半周开始时，如果电路中 a 点为正，b 点为负，对应在图 8-28(b) 的 α 角范围内。此时晶闸管 V 两端具有正向电压，但是由于晶闸管的控制极上没有触发电压 u_G，因此晶闸管不能导通。

经过 α 角度后，在晶闸管的控制极上加上触发电压 u_G，如图 8-28(b) 所示。晶闸管 V 被触发导通，负载电阻中开始有电流通过，在负载两端出现电压 u_o，如图 8-28(b) 所示。在 V 导通期间，晶闸管压降近似为零。α 角称为控制角（又称移相角），是晶闸管阳极从开始承受正向电压到出现触发电压 u_G 之间的角度。改变 α 角度，就能调节输出平均电压的大小。α 角的变化范围称为移相范围。通常要求移相范围越大越好。

经过 π 以后，u_2 进入负半周，此时电路 a 端为负，b 端为正，晶闸管 V 两端承受反向电压截止，所以 $i_o = 0$，$u_o = 0$。在第二个周期出现时，重复以上过程。晶闸管导通的角度称为导通角，用 θ 表示。由图 8-28(b) 可知 $\theta = \pi - \alpha$。

3. 输出平均电压

当变压器次级电压为 $u_2=\sqrt{2}U_2\sin\omega t$ 时，负载电阻 R_L 上的直流平均电压可以用控制角 α 表示，即

$$U_o=\frac{1}{2\pi}\int_{\alpha}^{\pi}\sqrt{2}U_2\sin\omega t\mathrm{d}(\omega t)=\frac{\sqrt{2}U_2}{2\pi}(1+\cos\alpha)=0.45U_2\frac{1+\cos\alpha}{2} \qquad (8\text{-}22)$$

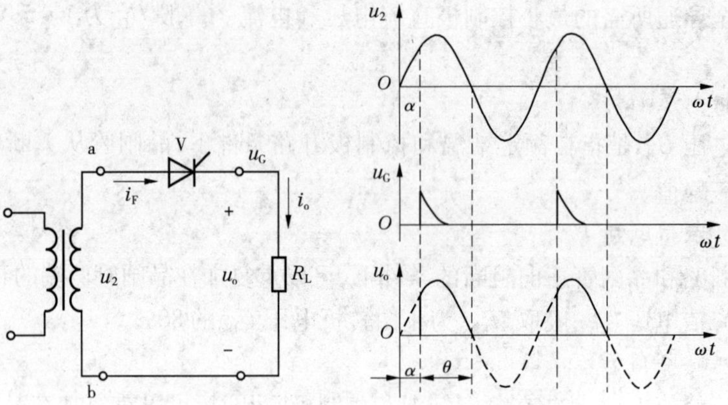

(a)电路图　　　　　　(b)波形图

图 8-28　单相半波可控整流电路和波形

由上式可以看出，当 $\alpha=0(\theta=\pi)$ 时，晶闸管在正半周全导通，$U_o=0.45U_2$，输出电压最高，相当于二极管单相半波整流电压。当 $\alpha=\pi$ 时，$U_o=0$，这时 $\theta=0$，晶闸管全关断。

根据欧姆定律，负载电阻 R_L 中的直流平均电流为

$$I_o=\frac{U_o}{R_L}=0.45\frac{U_2}{R_L}\cdot\frac{1+\cos\alpha}{2} \qquad (8\text{-}23)$$

此电流即为通过晶闸管的平均电流。

(二)电感性负载与续流二极管

电感性负载可用电感元件 L 和电阻元件 R 串联表示，如图 8-29 所示。晶闸管触发导通时，电感元件中存储了磁场能量，当 u_2 过零变负时，电感中产生感应电势，晶闸管不能及时关断，造成晶闸管的失控。

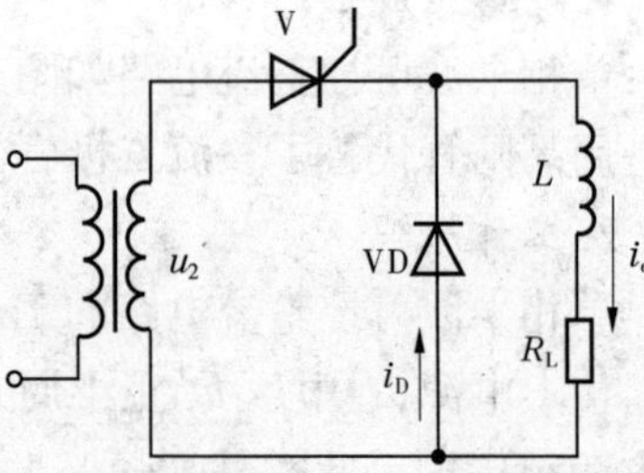

图 8-29　电感性负载与续流二极管

为了防止这种现象的发生，必须采取相应措施。通常是在负载两端并联二极管 VD(见图 8-29)来解决。当交流电压 u_2 过零值变负时，感应电动势 e_L 产生的电流可以通过这个二极管形成回路。因此，这个二极管称为续流二极管。这时 VD 的两端电压近似为零，晶闸管因承受反向电压而关断。有了续流二极管以后，输出电压 u_D 的波形就和电阻性负载时一样。

小　结

电子设备通常都需要有直流电源供电。直流电源的获得有各种方式，其中最常用的是由交流电网电压转换为直流电压。为此，就要通过整流、滤波、稳压等环节来实现。一个高

质量的直流电源,它的输出电压应该基本不受电网波动、负载变化和温度高低等因素的影响,脉动和噪声的成分较小,而且由交流转换成直流的效率较高。

(1)利用二极管的单向导电性原理将交流电转换成脉动的直流称为整流。最简单的整流电路是半波整流电路,但其输出电压太低,输出电压波形脉动成分太高。桥式整流就可以提高输出电压和改善波形。

(2)滤波是利用电容两端电压不能突变或电感中电流不能突变的特性来实现的。最简单的滤波形式是将电容和负载并联,或者将电感和负载串联。前者适用于小负载电流,后者适用于大负载电流的情况。将二者结合起来并且接成多级 *LC* 型滤波,能使脉动成分降得更低。在负载电流不大的情况下,还可以利用阻容滤波的形式。

(3)经过滤波后的直流电压较为平滑,但仍不稳定,还要加稳压环节。最简单的是稳压管稳压电路,最常用的是串联型稳压电路,这种电路引入了电压负反馈,可使输出电压比较稳定,又能够根据需要加以调节。随着集成电路的发展,已生产出多种单片集成稳压电路,三端集成稳压器就是应用比较广泛的一种。

(4)为了调高转换效率,可以使调整管工作在开关状态,组成开关型稳压电源。

(5)晶闸管是一种新颖的半导体器件,晶闸管的导通条件是阳极与阴极之间加正向电压,控制极与阴极之间加正向触发电压,其导通方向是由阳极到阴极。

实训十一　直流稳压电源的调整与测试

一、实训目的

(1)加深对直流稳压电源工作原理的理解,熟练掌握电路元器件的选择方法。

(2)熟悉三端固定稳压器的型号、参数及其应用。

(3)掌握直流稳压电源的设计方法与步骤。

(4)掌握直流稳压电源的测试方法。

二、实训内容与要求

(一)电路设计条件

(1)输入交流电压:220 V ±10%,50 Hz。

(2)输出直流电压:12 V。

(3)输出电流:0 ~500 mA。

(4)电压调整率 $S_U \leq 10$ mV。

(5)内阻:$R_o < 0.1\ \Omega$。

(6)纹波电压峰值: <5 mV。

(二)电路设计要求

(1)选择电路形式,画出电路原理图;

(2)制作印制电路板;

(3)选择电路元件的型号和参数,并列出材料清单;

(4)拟定调试内容及步骤,画出测试电路及记录表。

（三）电路安装

按照安装布线图在 PCB 板上插装元器件，并检查有无错接、漏接和接触不良之处，焊接元件。

（四）调整与测试

在直流稳压电源通电测试前，必须认真对安装电路进行下列检查：

（1）对电源变压器的绝缘电阻进行检测，以防止变压器漏电，危及人身安全。用兆欧表测量一、二次绕组之间，各绕组与接地屏蔽之间，以及绕组与铁芯之间的绝缘电阻，其值不小于1 000 MΩ。

（2）电源变压器的一次和二次绕组不能弄错，否则将会造成变压器损坏或电源故障。

（3）三端稳压器的输入、输出和公共端一定要识别清楚，不能接错。公共端不能开路，一旦开路，输出电压 U_o 很可能接近 U_i，导致负载损坏。

（4）二极管的引脚和滤波电容器的极性不能接反，否则将会损坏元器件。

（5）检查负载端不能有短路现象。

直流稳压电源的调整与测试一般分三步进行，即空载检查测试、加载检查测试和质量指标测试。下面以图 8-30 所示电路为例说明调整与测试步骤。

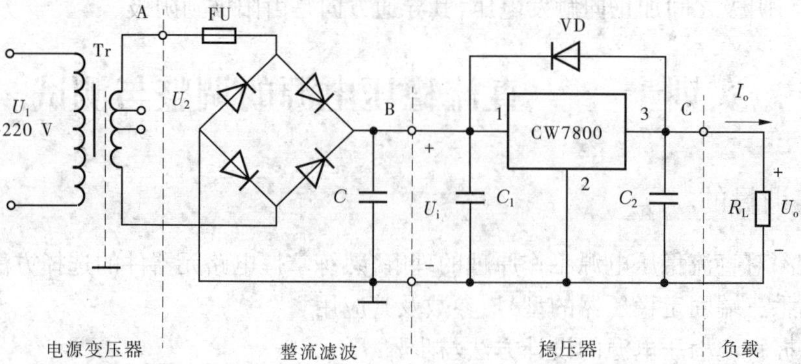

图 8-30　固定输出集成直流稳压电源电路

1. 空载检查测试

（1）将图 8-30 中的 A 点断开，接通 220 V 交流电压，用万用表交流电压挡测量变压器二次侧交流电压，其值应符合设计值。若偏高或偏低，则可通过改变电源变压器的抽头进行调整。然后检查变压器的温升，若变压器短期通电后温度明显升高，则说明变压器质量比较差，不能使用。

（2）将图 8-30 中的 A 点接通，B 点断开，并接通 220 V 交流电压，观察电路有无异常现象，如整流二极管是否发烫等，然后用万用表直流挡测整流滤波电路输出的直流电压 U_i，其值应接近 $1.4U_2$。否则应断开 220 V 交流电压，检查电路，消除故障后再进行通电测试。

（3）B 点电压测量正常后，应断开负载 R_L，接通 B 点后再接通 220 V 交流电压，测量稳压器的输出电压 U_o，其值应为设计值，且变化范围应符合设计要求。否则应切断电源进行检查，消除故障后再进行通电测试。

2. 加载检查测试

上述检查符合要求后，则稳压电路工作基本正常，此时可接上额定负载 R_L 并调节输出电压，使其为额定值，测量 U_2、U_i、U_o 的大小，观察其是否符合设计值（此时 U_2、U_i 的测量值要比空载测量值略小，且 $U_i \approx 1.2U_2$，而 U_o 基本不变)，并根据 U_i、U_o 及负载电流 I_o 核算电路功耗是否小于规定值。然后用示波器观察 B 点和 C 点的纹波电压，若纹波电压过大，则应检查滤波电容是否接好，容量是否偏小或是否失效。

三、质量指标测量

(1)电压调整率 S_U 的测量。

采用普通万用表直流电压挡测量，利用小量程电压挡进行差值测量，方法如图 8-31 所示。图中，U_Q 为基准电压，可由稳定度比较高的直流电源供给。调节 U_Q 使它与直流稳压电源的输出电压 U_o 近似相等，然后用万用表直流电压小量程挡即可测出 U_o 的变化。为了调节交流输入电压，直流稳压电源输入端可接一个自耦变压器，如图 8-32 所示。

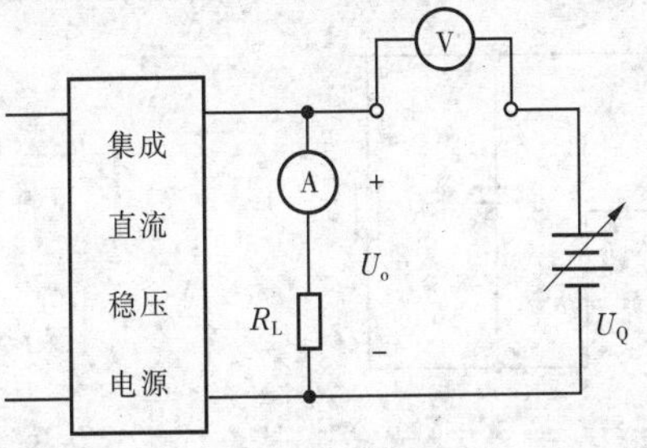

图 8-31 用差值法测量 ΔU_o 的电路

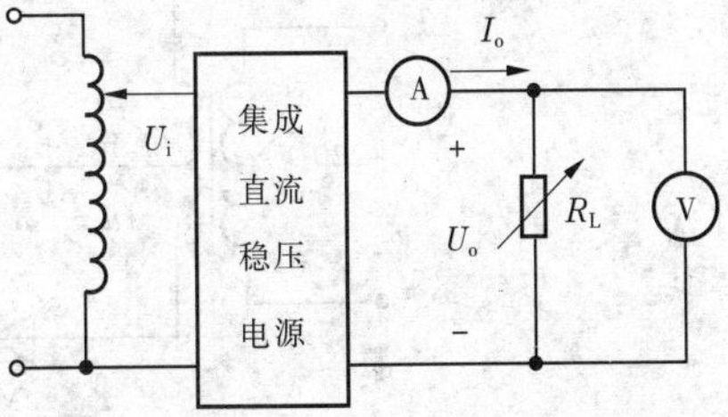

图 8-32 S_U 的测量电路

调节自耦变压器使 U_1 等于 220 V，并调节稳压电源及负载 R_L 使 I_o、U_o 为额定值，然后调节自耦变压器，分别使 U_1 为 242 V、198 V，并测出两者对应的输出电压 U_o，即可求得变化量 ΔU_o，将较大者代入下式：

$$S_U = \frac{\Delta U_o / U_o}{\Delta U_i} \times 100\% \Bigg|_{\Delta I_o = 0, \Delta T = 0}$$

可得到该电路的电压调整率 S_U。

(2)电流调整率 S_I 及输出电阻 R_o 的测量。

使 U_i 为 220 V 并保持不变，分别测量负载电流为零和额定值时的输出电压，将对应的输出电压变化量 ΔU_o 和负载电流变化量 ΔI_o 代入下面的式子：

$$S_I = (\Delta U_o / U_o) \times 100\% \Big|_{\Delta I_o = I_{omax}, \Delta T = 0, \Delta U_i = 0}$$

$$R_o = -\frac{\Delta U_o}{\Delta I_o}\Bigg|_{\Delta T = 0, \Delta U_i = 0}$$

即可求得 S_i 和 R_o。

(3)纹波电压的测量。

使 U_i 为 220 V 并保持不变，在额定输出电压、输出电流的情况下，用示波器测出输出电压中纹波电压的峰值。

四、撰写调整与测试报告

报告主要内容有：目的、要求、电路元器件的选择和参数估测，原理图和材料清单，调试内容和步骤，数据记录，调试结果整理分析等。

习 题

8-1 单相桥式整流电容滤波电路如图 8-9(a)所示，已知交流电源频率 $f=20$ Hz，$U_2=15$ V，$R_L=50\ \Omega$。试决定滤波电容的大小，并求出输出电压 U_o 及流过二极管的平均电流及各管承受的最高反向电压。

8-2 桥式整流电容滤波电路中，已知负载电阻 $R_L=20\ \Omega$，交流电源频率 $f=50$ Hz，要求输出电压 $U_o=12$ V，求变压器二次侧电压有效值 U_2，并选择整流二极管和滤波电容。

8-3 图 8-33 所示电路为变压器二次线圈有中心抽头的单相整流滤波电路，二次侧电压有效值为 U_2：

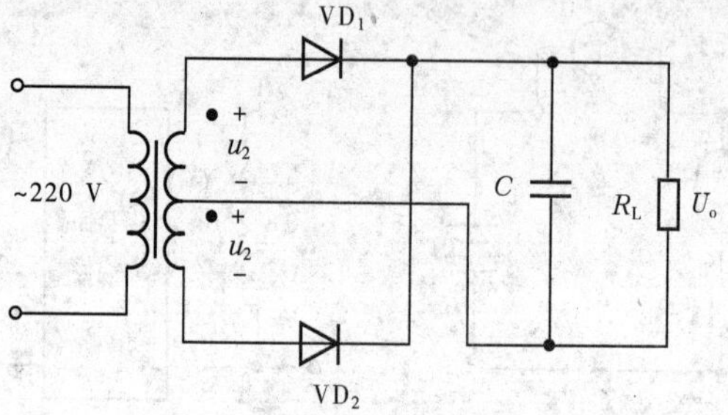

图 8-33

(1)标出负载电阻 R_L 上的电压 U_o 和滤波电容 C 的极性。

(2)分别画出无滤波电容和有滤波电容两种情况下输出电压 U_o 的波形。

(3)无滤波电容的情况下，二极管上所承受的最高反向电压 U_{Rm} 为多少？

(4)如果 VD_2 脱焊、极性接反、短路，电路会出现什么问题？

(5)如果变压器二次线圈中心抽头脱焊，这时会有输出电压吗？

8-4 电路如图 8-34 所示，说明各元器件的作用，并指出电路在正常工作时的输出电压。

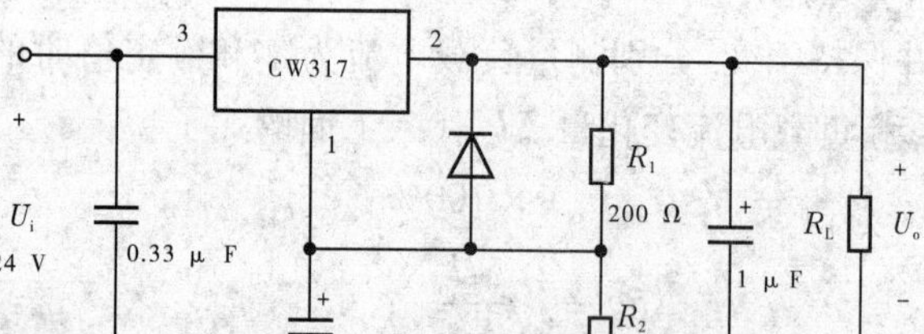

图 8-34

8-5 电路如图 8-35 所示，已知电流 $I_Q=50$ mA，求输出电压 U_o？

8-6 晶闸管与二极管和三极管相比有什么区别？

8-7 晶闸管导通的条件是什么？晶闸管导通后，通过管子阳极的电流大小由哪些因素决定？阻断时，承受的电压大小由什么决定？

8-8 有一电阻性负载，需要直流电压 60 V，电流 30 A，采用单相可控半波整流电路，220 V 供电，试计算晶闸管的导通角、电流的有效值和管子承受的最大正、反向电压。

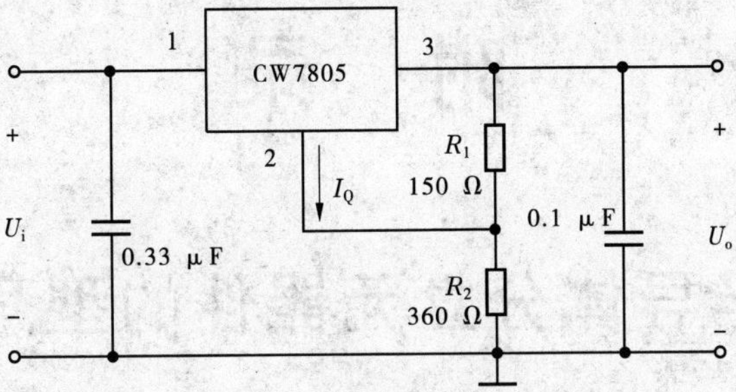

图 8-35

附 录

附录一 半导体分立元器件的型号命名方法

半导体器件一般是指除集成电路以外的半导体分立器件。在半导体发展的初期，各国的半导体器件的型号命名方法都比较混乱，后来为了半导体器件本身发展的需要和加强本国产品的竞争力，美国、中国、日本和欧洲等国家和地区均有比较统一的半导体器件型号命名方法。

随着电子技术的飞速发展，新型的半导体器件不断涌现，使得半导体器件的应用日益广泛，这里仅介绍几个国家、地区的半导体器件命名方法。

1. 我国半导体分立器件型号与符号的意义

我国半导体器件型号按国家标准 GB—249—89 规定的命名法命名，由五部分（场效应管、半导体特殊器件、复合管、PIN 管、激光器件的型号命名只有第三、四、五部分）组成，各部分意义如附表 1-1 所示。

附表 1-1　我国半导体器件型号各部分意义

第一部分		第二部分		第三部分				第四部分	第五部分
用数字表示器件的电极数目		用汉语拼音字母表示器件的材料和极性		用汉语拼音字母表示器件的类型				用数字表示器件的序号	用汉语拼音字母表示规范号
符号	意义	符号	意义	符号	意义	符号	意义		
2	二极管	A	N 型锗材料	P	普通管	D	低频大功率管 (f_a < 3 MHz, P_C > 1 W)		
		B	P 型锗材料	V	微波管	A	高频大功率管 (f > 3 MHz, P_C > 1 W)		
		C	N 型硅材料	W	稳压管	T	半导体晶闸管		
		D	P 型硅材料	C	参量管	Y	体效应器件		
3	三极管	A	PNP 型锗材料	Z	整流管	B	雪崩管		
		B	NPN 型锗材料	L	整流堆	J	阶跃恢复管		
		C	PNP 型硅材料	S	隧道管	CS	场效应器件		
		D	NPN 型硅材料	N	阻尼管	BT	半导体特殊器件		
		E	化合物材料	U	光电管	FH	复合管		
				K	开关管	PIN	PIN 管		
				X	低频小功率管 (f < 3 MHz, P_C < 1 W)	JG	激光管		
				G	高频小功率管 (f > 3 MHz, P_C < 1 W)				

例如：

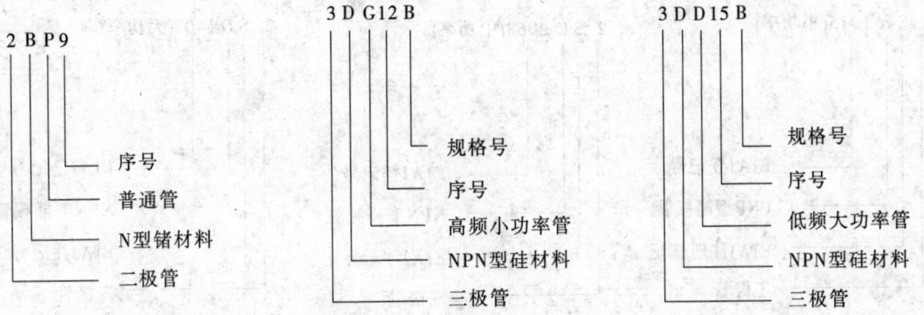

2. 日本半导体分立器件型号与符号的意义

日本半导体分立器件都是按照日本工业标准(JIS)规定的命名方法(JIS－C －702)命名的，由五部分组成，各部分含义如附表 1-2 所示。

附表 1-2　日本半导体器件型号与符号意义

第一部分		第二部分		第三部分		第四部分		第五部分	
用数字表示类型或有效电极数		S 表示日本电子工业协会注册产品		用字母表示器件的极性及类型		用数字表示在日本电子工业协会登记的顺序号		用字母表示对原来型号的改进产品	
符号	意义	符号	意义	符号	意义	符号	意义	符号	意义
0	光敏晶体管、光敏二极管及其复合器件	S	表示已经在日本电子工作协会(EIAJ)注册登记的半导体分立器件	A	PNP 型高频管	两位以上的整数	从“11”开始，表示在日本电子工业协会注册登记的顺序号。不同公司的性能相同的器件可以使用同一顺序号。其数字越大，越是近期产品	A B C D E F G H I	(1)用字母表示对原来型号的改进产品 (2)对于二极管，外形相同，电特性也相同的反极性二极管，在线和最后加上字母 R
1	二极管			B	PNP 型低频管				
2	三极管(或具有两个 PN 结的其他晶体管)			C	NPN 型高频管				
3	具有 4 个有效电极或具有 3 个 PN 结的其他器件			D	NPN 型低频管				
$n-1$	具有 n 个有效电极或具有 $n-1$ 个 PN 结的其他器件			F	P 控制极可控硅				
				G	N 控制极可控硅				
				H	N 基极单极晶体管				
				J	P 沟道场效应管				
				K	N 沟道场效应管				
				M	双向可控硅				

例如：

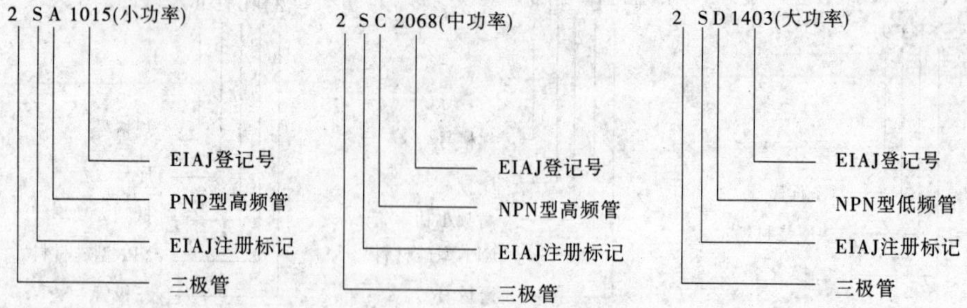

注：(1) 在实际应用中，三极管上只注明 A、B、C、D 等字样，省略 2S，例如 D1710、C2068、D1942 等。

(2) 材料、电气参数、封装方式等完全相同的三极管，只是 C、E 极互换位置，在三极管上注有 Y 字样，例如 C1815Y。

3. 美国半导体器件型号与符号的意义

美国晶体管或者其他半导体器件的命名方法较为混乱。美国电子工业协会半导体分立器件的命名是由五部分组成的，其组成部分的符号及其意义如附表 1-3 所示。

附表 1-3　美国半导体器件型号与符号意义

第一部分		第二部分		第三部分		第四部分		第五部分	
用符号表示器件用途的类型		用数字表示 PN 结数目		美国电子工业协会(EIA)注册标志		美国电子工业协会登记顺序号		用字母表示器件分档	
符号	意义	符号	意义	符号	意义	符号	意义	符号	意义
JAN	军级	1	二极管	N	该器件已经在美国电子工业协会(EIA)注册标志	多位数字	该器件在美国电子工业协会登记的顺序号	A	同一型号器件的不同档别
JANTX	军级	2	三极管					B	
JANTXV	军级	3	3 个 PN 结器件					C	
JANS	宇航级	*n*	*n* 个 PN 结器件					D	
(无)	非军用品								

例如：

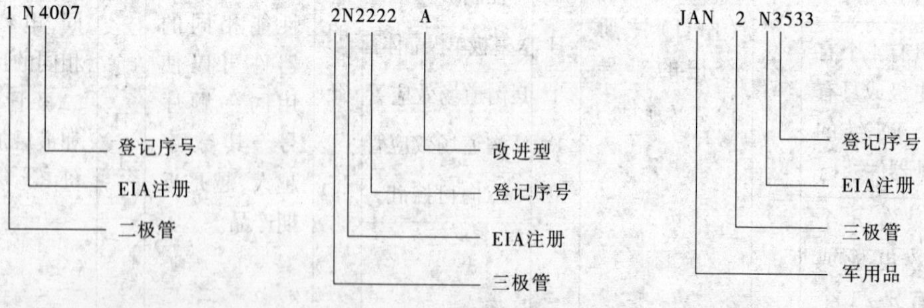

4. 国际电子联合会(欧洲)半导体器件型号与符号的意义

德国、法国、意大利、荷兰、比利时等欧洲国家以及匈牙利、南斯拉夫、波兰等东欧国家，大都采用国际电子联合会半导体分立器件的命名方法。这种命名由四部分组成,各部分的符号及意义如附表1-4所示。

附表1-4　国际电子联合会(欧洲)半导体器件型号与符号意义

第一部分		第二部分				第三部分		第四部分	
用字母表示器件使用的材料		用字母表示器件的类型及主要特征				用数字或字母加数字表示登记号		用字母对同一类型器件进行分档	
符号	意义	符号	意义	符号	意义	符号	意义	符号	意义
A	锗材料	A	检波、开关、混频二极管	M	封闭磁路中的霍尔元件	三位数字	代表通用半导体器件的登记序号	A	表示同一型号的器件按照某一参数进行分档
B	硅材料	B	变容二极管	P	光敏器件			B	
		C	低频小功率三极管	Q	发光器件			C	
		D	低频大功率三极管	R	小功率晶闸管			D	
C	砷化镓	E	隧道二极管	S	小功率开关管	一个字母加两个数字	表示专用半导体器件的登记序号	E	
		F	高频小功率三极管	T	大功率晶闸管				
D	锑化铟	G	复合器件及其他器件	U	大功率开关管				
		H	磁敏二极管	X	倍增二极管				
R	复合材料及光电材料	K	开放磁路中的霍尔元件	Y	整流二极管				
		L	高频大功率三极管	Z	稳压二极管				

注: 除上述四部分外,有时还加后缀,以区别特性或进一步分类。常见后缀如下:

(1)稳压二极管型号的后缀的第一部分是一个字母,表示稳定电压值的容许误差范围,字母A、B、C、D、E分别表示容许误差±1%、±2%、±5%、±10%、±15%;后缀的第二部分是数字,表示标称稳定电压的整数数值;后缀的第三部分是字母V,代表小数点,字母V之后的数字为稳压管标称稳定电压的小数值。

(2)整流二极管后缀是数字,表示器件的最大反向峰值耐压值,单位是伏特。

(3)晶闸管型号的后缀是数字,通常标出最大反向峰值耐压值和最大反向关断电压中数值较小的那个电压值。

例如:

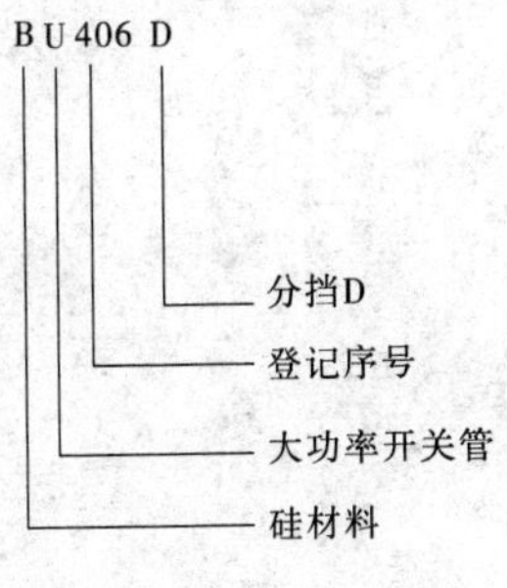

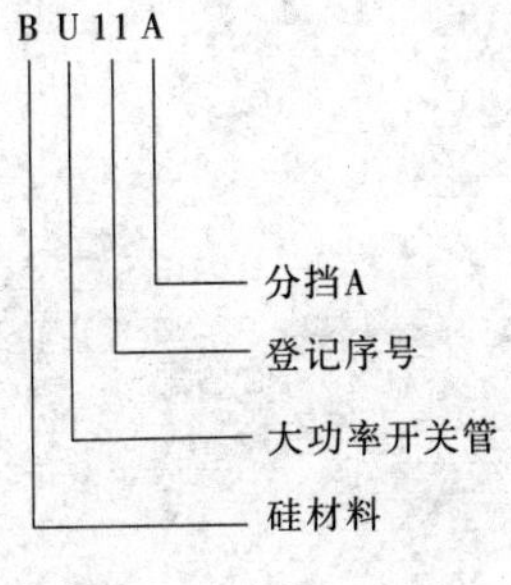

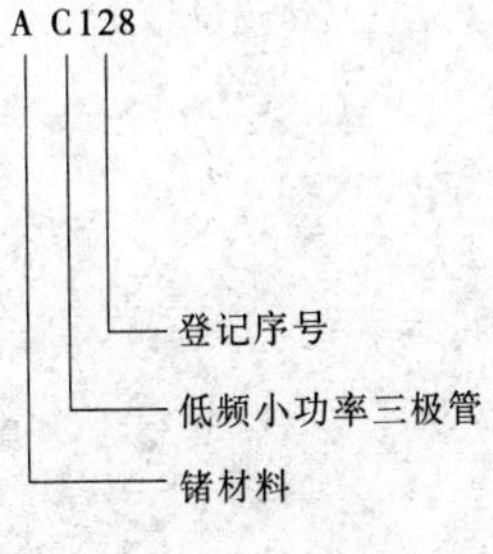

5. 晶闸管的型号

根据机械工业部部颁标准JB 1144—75规定,晶闸管的型号及其含义如下。

该标准适用于工频50 Hz,额定通态平均电流为1 A及1 A以上的KP系列普通晶闸管。例如KP10－20表示额定通态平均电流为10 A、正反向重复峰值电压为2 000 V的普通反向阻断型晶闸管;又如KP300－10D表示额定通态平均电流为300 A、正反向重复峰值电压为

1 000 V、D 阻通态平均电压是 0.7 V 的普通反向阻断型晶闸管。

KP 系列的正反向峰值电压级别如附表 1-5 所示。

附表 1-5　KP 系列的正反向峰值电压级别

正反向峰值电压(V)	100	200	300	400	500	600	700	800
级别	1	2	3	4	5	6	7	8
正反向峰值电压(V)	900	1 000	1 200	1 400	1 600	1 800	2 000	
级别	9	10	12	14	16	18	20	

KP 系列的通态平均电压级别如附表 1-6 所示。

附表 1-6　KP 系列的通态平均电压级别

通态平均电压 $U_{T(V)}$	≤0.4	0.4 ~ 0.5	0.5 ~ 0.6	0.6 ~ 0.7	0.7 ~ 0.8	0.8 ~ 0.9	0.9 ~ 1.0	1.0 ~ 1.1	1.1 ~ 1.2
级别	A	B	C	D	E	F	G	H	I

附录二　集成电路的型号命名方法

目前，集成电路发展很快，其型号不断更新，但是至今国际上对集成电路的型号的命名没有一个统一的标准，而是按各个公司和生产商自己的标准来命名。

1. 我国集成电路的型号命名方法

我国集成电路的型号命名方法先后由部颁标准（SJ611—1977）和国标（一）（GB 3431—82）、国标（二）（GB 3430—89）发布，如附表 2-1 所示。

附表 2-1　我国集成电路的型号命名方法

第零部分		第一部分				第二部分	第三部分		第四部分	
用字母表示器件符合国家标准		用字母表示器件类型				用阿拉伯数字和字符表示器件的系列和品种代号	用字母表示器件的工作温度范围		用字母表示器件的封装	
符号	意义	符号	意义	符号	意义		符号	意义	符号	意义
C	符合国家标准	T	TTL 电路	AD	A/D 转换器		C	0～70 ℃	F	多层陶瓷扁平
		H	HTL 电路	DA	D/A 转换器		G	-25～70 ℃	B	塑料扁平
		E	ECL 电路	D	音响		L	-25～85 ℃	H	黑瓷扁平
		C	CMOS 电路	SC	电视电路		E	-40～85 ℃	D	多层陶瓷双列直插
		M	存储器	SS	通信专用电路		R	-55～85 ℃	J	黑瓷双列直插
		M	微型机电路	SW	敏感电路		M	-55～125 ℃	P	塑料双列直插
		F	线性放大器		钟表				S	塑料单列直插
		W	稳压器						K	金属菱形
		B	非线性放大器						T	金属圆形
		J	化合物材料						C	陶瓷芯片载体
									E	塑料芯片载体
									G	网络陈列

2. 国外集成电路的型号命名方法

（1）日本松下公司的集成电路的型号命名方法如附表 2-2 所示。

（2）日本东芝公司的集成电路的型号命名方法如附表 2-3 所示。

（3）日本三洋公司的集成电路的型号命名方法如附表 2-4 所示。

（4）日本索尼公司的集成电路的型号命名方法如附表 2-5 所示。

（5）日本日立公司的集成电路的型号命名方法如附表 2-6 所示。

（6）国内外部分公司的集成电路的型号命名方法如附表 2-7 所示。

附表 2-2　日本松下公司的集成电路的型号命名方法

第一部分:类型		第二部分:应用范围		第三部分:序号	第四部分:封装形式或改进型		举例
字母	含义	数字	含义		字母	含义	
AN	模拟集成电路	10 ~ 19	运算放大器比较电路	用两位数字表示电路的序号	K	缩小型双列直插封装	AN5335、AN5862K
		20 ~ 25	摄像机电路				
		26 ~ 29	影碟机电路				
DN	数字集成电路	30 ~ 39	录像机电路		P	普通塑料封装	
		40 ~ 49	运算放大器电路				
		50 ~ 59	电视机电路				
MN	MOS 集成电路	60 ~ 64	录像机、音像电路		S	小型扁平封装	
		65	运算放大器及其他电路				
		66 ~ 68	工业电路及家用电器				
		69	比较器及其他电路				
OM	助听器电路	70 ~ 76	音响电路		N	改进型	
		78 ~ 80	稳压器电路				
		81 ~ 83	工业及家用电器				
		90	晶体管系列				

附表 2-3　日本东芝公司的集成电路的型号命名方法

第一部分		第二部分	第三部分		举例
字母	含义		字母	含义	
TA	双极线性	用数字表示电路型号数	A	改进型	TC9136P
TC	CMOS		C	陶瓷封装	TA8783AN
TD	双极数字		M	金属封装	TMP88P6232
TM	MOS		P	塑料封装	

附表 2-4　日本三洋公司的集成电路的型号命名方法

第一部分		第二部分	举例
字母	含义		
LA LB TC LM LE STK	单块双极线性 双极数字 CMOS MNNMOS PMOS,NMOS 厚膜	用数字表示电路型号数	LA7680AP LA7838 STK2656 STR－S6709A STR5413

附表 2-5　日本索尼公司的集成电路的型号命名方法

第一部分:类型		第二部分:型号数	第三部分:封装形式或改进型		举例
字母	含义		字母	含义	
CXA CXB CXD BX L PQ	双极性集成电路 双极性数字集成电路 MOS 集成电路 存储器 混合型集成电路 微处理器	用两位或三位数字表示电路的型号数	A D L M K Q S P	改进型 双列直插式陶瓷封装 单列直插式封装 小型扁平封装 无引线芯片载体 四列扁平封装 缩小型双列直插式封装 双列直插式塑料封装	CXA8071P CXD9620P CXA26106A

附表 2-6　日本日立公司的集成电路的型号命名方法

第一部分		第二部分		第三部分	第四部分		第五部分		举例
字母	含义	数字	含义		字母	含义	符号	含义	
HA HD HM HN	模拟电路 数字电路 存储器（RAM） 存储器（ROM）	11 12 13 14	高频用 高频用 音频用 音频用	用数字表示电路型号数	A	改进型	P	塑料	HA11215A HM0114

附表 2-7　国内外部分公司的集成电路的型号命名方法

符号	生产厂家	举例	符号	生产厂家	举例
TA	日本东芝公司	TA8690AN	BA	日本东洋电具公司	
LA	日本三洋公司	LA7680AP	DG	北京 878 厂	
HA	日本日立公司	HA11215A	FY	上海 8331 厂	
CA	美国 RCA 公司		SF	上海无线电 7 厂	
TBA TCA TDA	德律风根公司、飞利浦公司	TDA8361	FD	苏州半导体器件总厂	
			TB	天津半导体器件厂	
			μPC	日本电气公司	μPC1423CA
μA	美国仙童公司	μA741	LM	美国国家半导体公司	LM324
ULN	美国斯普拉格公司	ULA2204	M	日本三菱公司	M5043336 - 560SP
NE	美国德州仪器(TI)公司	NE5532	AN	日本松下公司	AN5612
MC	美国摩托罗拉公司	MC141628A	DBL	韩国大宇公司	DBL2054 - D
MAX	MAXIM 公司	MAX209	KA	韩国三星公司	KA3842

(7)集成稳压器型号及含义如下。

①三端固定输出集成稳压器含义。

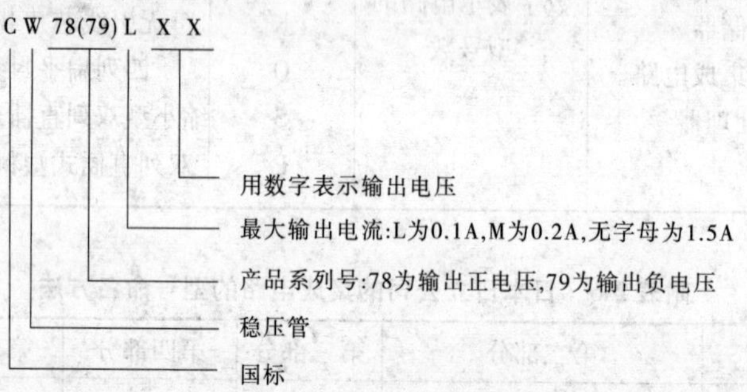

②三端可调输出集成稳压器含义。

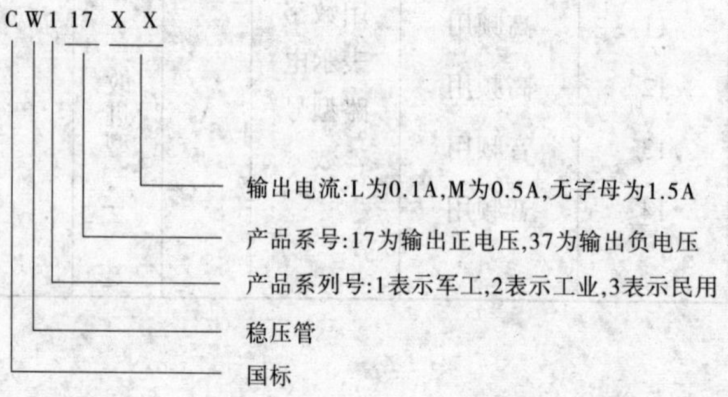

附录三　常见半导体器件的主要参数

对于常见的半导体器件,在这里仅简单介绍二极管、晶体三极管、场效应管等器件的一些主要参数。要正确使用,应注意查阅半导体器件参数手册和应用场合。

(1)二极管主要参数如附表 3-1 所示。

附表 3-1　二极管主要参数

类型	型号	主要电气参数					
		正向电流(mA)	反向电流(μA)	最大整流电流(mA)	反向击穿电压(V)	反向工作电压(V)	最高工作频率(MHz)
检波二极管	2AP9	5	≤200	8	≥20	10	100
	2AP10	5	≤40	8	≥35	10	100
类型	型号	主要电气参数					
		最高反向工作电压(V)	额定整流电流(mA)	最大正向压降(V)	反向电流(μA)	反向恢复时间(μs)	
整流二极管	1N4004	400	1	1.1	≤10		
	1N4007	1 000	1	1.1	≤10		
	1N5407	800	3	1.2	≤10		
	RU4D	1 300	1.5	1.8	10	0.4	
	RGP20M	1 000	2	1.3	10	0.45	
	FR152	100	1.5	1.3	10	0.15	
类型	型号	主要电气参数					
		稳定电压 U_Z(V)	稳定电流 I_Z(mA)	最大稳定电流 I_{ZM}(mA)	动态电阻 r_Z(Ω)	电压温度系数 C_{TV}(%℃)	耗散功率 P_Z(W)
稳压二极管	2CW55	6.2~7.5	10	33	≤15	≤0.06	0.25
	2CW140	13.5~17	30	170	≤25	≤0.10	3
	02Z6.2A	6.2	1.0		≤20		0.2
	1N5913B	3.3	113	432	10		1.5
类型	型号	主要电气参数					
		封装形式	平均整流电流(A)	最大V值时电流(A)	反向峰值电压(V)	反向恢复时间(ns)	结构特点
快恢复二极管	C20-04	5	70	400	400	单管	TO-220
	MUR1680A	16	100	800	35	共阳对管	TO-220
	MUR3040PT	30	300	400	35	共阴对管	TO-220
	MUR30100	30	400	1 000	35	共阳对管	TO-3P

续附表 3-1

类型	型号	主要电气参数					
		额定整流电流(A)	最大正向压降(V)	反向峰值电压(V)	反向恢复时间(ns)	结构特点	封装形式
肖特基二极管	D80-004	15	0.55	40	<10	单管	TO-3P
	D82-004	5	0.55	40	<10	共阴对管	TO-220
	MBR1545	15	0.7	45	<10	共阴对管	TO-220
	MBR2535	25	0.73	30	<10	共阴对管	TO-220

(2)常用晶体管的型号和参数如附表 3-2 所示。

附表 3-2 常用晶体管的型号和参数

型号	管型	主要参数					封装
		P_{CM}(W)	I_{CM}(A)	V_{CEO}(V)	f_T(MHz)	h_{EF}	
8050	NPN	1.0	1.5	25	100	85~500	TO-92
8550	PNP	1.0	1.5	-25	100	85~500	TO-92
9012	PNP	0.625	0.5	-20	100	64~202	TO-92
9013	NPN	0.625	0.5	20	100	64~202	TO-92
9014	NPN	0.45	0.1	45	150	60~150	TO-92
9015	PNP	0.45	0.1	45	150	60~150	TO-92
C1815	NPN	0.40	0.15	50	80	70~700	TO-92
BU406	NPN	60	7	200	10	≥10	TO-220
BU508A	NPN	75	7.5	700	3	≥8	TO-3P
BU806	NPN	60	8	200	10	≥100	TO-220
BUT11A	NPN	100	5	450	10	15~60	TO-220
C2068	NPN	1.5	0.05	300	75	30~200	F3-04B
D1403	NPN	50	6	800	3	8~30	TO-3P
D1555	NPN	50	5	1 500	3	8~30	TO-3P
MJ10003	NPN	150	10	400	5	30~300	TO-3
MJE13003	NPN	40	3.0	400	5	8~40	TO-220

注:D1555 经常用做彩电中行输出管,内部含阻尼二极管。

(3)场效应管型号和参数如附表 3-3 所示。

附表 3-3　场效应管型号和参数

型号	主要参数						封装
	最大漏极电流 I_D(V)	击穿电压 $V_{(BR)DDS}$(V)	漏源电阻 $V_{DS(on)}$(Ω)	栅极阈值电压 $V_{GS(th)}$(V)	下降时间 t_f(ns)	功率 P_D(W)	
2SK643	10	450	0.85	4		125	
2SK1250	20	500	0.35			100	TO－247
2SK793	5	850	2.5	3.5		125	TO－247
IRF830	4.5	500	1.5	4	230	75	TO－220
IRF450	13	500	0.4	4		150	TO－3
IRFP450	13	500	0.4	4		150	TO－3
MTP50N06	50	60	0.028			75	TO－220

(4)普通晶闸管(单向)型号和参数如附表 3-4 所示。

附表 3-4　普通晶闸管(单向)型号和参数

型号	参数					
	额定通态平均电流(A)	正反向重复峰值电压(V)	维持电流(mA)	门极触发电压(V)	门极触发电流(mA)	门极最大允许正向电压(V)
3CT1	1	3～3 000	20	2.5	20	10
3CT3	3	3～3 000	40	3.5	50	10
3CT5	5	3～3 000	40	3.5	50	10
3CT10	10	3～3 000	60	3.5	70	10
3CT20	20	3～3 000	60	3.5	70	10
MCR100－6	0.8	400	5	1.5	0.2	
MCR100－8	0.8	600	5	1.5	0.2	
KP1	1	50～1 600	实测值	≤2.5	≤20	10
KP5	5	100～2 000		≤3.0	≤60	10
KP10	10	100～2 000		≤3.0	≤100	10
KP20	20	100～2 000		≤3.0	≤100	10
KP50	50	100～2 400		≤3.0	≤200	10
KP100	100	100～3 000		≤3.5	≤250	10
KP200	200	100～3 000		≤3.5	≤250	10
KP500	500	100～3 000		≤4.0	≤350	10
KP800	800	100～3 000		≤4.0	≤450	10
KP1000	1 000	100～3 000		≤4.0	≤450	10

(5)双向晶闸管型号和参数如附表3-5所示。

附表3-5　双向晶闸管型号和参数

型号	参数											
	断态重复峰值电压(反向重复峰值电压)(V)	维持电流(mA)	控制极触发电压(V)				控制极触发电流(mA)				通态平均电流(A)	封装形式
			T2+ G-	T2+ G-	T2- G+	T2- G+	T2+ G-	T2+ G-	T2- G+	T2- G+		
C97A6MA6 C97A6MA8	600	8	1.5	4.5	1.5	1.8	6	6	6	15	1	TO-92
JST602 (BT134)	600	15	1.5	1.5	1.5	1.8	6	6	6	15	2	TO-126F TO-202
JST604 (BT136)	600	15	1.5	1.5	1.5	1.8	6	6	6	15	4	TO-220AB
JST608 (BT137)	600	50	1.5	1.5	1.5	—	25	25	25	—	8	TO-220AB
JST612 (BT138)	600	50	1.5	1.5	1.5	—	30	30	30	—	12	TO-220AB
JST616 (BTB16)	600	50	1.5	1.5	1.5	—	30	30	30	—	16	TO-220AB

参 考 文 献

[1] 康华光. 电子技术基础(模拟部分)[M].4 版.北京:高等教育出版社,2000.7.
[2] 章彬宏,吴青萍.模拟电子技术[M].北京:北京理工大学出版社,2008.1.
[3] 胡宴如. 模拟电子技术[M].2 版.北京:高等教育出版社,2004.2.
[4] 童诗白,华成英.模拟电子技术基础[M].3 版.北京:高等教育出版社,2001.
[5] 高文焕,刘润生.电子线路基础[M].3 版.北京:高等教育出版社,1997.
[6] 郑家龙,王小海,章安元.集成电子技术基础教程[M].北京:高等教育出版社,2002 .
[7] 陈大钦.模拟电子技术基础问答·例题·试题[M].武汉:华中理工大学出版社,1996.
[8] 孙肖子,张企民.模拟电子技术基础[M].西安:西安电子科技大学出版社,2001.
[9] 胡宴如.模拟电子技术[M].3 版.北京:高等教育出版社,2006.
[10] 吕国泰.电子技术[M].2 版.北京:高等教育出版社,2008.
[11] 康华光.电子技术基础(模拟部分)[M].5 版.北京:高等教育出版社,2006.
[12] 畅玉亮,张国光.电工电子学教程[M].2 版.北京:化学工业出版社,2009.
[13] 行小帅.电工学[M].北京:机械工业出版社,2009.
[14] 杨素行.模拟电子技术基础简明教程[M].3 版.北京:高等教育出版社,2006.
[15] 刘国林.电工学[M].北京:高等教育出版社,2008.
[16] 刁修睦,杜宝强. 模拟电子技术及应用[M].北京:北京大学出版社,2008.6.
[17] 刘蕴陶. 电工电子技术[M].北京:高等教育出版社,2005.6.
[18] 诸林裕. 电子技术基础[M].2 版.北京:中国劳动出版社,1994.6.
[19] 庄玉欢. 模拟电子技术[M].成都:电子科技大学出版社,1991.8.
[20] 庄丽娟. 电子技术基础[M].北京:机械工业出版社,2010.